国家自然科学基金项目（项目编号：42002218、41372228）

中国矿业大学第十三批青年教师"启航计划"项目

唐古拉山中生代花岗岩成因及构造意义

陆　鹿　张开均／著

中国矿业大学出版社

·徐州·

内 容 提 要

羌塘地块是研究青藏高原-喜马拉雅大陆动力学的窗口,是认识中生代青藏高原形成与特提斯洋演化的关键。本书以青藏公路以东唐古拉山中生代花岗岩(包括晚三叠世唐古拉花岗岩、晚白垩世木乃紫苏花岗岩和龙亚拉花岗岩)为研究对象,通过系统野外地质学、岩相学、矿物化学、同位素年代学、元素地球化学、同位素地球化学等研究,结合对羌塘地块乃至整个青藏高原构造演化历史及时空格局的总结,分析唐古拉山中生代花岗岩的成因岩石学机制,探讨羌塘地块东部中生代构造演化历史。

本书基础资料丰富,系统性强,手段应用齐全,理论总结与依据支撑相互结合,可供从事青藏高原地质演化和其他相关领域研究工作的人员以及地质类院校相关专业的师生参考。

图书在版编目(CIP)数据

唐古拉山中生代花岗岩成因及构造意义 / 陆鹿,张开均著 . — 徐州:中国矿业大学出版社,2021.10

ISBN 978 - 7 - 5646 - 5163 - 3

Ⅰ.①唐… Ⅱ.①陆… ②张… Ⅲ.①唐古拉山—中生代—花岗岩—岩石成因—研究 Ⅳ.①P588.12

中国版本图书馆 CIP 数据核字(2021)第 201731 号

书 名	唐古拉山中生代花岗岩成因及构造意义
著 者	陆 鹿 张开均
责任编辑	王美柱
出版发行	中国矿业大学出版社有限责任公司
	(江苏省徐州市解放南路 邮编221008)
营销热线	(0516)83884103 83885105
出版服务	(0516)83995789 83884920
网 址	http://www.cumtp.com E-mail:cumtpvip@cumtp.com
印 刷	徐州中矿大印发科技有限公司
开 本	787 mm×1092 mm 1/16 **印张** 11 **字数** 275 千字
版次印次	2021 年 10 月第 1 版 2021 年 10 月第 1 次印刷
定 价	45.00 元

(图书出现印装质量问题,本社负责调换)

前　言

作为碰撞型造山带的典型范例,青藏高原-喜马拉雅构造带的地质演化已经成为近三十年来地球科学领域的热点课题之一。素有"世界屋脊"之称的青藏高原,吸引无数科学家为之挥洒智慧与热情的不仅是其高耸而突出的海拔特征,更在于研究它的地质演化历史可有效帮助人们了解特提斯洋的发展格局、亚洲大陆的形成历史、阿尔卑斯-喜马拉雅典型碰撞型造山带的发展规律以及新生代东北亚气候的形成机制。随着近年来地质调查和一系列基础研究工作的开展和不断深入,许多关键地质问题集中到羌塘地块,这制约着人们对青藏高原-喜马拉雅构造演化、环境变化以及资源潜力等的认知。

羌塘地块是研究青藏高原-喜马拉雅大陆动力学的窗口,是认识青藏高原形成与特提斯洋演化的关键。一方面,作为青藏高原的腹地和重要构造单元之一,羌塘地块夹持于北侧金沙江缝合带和南侧班公湖-怒江缝合带之间,并怀揽龙木措-双湖缝合带。这些缝合带分别代表着地质历史时期古特提斯洋和中特提斯洋闭合后的产物,是研究特提斯洋演化与青藏高原主要构造单元形成的天然实验室。另一方面,羌塘地块构造在属性上处于冈瓦纳大陆和劳亚大陆的衔接部位,在东南方向上与"三江"(长江、怒江、澜沧江)地区南北向构造带相连接,因此是探讨青藏高原形成与欧亚大陆之间关系的重要纽带。除此之外,羌塘地块岩石圈的结构独特,地质构造复杂,不同阶段的构造转换所保存下来的代表性地质现象十分丰富,从而为研究特提斯洋演化和青藏高原形成提供了必要的物质基础。

中生代是青藏高原演化的关键时期,在此期间青藏高原的主体组成部分由北向南依次与北侧欧亚大陆碰撞拼贴,从而最终形成青藏高原的整体构造格架。由于其特殊的大地构造位置,羌塘地块见证了一系列有关青藏高原形成的中生代重要地质事件,主要包括晚三叠世前后金沙江和双湖古特提斯洋的闭合,早白垩世末至晚白垩世初班公湖-怒江中特提斯洋的闭合以及随后拉萨和羌塘地块之间的碰撞汇聚造成的晚白垩世高原内部的初始隆升。这些地质事件在羌塘地块内部留下了大量的岩浆活动记录,其中不乏一些具代表性的花岗岩。作为大陆地壳的重要组成部分,这些花岗岩的形成往往与造山带演化有密切关系,是研究造山带发展与大陆形成-演化的重要手段。

位于青藏高原腹地的唐古拉地区,以分布巍峨耸立的唐古拉山为典型特征,唐古拉山山顶海拔 6 000 m 左右,与平均高原面之间的垂向高差可达 1 500 m,从而构成青藏高原内部显著的构造-地貌单元和重要分水岭。同时,唐古拉山也是长江、怒江、澜沧江等诸多河流的发源地。该区出露大量中生代花岗岩,其中晚三叠世花岗岩的规模最大,构成了唐古拉山脉的主体,而晚白垩世花岗岩尽管出露规模相对较小,但其成因具有代表性。基于此,本书将研究目标锁定在唐古拉山中生代花岗岩上,在系统研究成因岩石学的基础上,探讨东羌塘中生代构造演化历史。

本书共分 11 章。第 1 章简要介绍了羌塘地块的地质背景,包括大地构造格架、基底属性、变质作用、岩浆作用、沉积作用、地层系统等。第 2 章介绍了本书所涉及的研究内容和对应的研究方法。第3章介绍了唐古拉山中生代花岗岩的宏观-微观岩相学特征。第4章介绍了唐古拉山中生代花岗岩的矿物化学特征。第5章介绍了唐古拉山中生代花岗岩的全岩地球化学特征。第6章介绍了唐古拉山中生代花岗岩的锆石 U-Pb 年代学和稀土元素特征。第7章介绍了唐古拉山中生代花岗岩的全岩 Sr-Nd-Hf 同位素特征。第8章介绍了晚三叠世唐古拉机制花岗岩的成因分析和构造意义。第9章介绍了晚白垩世木乃紫苏花岗岩和龙亚拉花岗岩的成因分析和构造意义。第10章基于本人研究和前人成果总结了东羌塘中生代构造演化。第11章简要介绍了本书的主要结论和认识。

本书所涉及的研究工作得到国家自然科学基金项目(项目编号:42002218、41372228)、中国矿业大学第十三批青年教师"启航计划"项目等的资助。在野外考察、采样及室内分析过程中,严立龙、金鑫给予了大力协助。在本书出版过程中,中国矿业大学出版社的相关工作人员付出了辛勤的劳动。在此,对他们的热情支持深表感谢!

限于经验和水平,书中疏漏和不足之处在所难免,恳请读者批评指正。

著　者
2021 年 8 月

目　　录

第1章 区域地质背景

1.1 青藏高原板块构造格架

作为地球上整体海拔最高的区域,青藏高原构成了横贯欧亚大陆的阿尔卑斯-喜马拉雅造山带的重要组成部分(Sengör,1990)。青藏高原的主体部分由裂解自冈瓦纳大陆和劳亚大陆并在中生代先后通过造山作用拼合在一起的一系列地块构成(Yin et al.,2000),从北到南依次为柴达木-昆仑地块、松潘-甘孜地块、羌塘地块及拉萨地块(图 1-1)(Zhang et al.,2012a)。这些地块自北向南由老到新依次由昆仑-阿尼玛卿缝合带、金沙江缝合带、班公湖-怒江缝合带及雅鲁藏布江缝合带分割,分别代表了消减闭合的古特提斯洋、中特提斯洋及新特提斯洋(图 1-1)(Yin et al.,2000;Zhang et al.,2012a)。因此,青藏高原的形成演化伴随了古特提斯洋、中特提斯洋和新特提斯洋洋盆的扩张、俯冲消减以及最终闭合的过程。

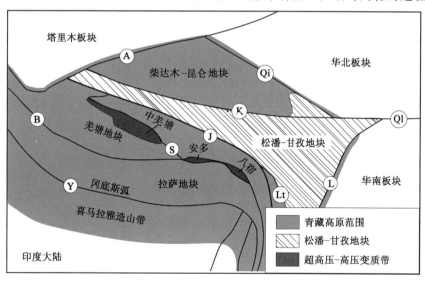

A—阿尔金断裂;Qi—祁连缝合带;K—昆仑-阿尼玛卿缝合带;J—金沙江缝合带;
S—双湖缝合带;B—班公湖-怒江缝合带;Y—雅鲁藏布江缝合带;Lt—理塘断裂带;
L—龙门山断裂带;Ql—秦岭缝合带。

图 1-1 青藏高原板块构造格架(据 Zhang 等,2012a)

羌塘地块位于青藏高原的中北部,北以金沙江古特提斯缝合带为界与松潘-甘孜地块和义敦弧相接,南侧以班公湖-怒江缝合带为界毗邻于拉萨地块。由金沙江缝合带所代表的金沙江古特提斯洋开启于泥盆纪-石炭纪(或早石炭世之前),并且在二叠纪开始向南俯冲消减(Zi et al.,2012),一直持续至晚三叠世至早侏罗世(Dewey et al.,1988;Yin et al.,2000;Zhang et al.,

2002；Yang et al.，2012）。金沙江古特提斯洋的闭合导致羌塘地块北缘和北东缘地区晚三叠世至早侏罗世非海相沉积的出现（Zhang et al.，2002，2006c；Roger et al.，2010）以及同期松潘-甘孜复理石建造的挤压变形及低级变质作用的发生（Bruguier et al.，1997）。

作为羌塘地块的南界，班公湖-怒江缝合带代表已闭合的中特提斯洋。班公湖-怒江中特提斯洋可能开启于二叠纪（Zhang et al.，2017a）或三叠纪（Zhang et al.，2009），并于早白垩世末期至晚白垩世初期完成闭合，造成羌塘地块南缘弧型岩浆作用和西藏中部海相沉积作用的终止（Zhang，2000，2004；Zhang et al.，2004，2012a）。整个闭合作用可能为一穿时过程，东部闭合的时间可能要早于西部（Zhang et al.，2002，2008a，2008b；Metcalfe，2013；Zhu et al.，2013；B. D. Wang et al.，2016）。俯冲极性是现今班公湖-怒江中特提斯洋演化研究中存在广泛争议的问题之一。尽管主流观点主张北向俯冲（Zhang et al.，2006a，2006b，2009，2012a；Kapp et al.，2007），但一些研究者认为班公湖-怒江中特提斯洋为南向俯冲的（Zhu et al.，2011；Sui et al.，2013）。除此之外，杜德道等（2011）和 Zhu 等（2016）还提出了班公湖-怒江中特提斯洋双向俯冲的构造模式。

在羌塘地块内部可能存在另一条古特提斯缝合带，即双湖缝合带。对于该缝合带的厘定主要建立在对羌塘地块内部晚三叠世高压-超高压变质带（李才等，2006；Zhang et al.，2006a，2006b，2009；Zhai et al.，2011a，2011b）、古生代蛇绿岩碎片（Zhai et al.，2010，2013b；Zhang et al.，2016）、晚古生代至三叠纪含放射虫化石沉积（邓万明等，1996；李日俊等，1997；朱同兴等，2006）以及俯冲-碰撞相关岩浆岩（Zhang et al.，2011；Zhai et al.，2013a；Li et al.，2015；李静超等，2015）研究的基础之上。另外，缝合带南北两侧晚古生代沉积和古生物组合也是识别该缝合带的重要证据（范景年，1988）。该缝合带代表了古特提斯洋的重要组成部分，并将羌塘地块进一步划分为两个次级构造单元，即东羌塘地块和西羌塘地块（Zhang et al.，2012a；Metcalfe，2013）。

沿双湖缝合带分布的蛇绿岩碎片、变质岩、岩浆岩以及海相沉积岩共同指示双湖古特提斯洋闭合于中三叠世。然而，该古特提斯洋分支的开启时间是一个存在争议的问题。沿缝合带出露的蛇绿岩碎片的年龄为 251～501 Ma（王立全等，2008；李才等，2008a；吴彦旺等，2010，2014；Zhai et al.，2010，2013b，2016；Zhang et al.，2016），几乎跨越整个古生代。Zhai等（2016）基于对该带早古生代蛇绿岩的研究，指出双湖古特提斯洋开启于晚寒武世。然而，Metcalfe（2013）认为双湖古特提斯洋真正存在时间应为泥盆纪至三叠纪，早古生代蛇绿岩不应该属于古特提斯洋的产物。Zhang 等（2016）进一步认为早古生代蛇绿岩可能代表着冈瓦纳大陆北缘早古生代存在的原特提斯洋的产物，因此双湖古特提斯洋真正存在的时间为早泥盆世至三叠世。羌塘中部香桃湖附近志留纪碰撞成因镁铁质高压麻粒岩的发现进一步佐证了上述观点，并指示早古生代晚期在印度-澳大利亚冈瓦纳大陆北缘存在一碰撞事件（K. J. Zhang et al.，2014）。

关于双湖缝合带的空间延伸问题的争论也很大，尤其是双湖以东地区。Zhang 等（2008a）、Zhang 等（2009）指出，羌中变质带与巴青-八宿变质带具有相似的变形特征、变质历史和岩石组成，因此双湖缝合带应沿羌中变质带向东南与巴青-八宿变质带相连。Zhang 等（2018）在东羌塘南缘巴青地区发现一俯冲洋壳成因的镁铁质榴辉岩，其中变质锆石 SHRIMP U-Pb 同位素定年结果指示其榴辉岩相峰期变质年龄约为 219 Ma。这一发现进一步支持上述 Zhang 等（2008a）、Zhang 等（2009）所提出的双湖缝合带空间展布的模式。另外,结合羌塘中部榴辉岩 244～230 Ma 的峰期变质年龄(Pullen et al.,2008;Zhai et al.,2011a),巴青地区约 219 Ma 榴辉岩的发现说明双湖古特提斯洋的闭合过程类似于很多造山带的,为一穿时过程,东部闭合的时间整体比西部晚约 20 Ma,大致与 Zhang 等(2009)、Tang 等(2014)所提出的关于双湖古特提斯洋闭合过程的大地构造模式一致。

1.2　羌塘地块地质概况

1.2.1　基底与构造属性

羌塘地块基底的时代,关系到对羌塘地块的构造归属等关键性地质问题的理解。早期研究者将出露于羌塘中部的一套变质岩系视为羌塘地块的基底,并将其划分为上下两层(上层为变质"塑性基底",下层为结晶"刚性基底",两者之间呈角度不整合接触关系),并认为下层结晶基底至少是中元古代中期形成的,甚至其中可能有太古代陆核的存在(王成善等,2001;王国芝等,2001;黄继钧,2001)。然而,后期研究认为羌塘中部变质岩系主要由晚石炭世至二叠纪的沉积岩变质而来,因此该变质岩系并不能代表羌塘地块的基底(Li et al.,1993;张修政等,2014a;M. Wang et al.,2014)。另外,Zhao 等(2014)在荣玛以北地区通过碎屑锆石年龄识别出一套与上覆中晚奥陶系呈不整合接触的晚前寒武世至中奥陶世变质岩,并认为该套变质岩代表了羌塘地块的古老基底。由此可见,羌塘地块中部变质岩系是否可代表羌塘地块的古老基底,目前无定论,故仍需要进一步研究。

Kapp 等(2000,2003)指出羌塘地块的深部地壳由早中生代的构造混杂岩组成,大量岩石圈地幔及下地壳物质均已被南向平俯冲的金沙江大洋岩石圈侵蚀,而在冈玛错位置出露的石榴石角闪岩可代表剥离至地表的羌塘地块原有基底物质。近年来,在西羌塘地块戈木日、玛依岗日、本松错及独孤山位置识别出了一系列奥陶纪花岗片麻岩,其岩浆结晶年代为距今 502～471 Ma(Pullen et al.,2011;彭智敏等,2014;Hu et al.,2015;郑艺龙等,2015;Y. M. Liu et al.,2016)。与此同时,在东部八宿和安多地区也发现一些花岗片麻岩,其中八宿地区的花岗片麻岩岩浆结晶年龄约为 507 Ma(李才等,2008b),而安多地区的花岗片麻岩岩浆结晶年龄则可划分为两个阶段,分别为 532～468 Ma 和 910～819 Ma(解超明等,2010;Guynn et al.,2012;Wang et al.,2012)。这些早古生代花岗片麻岩具有相似的地球化学组成、成因机制以及物质来源,与出露在拉萨和喜马拉雅地块中的早古生代花岗片麻岩一起,代表着西羌塘地块及整个藏南地区的统一基底(Pullen et al.,2011;Guynn et al.,2012;Y. M. Liu et al.,2016)。

东羌塘地块目前尚未发现明确的古老基底岩石,出露于西羌塘的早古生代花岗片麻岩也未见于东羌塘地块。一般而言,羌塘地块东北缘治多-玉树一带出露的前寒武纪宁多群被认为是东羌塘地块的基底岩系,然而其地层时代仍然存在争议。何世平等(2011)在宁多岩群获得的最新蚀源区的年龄约为 618 Ma,结合区域地质特征将其时代限定为新元古代晚期或早古生代。尽管如此,该套变质岩是否能够代表东羌塘地块真正的基底物质,目前仍存疑问。

羌塘地块位于冈瓦纳大陆和欧亚大陆的结合带,因此羌塘地块的构造归属问题关系冈瓦纳大陆北界的厘定。目前,很多研究均表明西羌塘地块属于冈瓦纳大陆,其证据包括:① 西羌塘地块晚古生代(石炭纪-二叠纪)含有冷水生物组合,为一套冰海沉积,具有冈瓦纳大陆沉积属性(范景年,1988)。② 西羌塘地块具有一系列奥陶纪花岗片麻岩,类似岩浆活动广泛出现于来自冈瓦纳大陆北缘的其他地质体之中,如拉萨地块及喜马拉雅地块等,它们之间具有相似的地球化学组成、成因机制以及物质来源。③ 中羌塘变质带中变质硅质碎屑沉积岩具有明显的被动大陆边缘沉积属性,成分上类似于喜马拉雅地区出露的变质沉积岩,并且变质砂岩的碎屑锆石年龄谱与喜马拉雅一带的变质砂岩相似,这表明二者具有统一的物质来源,均来自南部的冈瓦纳大陆(Zhang et al.,2006b;Tang et al.,2012)。相比西羌塘地块,关于东羌塘地块的构造归属问题的争论很大。范景年(1988)根据东羌塘地块晚古生代地层中含有暖水型生物组合,与华夏大陆具有明显亲缘性,认为东羌塘地块在构造上应归属华夏大陆。然而,何世平等(2011)在东羌塘地块宁多岩群中发现 3.98 Ga 的碎屑锆石,同时获得了大量格林威尔期(约 980 Ma)和泛非期(约 618 Ma)碎屑锆石,据此推测东羌塘地块也可能与冈瓦纳大陆存在亲缘关系(Zhang,1998)。

1.2.2 变质岩

羌塘地块内部的变质岩以分布在羌中地区的高压-超高压变质岩为代表,其大体沿北西-南东向展布,延伸近 500 km,而在南北方向上宽度约为 200 km,为目前地球上最大的高压变质带之一,被广泛称为"中羌塘变质带"或"羌中变质带"。中羌塘变质带的主体由变质沉积岩、蓝片岩(±石榴石)、榴辉岩、角闪岩以及蛇绿岩构成,其中变质沉积岩包括片岩(多硅白云母＋石英±石榴石)、大理岩、石英岩以及少量的燧石岩(Kapp et al.,2000,2003;Zhang,2001;Xia et al.,2001;Zhang et al.,2006a,2006b,2009;Zhai et al.,2011a,2011b)。已有年代学研究认为,该变质带中变质岩的榴辉岩相峰期变质年龄大致为 244～230 Ma(Pullen et al.,2008;Zhai et al.,2011a),而退变质作用则大体发生在距今 227～203 Ma 期间(Kapp et al.,2000,2003;李才等,2006;翟庆国等,2009a;Pullen et al.,2008;Zhai et al.,2011a;Liang et al.,2012;Tang et al.,2014)。因此,羌中变质带整体形成年代被限制为中三叠世至晚三叠世。

关于羌中变质带的形成,目前存在两种广泛争论的主流观点。一种观点认为,羌中变质带为双湖古特提斯洋消减-闭合以及东西羌塘之间碰撞拼贴的产物,为古特提斯缝合带的标志(Zhang et al.,2006a,2006b;李才等,2006;Zhai et al.,2011a,2011b;Metcalfe,2013)。另一种观点则认为,羌中变质带为沿金沙江俯冲带向南俯冲至羌塘地块之下的松潘-甘孜古特提斯洋内的三叠纪复理石沉积物,这些沉积物在俯冲过程中发生变质作用,并于晚三叠世由伸展断层作用剥露至地表,因此应定义为"变质核杂岩",而非古特提斯缝合带的标志(Kapp et al.,2000,2003;Pullen et al.,2011)。

为了甄别上述两种成因模式,Zhang 等(2006a)将中羌塘变质带中的变质硅质碎屑岩和变质玄武岩与金沙江缝合带位置的变质硅质碎屑岩和变质玄武岩分别进行了详细的地球化学对比。对比结果表明,中羌塘变质带中的变质硅质碎屑岩在成分上明显具有被动大陆边缘的属性,而金沙江缝合带位置的变质硅质碎屑岩则呈现大陆岛弧及活动大陆边缘的特征。与此同时,中羌塘变质带中的变质玄武岩具有碱性玄武岩的地球化学特征,其微量元素组成与洋岛玄武岩(OIB)的相似,而金沙江缝合带的变质玄武岩则具有拉斑玄武岩的化学组成特征,属于正常洋中脊玄武岩(N-MORB)。另外,Nd 同位素对比发现中羌塘变质带中变质硅质碎屑岩的同位素组成明显不同于松潘-甘孜复理石沉积物的同位素组成(Zhang et al.,2007,2012b)。因此,结合羌塘内部与变质带相伴出现的蛇绿岩、放射虫以及俯冲-碰撞相关岩浆作用的发现,说明中羌塘变质带并非为南向俯冲的松潘-甘孜复理石沉积物,而是古特提斯洋消减-闭合以及东西羌塘之间碰撞拼贴的产物。

中羌塘变质带究竟是"大洋俯冲"还是"大陆俯冲"的产物,抑或是两者皆有,依然是一个广受争论且值得探讨的问题。一些研究者认为中羌塘变质带具有明显的俯冲增生杂岩属性,整体表现为晚古生代复理石成因的基质包裹一些具有不同岩性特征的构造岩块,同时发生强烈的构造变形和变质作用(Kapp et al.,2000,2003;王根厚等,2009;Liang et al.,2012)。通过对变质玄武岩的研究,一些研究者认为羌中变质带为大洋物质俯冲的产物。例如,Liu等(2011)在荣玛地区发现含硬柱石或绿帘石矿物的蓝片岩,认为其形成于低温且富水洋壳的高压深俯冲过程;Zhai等(2011a,2011b)系统研究了羌塘变质带内部冈玛错和戈木日地区的镁铁质榴辉岩,认为其原岩分别为OBI和超俯冲带(SSZ)背景下产生的富集型洋中脊玄武岩(E-MORB);另外,Zhai等(2011a)在荣玛地区识别出可能代表海山建造的枕状玄武岩-灰岩-硅质岩组合。这些地质现象表明,羌中变质带可能为大洋物质俯冲的产物,主体为变质复理石沉积裹挟一些具有不同岩性特征的构造岩块(王根厚等,2009;Liang et al.,2012)。然而,与之相反,Zhang等(2006a,2006b)、Tang等(2012,2014)认为中羌塘变质带为大陆物质深俯冲的产物,其证据包括:① 榴辉岩和蓝片岩的镁铁质原岩具有板内成因属性,成分上类似峨眉山玄武岩和分布在西羌塘地块中的陆内伸展成因变质镁铁质岩;② 与之伴随的变质硅质碎屑岩具有明显的被动大陆边缘沉积属性。

前人对形成中羌塘变质岩的温度和压力条件进行了一定的研究。Zhang等(2006b)研究了戈木日地区的榴辉岩,得出其峰期变质压力为 $2.0\sim2.5$ GPa,温度为 $482\sim625$ ℃;Zhai等(2011a)研究了戈木日和冈玛错地区的榴辉岩,得出其峰期变质压力为 $2.0\sim2.5$ GPa,温度为 $410\sim460$ ℃;Tang等(2014)研究了冈玛错地区的榴辉岩相变质沉积岩,得出其峰期变质压力约为 2.7 GPa,温度约为 535 ℃。由此可见,中羌塘变质带经历了高压/超高压变质作用,其峰期变质的压力可大致限定为 $2.0\sim2.7$ GPa,而温度为 $400\sim600$ ℃,为典型低温-高压/超高压变质岩,代表俯冲背景中的产物。与榴辉岩相峰期变质相比,代表退变质作用的蓝片岩及角闪岩具有相对较大的温度和压力范围,其压力为 $0.6\sim1.92$ GPa,温度为 $280\sim660$ ℃(Kapp et al.,2003;Zhang et al.,2006b;Liu et al.,2011;Zhai et al.,2011a;Tang et al.,2012,2014)。

1.2.3　岩浆岩

羌塘地块内部岩浆岩分布广泛,从早古生代到新生代均有不同程度的出露。本书在总结前人研究成果的基础上,依据形成时代将羌塘地块岩浆岩划分为8个期次,即新元古代、寒武纪-早奥陶世、晚泥盆世-早石炭世、二叠纪、三叠纪、侏罗纪-早白垩世、晚白垩世-古新世以及始新世-上新世。这些岩浆活动分别与不同构造活动相关。因此,对这些岩浆事件的研究可帮助我们深入理解羌塘地块的构造演化历史。

（1）新元古代岩浆事件

新元古代岩浆岩局限于安多地区,主要为一套花岗片麻岩,其年龄范围为 $910\sim819$ Ma(王明等,2012;Guynn et al.,2012)。此外,在西羌塘达不热地区存在约 811 Ma的玄武岩,但其年龄值尚需进一步核定(Wang et al.,2015b)。这些新元古代岩浆岩的存在表明,在西羌塘以及安多地区均存在与罗迪尼亚(Rodinia)超大陆裂解相关的岩浆作用记录。由于新元古代岩浆作用普遍见于扬子克拉通内部,并且与羌塘-拉萨地块内部新元古代岩浆岩具有相似的年龄分布,因此 Guynn 等(2012)认为羌塘地块(包括安多)同拉萨地块一起,在新元古代裂解自扬子地块的边缘。然而,该期岩浆作用同样存在于印度东部阿拉瓦利-德里克拉通和南极洲板块,因此关于羌塘地块在罗迪尼亚超大陆中的位置仍然需要更多的年代学数据来加以约束。

羌塘地块内部沉积岩中的碎屑锆石同样保存了大量与新元古代罗迪尼亚超大陆裂解相关的年代学信息。王明等(2012)对西羌塘果干加年山以南地区的展金组变质石英砂岩进行了碎屑锆石年龄研究,从中发现了约 811 Ma 的年龄峰值。董春艳等(2011)在双湖缝合带以南的荣玛乡温泉石英岩中获得了大量 1 100～800 Ma 的碎屑锆石年龄。Guynn 等(2012)在安多地区古生代变质碎屑岩中识别出非常明显的 1 000～800 Ma 的碎屑锆石年龄。

(2)寒武纪-早奥陶世岩浆事件

寒武纪-早奥陶世岩浆事件以花岗质岩浆活动为主,大多已变质为花岗片麻岩,自西向东主要出露于西羌塘地块的达不热、都古尔、戈木日、本松错、玛依岗日、安多以及八宿地区,原岩岩浆结晶时代为 532～468 Ma,整体晚于泛非期构造运动的时代(李才等,2008b;胡培远等,2010;解超明等,2010;Pullen et al.,2011;Guynn et al.,2012;彭智敏等,2014;Zhao et al.,2014;Hu et al.,2015;郑艺龙等,2015;Y.M.Liu et al.,2016)。除此之外,在达不热地区还出露 557～548 Ma 的玄武岩(Wang et al.,2015b)。目前,东羌塘地块中尚未有同时期岩浆岩的报道。

寒武纪-早奥陶世岩浆岩(536～460 Ma)普遍分布于冈瓦纳大陆北缘诸多地块之中,如青藏高原羌塘地块、拉萨地块、喜马拉雅地块、贡山地块以及周围滇缅泰马(Sibumasu)、伊朗、土耳其和澳大利亚东北地区(Ding et al.,2015;Hu et al.,2015;Zhu et al.,2012;许志琴等,2005)。目前,对于该套岩浆岩的研究程度仍相对较低,对其形成的构造背景尚未得到统一的认识。关于其成因及构造意义,主要有以下两种观点:① 冈瓦纳大陆经泛非期构造运动拼合之后,在早古生代,其北缘为活动大陆边缘,存在一安第斯型岩浆弧,寒武纪-早奥陶世岩浆岩即原特提斯大洋岩石圈向南俯冲至冈瓦纳大陆北缘之下以及随后的大陆碰撞-拼贴的产物(Cawood et al.,2007;Zhu et al.,2012;Guynn et al.,2012;胡培远等,2013;Hu et al.,2015);② 冈瓦纳大陆北缘在早古生代为被动大陆边缘,寒武纪-早奥陶世岩浆岩为泛非期造山作用完成之后"后造山阶段"的产物(Song et al.,2007;Y.M.Liu et al.,2016)。

(3)晚泥盆世-早石炭世岩浆事件

晚泥盆世-早石炭世岩浆岩主要出露在羌塘地块中部的冈玛错、日湾茶卡及拉雄错地区,空间上整体受控于双湖缝合带,并且以一套玄武岩、安山岩、英安岩、流纹岩及花岗岩组合为特征,时代为 381～331 Ma(施建荣等,2009;胡培远等,2013,2016;张乐等,2014;Wang et al.,2015a,2017;Jiang et al.,2015;刘函等,2015;Zhang et al.,2016)。整体而言,该套岩浆岩具有相对亏损的同位素组成,其中玄武岩具有大离子亲石元素富集和高场强元素亏损特征(Wang et al.,2015a,2017;Jiang et al.,2015)。冈玛错地区出露的花岗岩体(约 352 Ma)具有类似 A 型花岗岩的地球化学特征,形成于非造山伸展构造背景(胡培远等,2016)。除此之外,区内还出露少量与蛇绿岩伴生并呈侵入接触关系的花岗岩脉体,部分岩石具有埃达克岩的地球化学特征,可能是俯冲古特提斯洋洋壳部分熔融的产物(施建荣等,2009;胡培远等,2013)。

关于晚泥盆世-早石炭世岩浆岩形成的构造背景,目前主要存在两种观点:① 与双湖古特提斯洋岩石圈向北俯冲有关,为一套弧相关的岩浆岩组合(Wang et al.,2017;Jiang et al.,2015;Zhang et al.,2016)。其中,玄武岩来源于俯冲交代地幔岩石圈的部分熔融,而长英质岩石则整体由新生下地壳的部分熔融作用形成。② 与冈瓦纳大陆北缘裂解作用有关,标志着双湖古特提斯洋的初始拉张(Wang et al.,2015a)。该论点的提出主要基于冈玛错地区存在具有典型板内成因属性的玄武岩(Wang et al.,2015a)。

（4）二叠纪岩浆事件

西羌塘内部二叠纪岩浆岩以基性岩墙群以及大面积分布于古生代地层之中的同期玄武岩为代表,未见同期中酸性长英质岩浆岩。基性岩墙群的岩性组成多数以辉绿岩为主,少数为辉长岩,岩浆结晶年龄为 302～279 Ma,主体为早二叠世,个别为石炭纪晚期(翟庆国等,2009b;Zhai et al.,2013c;M.Wang et al.,2014;Xu et al.,2016)。玄武岩缺乏准确的同位素定年,主要以产出地层的时代对其加以限制(Zhang et al.,2017a)。这些镁铁质岩通常显示 OIB 地球化学特征,并且受到中上地壳物质不同程度的混染,有些岩石显示出微弱的 Nb、Ta、Ti 亏损特征(翟庆国等,2009b;Zhai et al.,2013c;M.Wang et al.,2014;Xu et al.,2016;Zhang et al.,2017a)。

除了西羌塘地块,早二叠世镁铁质岩浆岩还广泛分布于特提斯喜马拉雅和印度北部的潘甲地区,它们之间的年龄分布非常一致,并且具有相似的地球化学特征,均显示明显的板内岩浆特征(Zhai et al.,2013c 及所引文献)。目前,研究者普遍认为这些基性岩浆岩很可能是地幔柱活动的产物,且在早二叠世冈瓦纳大陆北缘受到地幔柱的影响,处于统一伸展的构造环境,而且这一地幔柱活动很可能促进班公湖-怒江中特提斯洋的开启以及拉萨地块从冈瓦纳大陆裂离(翟庆国等,2009b;Zhai et al.,2013c;M. Wang et al.,2014;Xu et al.,2016;Zhang et al.,2017a)。

东羌塘二叠纪岩浆活动的面貌明显不同于西羌塘,整体以北东缘杂多-治多-玉树一带出露的 275～248 Ma 基性至酸性岩浆岩组合为特征,其时代持续至三叠纪早期,明显晚于上述西羌塘镁铁质岩浆岩的主体年龄(王毅智等,2007;Yang et al.,2011;周会武,2013;Liu et al.,2016b)。该套岩浆岩以火山岩为主,另含少量侵入岩,具体岩石类型包括辉长岩、辉绿岩、玄武岩、安山岩、英安岩、流纹岩以及花岗岩,具有明显的弧岩浆作用特征(Yang et al.,2011;周会武,2013;Y.M.Liu et al.,2016),可能与金沙江古特提斯大洋岩石圈的俯冲有关。

（5）三叠纪岩浆事件

区域内三叠纪岩浆岩整体沿双湖缝合带及其两侧出露,另在东羌塘地块格拉丹东-雁石坪-沱沱河-治多-玉树-杂多一带也有分布,以中酸性岩为主并伴有少量同期的基性岩。该套岩浆岩在时代上整体属于晚三叠世,而在雁石坪-沱沱河及昌都地区见少量早-中三叠世岩石。根据空间分布特征,大致可将羌塘地块三叠纪岩浆岩划分为三个岩浆带(Lu et al.,2017)。

① 中羌塘双峰式岩浆岩带。时代大致为 230～200 Ma。整体分布于羌塘中部双湖缝合带南北两侧,西自拉雄错,东至双湖,呈北西-南东向展布。岩石组合由大量长英质和镁铁质火山岩以及花岗岩构成,其中少量岩石具有埃达克岩的地球化学特征(Zhai et al.,2013a;H.Liu et al.,2016)。该岩浆岩带具有明显双峰式岩浆组合特征,形成于后碰撞伸展构造背景,双湖古特提斯洋闭合后俯冲大陆的构造折返是其可能的形成机制(Zhang et al.,2011)。

② 唐古拉-昌都花岗岩带。整体年龄为 250～220 Ma。分布在双湖缝合带东段唐古拉山至昌都一带,以一套小于 230 Ma 的晚三叠世花岗岩为主,另见少量早-中三叠世花岗岩出露。Lu 等(2017)对唐古拉花岗岩进行了系统研究,认为唐古拉花岗岩以及附近同时期花岗岩的形成与北侧金沙江古特提斯大洋岩石圈的俯冲有关,岩浆源岩很可能为南向俯冲的松潘-甘孜三叠纪复理石沉积物。

③ 沱沱河-玉树火山岩带。根据地球化学组成和时代特征,大体可将其划归早晚两期岩浆岩组合。早期基性-中性火山岩组合分布在格拉丹东-雁石坪-沱沱河一带,大体垂直于金沙江缝合带展布,年龄为 242～219 Ma,以一套埃达克岩-高镁安山岩-富 Nb 玄武岩为代表(Wang et al.,2008a;Chen et al.,2016)。晚期钙碱性长英质火山岩分布于治多-玉树一带,大体平行于金沙江缝合带展布,年龄为 221～202 Ma(Yang et al.,2012;Zhao et al.,2014)。沱沱河-玉树火山岩带具有明显的弧岩浆成因特征,其成因与北侧金沙江古特提大洋岩石圈的俯冲有关。另外,前文介绍东羌塘北东缘杂多-治多-玉树地区出露一套 275～248 Ma 基性至酸性岩浆岩组合,其时代自早二叠世晚期持续至三叠纪早期,同样具有弧岩浆成因特征(王毅智等,2007;Yang et al.,2011;周会武,2013;B.Liu et al.,2016)。这些岩浆岩与沱沱河-玉树火山岩带中的 242～219 Ma 和 221～202 Ma 岩浆岩一起,完整记录了金沙江古特提斯洋二叠纪至三叠纪的俯冲过程。

(6) 侏罗纪-早白垩世岩浆事件

侏罗纪-早白垩世岩浆岩局限于羌塘地块的南缘,其余地区很少出现。根据出露情况,侏罗纪-早白垩世岩浆岩在东西方向上大体可划分为两个岩浆岩带,西部岩浆岩带位于拉热拉新至热那错之间,而东部岩浆岩带则集中于安多与八宿一带。

西部岩浆岩带的研究程度相对较高,其形成时代可大致划分为两个阶段,即 185～140 Ma 和 130～95 Ma。岩石组合以侵入岩为主,少量火山岩为辅。侵入岩多为花岗岩,其次为闪长岩,并且常具斑岩特征,产斑岩型铜矿和铁矿。火山岩主要为安山岩和英安岩。在多布扎地区,伴随着花岗岩出现大量的近乎同期的辉绿岩侵入体及玄武岩,其中部分显示出 OIB 或 MORB 的属性(Fan et al.,2015;Li et al.,2016;Xu et al.,2017),构成类似于双峰式的岩浆组合(Fan et al.,2015)。在多布扎-热那错、洞错及康穷地区出现花岗质埃达克岩(Liu et al.,2014;Li et al.,2016;Huang et al.,2016;Hao et al.,2016;Fan et al.,2016)。关于该岩浆岩带的成因,目前普遍认为其与班公湖-怒江中特提斯洋的北向俯冲有关(Zhang et al.,2017b)。值得注意的是,185～140 Ma 和 130～95 Ma 两个期次的岩浆作用分别代表班公湖-怒江中特提斯洋的两期俯冲,其间岩浆岩的缺失可能指示平俯冲的出现(Zhang et al.,2017b)。另外,多布扎-热那错埃达克岩和 OIB 或 MORB 型玄武岩的出现可能代表了一个洋脊俯冲及由此引起的板片窗,但仍需更多证据加以论证(Xu et al.,2016;Li et al.,2016)。

相比西部岩浆岩带,东部岩浆岩带的研究程度明显不足。1∶25 万区域地质调查和少量见刊文献表明,该岩浆岩带的岩石主体为花岗岩,其次为长英质火山岩,并具有明显的弧岩浆地球化学特征(Guynn et al.,2006;白云山等,2006;谢尧武等,2009;谢锦程等,2013;Yan et al.,2016)。岩浆结晶年龄大致为 183～117 Ma,同样可划分出两个岩浆作用期次,即 183～171 Ma 和 128～117 Ma(Harris et al.,1988;Guynn et al.,2006;白云山等,2006;谢尧武等,2009;谢锦程等,2013;Yan et al.,2016)。

（7）晚白垩世-古新世岩浆事件

晚白垩世-古新世岩浆岩集中于羌塘地块的南部，整体时代为100～59 Ma，包括碱性玄武岩（Kapp et al.，2002；Ding et al.，2003）和高钾钙碱性至钾玄质富钾中酸性岩（Li et al.，2013；H.R.Zhang et al.，2015）。昂赛地区出露的花岗斑岩具有埃达克岩地球化学特征（H. R. Zhang et al.，2015）。关于该套岩浆岩的成因，前人多数认为其形成于羌塘地块镁铁质加厚大陆下地壳的部分熔融，为造山及后造山阶段的产物，反映了青藏高原中部白垩纪晚期的地壳加厚（Li et al.，2013；H.R.Zhang et al.，2015）。

（8）始新世-上新世岩浆事件

始新世-上新世岩浆岩集中于羌塘地块北部地区，主要出露在多格错仁、枕头崖、鱼鳞山、烽火山、囊谦、昌都及唐古拉山以北地区，其形成年龄为51～28 Ma，时代大致对应于始新世至渐新世（Chung et al.，1998；Hacker，2000；Roger et al.，2000；Ding et al.，2003，2007；Spurlin et al.，2005；Wang et al.，2008b；Q. Wang et al.，2016；董彦辉等，2008；Long et al.，2015；Song et al.，2016）。渐新世之后的岩浆岩在羌塘地块内部几乎不存在，仅仅在东月湖、乌兰乌拉、赤布张错及恒梁湖地区可见少量出露的火山岩（4.7～2.3 Ma），以英安质为主，其次为粗面安山质和流纹质（Q.Wang et al.，2016）。该套岩浆岩可据其化学成分特征划归两组：① 钾质-超钾质火山熔岩（Turner et al.，1996；Ding et al.，2003，2007；Guo et al.，2006）；② 高钾钙碱性火山熔岩，包括安山岩、英安岩及流纹岩（Lai et al.，2003，2007；Liu et al.，2008；Long et al.，2015；Wang et al.，2008b；Q.Wang et al.，2016）。后者部分岩石具有埃达克岩的地球化学特征，为镁铁质加厚大陆下地壳部分熔融的产物（Lai et al.，2007；Liu et al.，2008；Long et al.，2015）。另外，在羌塘地块南缘纳丁错以及东部囊谦地区出露38～32 Ma的碱性玄武岩（Ding et al.，2003；邓万明等，1999，2001）。

关于钾质-超钾质镁铁质火山岩的成因，目前有以下几种解释：① 多数学者认为其直接来自羌塘地块之下古老、富集岩石圈地幔的部分熔融（Turner et al.，1996；Ding et al.，2003；Guo et al.，2006）。该深部过程由软流圈地幔对流导致的岩石圈减薄作用触发（Turner et al.，1996）。② Ding等（2007）和Hacker（2000）认为羌塘地块新生代钾质-超钾质火山岩来源于原始地幔的部分熔融，在上升侵位过程中发生地壳物质的混染，从而导致富钾地球化学特征的出现。地幔物质的部分熔融在动力学上受控于羌塘地块南北两侧大陆俯冲导致的软流圈对流（Ding et al.，2007）。③ 岩浆熔体来自中下地壳（15～50 km）的"低速高导层"，即中下地壳的部分熔融的产物（Q.Wang et al.，2016）。

1.2.4　地层

羌塘地块内部地层分布主体为侏罗系和新生界，局部位置出露古生界、三叠系和白垩系（西藏自治区地质矿产局，1993）。由于古特提斯洋的分隔，双湖缝合带南北两侧的地层面貌差异显著，尤其是古生代地层。因此，下文对古生代地层的讨论将分"西羌塘"和"东羌塘"进行，而对中生代和新生代地层将作统一说明。

（1）西羌塘古生代地层

西羌塘古生代地层包括奥陶系至二叠系，普遍发生低绿片岩相变质作用和构造变形，沉积层序难以恢复，真厚度已经发生了剧烈变化。奥陶系至泥盆系在西羌塘零星分布，仅在玛依岗日一带出露，主要有下古拉组（O_1x）、塔石山组（$O_{2-3}t$）、三岔沟组（Ssh）和长蛇山组（Dch）/猫儿山组（D_1m），整体为一套滨浅海碳酸盐岩沉积建造，表现为结晶灰岩或大理岩夹薄层变质细碎屑岩,具有稳定大陆边缘台地型沉积特征。该套地层内部各岩层之间以及与周围晚古生代岩层之间均以韧性断层相接触。石炭系和二叠系在西羌塘分布广泛,为古生代地层的主体,由于受褶皱和断裂构造的控制,整体呈北西-南东向展布。该套地层主要包括擦蒙组(C_2ch)、展金组(C_2P_1zh)、曲地组(P_1q)及鲁谷组(P_2l)/图北湖组(P_2t)/龙格组(P_2l)及吉普日阿组(P_3jp),整体以一套碎屑岩沉积为主,向上发育一些碳酸盐岩沉积。其中,展金组的出露非常广泛,是西羌塘地块中超基性-基性岩的直接围岩。上石炭统-下二叠统中分布典型冰水沉积杂砾岩、含砾板岩,其中古生物组合与冈瓦纳大陆相似,含冷水生物群,生物分异度低,丰度较高;中二叠世以后出现冷水-暖水混合型生物组合,并向暖水生物组合逐渐过渡(Li et al.,1993;Jin,2002)。石炭系和二叠系中夹有基性火山岩,这些基性火山岩明显具有地幔柱成因大陆裂谷玄武岩的地球化学特征(Zhang et al.,2006a;M.Wang et al.,2014;Zhang et al.,2017a)。此外,石炭系砂岩中碎屑锆石的年龄分布与拉萨地块中的石炭纪的相似(Leier et al.,2007;Pullen et al.,2008),结合石炭系和二叠系中含有的冈瓦纳型冷水生物组合以及冰水沉积特征,从而说明西羌塘地块石炭系和二叠系具有明显冈瓦纳大陆的沉积属性。

关于西羌塘地块内部古生代地层,有两点值得注意:① 一些研究者认为分布于双湖缝合带以南中羌塘位置的古生代变质沉积岩为一套俯冲增生杂岩组合,整体表现为晚古生代复理石成因的基质构造裹挟一些具有不同岩性特征的构造岩块,同时发生强烈的构造变形和变质作用(Kapp et al.,2000,2003;王根厚等,2009;Liang et al.,2012)。王根厚等(2009)和 Liang 等(2012)从构造-岩石地层的角度将奥陶系至二叠系划分出一系列岩群、岩组及岩段。② 目前普遍认为西羌塘地块内部出露的最老地层时代为奥陶纪。然而,Zhao 等(2014)在戎马以北地区通过碎屑锆石年龄识别出一套晚前寒武世至中奥陶世的变质岩,该套变质岩与上覆中晚奥陶统呈不整合接触,被认为是羌塘地块的古老基底。前奥陶纪地层是否真实存在需要更多研究成果加以佐证。

(2)东羌塘古生代地层

东羌塘地块内部出露最老的地层可能为宁多岩群。在区域上,该岩群主要呈断块状零星分布于羌塘地块北东缘的青海治多和玉树,另外在西藏与四川交界的贡觉-芒康西部和江达-巴塘东部也有出露(何世平等,2011)。该岩群主要为一套高绿片岩-低角闪岩相变质的黑云斜长片麻岩、石榴石二云石英片岩、石英岩、浅粒岩夹斜长角闪片岩、绿泥角闪片岩及大理岩,其原岩为一套成熟度较高的沉积碎屑岩-中基性火山岩-碳酸盐岩建造(何世平等,2011)。目前,关于宁多岩群的时代归属存在较大分歧,从古元古代到晚古生代均有界定,最可能的沉积年龄为新元古代晚期或早古生代(何世平等,2011)。

东羌塘古生代地层包括上奥陶统至二叠系,零星分布,多数地区被大面积分布的中生代地层覆盖。与西羌塘地块不同,东羌塘地块的古生代地层未发生明显变形和变质作用,地层序列较为清楚。上奥陶统至泥盆系的分布局限于西部土则岗日地区,其中上奥陶统饮水河组(O_3y)为一套浅海陆棚环境下沉积的碎屑岩建造;志留系主要为普尔错群($S_{2-3}pr$),为一套浅海潮坪-潟湖沉积的碎屑岩-碳酸盐岩沉积建造;泥盆系包括兽形湖组(D_1s)和拉竹龙组($D_{2-3}l$),下部为一套细碎屑岩夹薄层碳酸盐岩沉积建造,上部则以碳酸盐岩沉积为主。石炭系和二叠系同时见于西部土则岗日和东部沱沱河-杂多-囊谦一带,其岩石单元划分有所不同,整体为一套滨浅海相碳酸盐岩沉积建造,其中夹薄层细碎屑沉积岩,含有丰富的蜓和珊瑚化石,为暖水型生物组合,显示与华夏大陆的亲缘性(Li et al.,1993;Jin,2002;Zhang et al.,2009)。此外,东羌塘地块石炭系和二叠系的植物群和含煤岩系比较发育,相比同时期的西羌塘,普遍缺失基性岩浆活动。

整体而言,从泥盆纪到二叠纪,东羌塘地块以滨浅海碳酸盐岩沉积建造为主,含丰富的生物化石;到了晚二叠世(或早三叠世),部分地区已转变为海陆交互相甚至陆相沉积环境,产大羽羊齿植物群,并夹有多层煤层(李星学等,1982;赵政璋等,2001;陈寿铭等,2006)。

(3)羌塘中-新生代地层

下中三叠统仅出露于羌塘地块中部热觉茶卡和双湖附近,而缺失于羌塘地块的主体部分。下三叠统被定义为康鲁组(T_1k),其底部为河流相砾岩和含砾粗砂岩沉积,中部为三角洲相砂岩和粉砂岩沉积,上部则为潮坪相碳酸盐岩夹粉砂岩和泥岩沉积。该套地层所含化石丰富,不整合于下伏上二叠统之上。中三叠统以康南组(T_2k)为代表,下部为缓坡环境下沉积的碳酸盐岩夹泥岩,上部则整体由碳酸盐岩构成。上三叠统主要出露于羌塘地块的南北边缘,与下伏地层为角度不整合接触,整体为一套滨浅海相至海陆过渡相碎屑岩夹碳酸盐岩,产珊瑚、菊石、腹足和双壳类化石。在羌塘地块南缘见植物碎片化石并夹有多层煤线。以那底岗日组(T_3n)为代表,上三叠统普遍夹火山碎屑岩和熔岩(翟庆国等,2007)。

侏罗系广泛分布在东羌塘地块的腹地,而在西羌塘地块则主要分布在南缘位置,主体为一套滨浅海相碎屑岩和碳酸盐岩沉积,层序发育完整,各门类化石发育丰富(Yang et al.,2017)。白垩系分布十分零星,其中下白垩统为潮坪相至台地相沉积的硅质碎屑岩和碳酸盐岩互层,主要分布于羌塘地块南缘及中部双湖一带(Zhang,2000,2004;Zhang et al.,2004,2012a);上白垩统主要发育一套河湖相紫红色砂砾岩和泥岩沉积,局部地区夹灰岩,称为阿布山组(K_2a),其中夹有大量中酸性富钾火山岩(Li et al.,2013)。

古近系和新近系在羌塘地块中分布广泛,但较为零星,整体为一套河湖相的碎屑岩沉积,局部层位夹富钾的基性至酸性火山岩组合。第四系分布广泛,成因类型复杂,主要有河流、沼泽、湖泊、洪积、坡积、风积、冰碛层、泉华等,且成岩作用较弱,研究程度较低。

第2章 研究内容和研究方法

2.1 研究内容

本书以构成唐古拉山主体的中生代花岗岩为研究对象(图2-1),在系统成因岩石学研究的基础上,探讨东羌塘中生代构造演化历史。具体研究内容主要包括以下几个方面。

(1) 通过详细的野外地质考察和实验室分析,查明花岗岩体的岩相学特征,包括岩石类型、所含捕虏体与包体情况、矿物成分与含量、宏观与显微层次的结构-构造特征等。

(2) 分析花岗岩的地球化学组成特征,确定岩浆活动的具体时间,其中地球化学组成主要包括矿物/全岩主微量元素地球化学和同位素地球化学特征。

(3) 根据岩相学和地球化学特征,结合野外地质调查结果,分析花岗岩的成因机制(主要包括岩浆源区特征和岩浆演化特征)、构造背景及动力学意义。

(4) 在阅读已有研究资料的基础上,掌握和梳理羌塘地块乃至整个青藏高原的构造演化历史及时空格局,以所研究的几个花岗岩体为切入点,详细探讨了东羌塘地区中生代构造演化历史。

2.2 研究方法

(1) 野外考察与采样

在国家自然科学基金项目等的资助下,对研究范围内出露的重点中生代花岗岩体进行了详细的野外观察、记录、拍照与采样工作。野外考察采用横穿岩体布线及局部布点的方法,共布置4条考察路线,全部沿深切岩体的山谷展布。野外考察期间,主要查明了花岗岩体的宏观岩相学特征,包括岩石类型及其分布组合规律、所含捕虏体及岩浆包体情况、宏观岩石学结构-构造特征等。在野外观测的基础上,有目的地进行了样品采集。

样品采集工作沿上述4条考察路线进行。为了使采集到的样品能够全面反映花岗岩体的整体特征,样品采集过程满足以下几点要求:① 采样路线尽可能地以最短的路径横穿整个花岗岩体。② 根据花岗岩体的野外出露情况,采样路线在横向上平均分配,避免集中采样。③ 样品采集范围尽可能覆盖各个带,同时对于那些采样路线未能涉及的地区,需要单独增加采样点。另外,当存在包体或捕虏体的时候,根据研究内容的需要对其进行选择性采样。④ 在样品采集过程中,力求新鲜,摒弃了次生裂隙发育和风化严重的样品。

(2) 样品前期处理

样品前期处理主要包括岩石薄片磨制、粉末制备、锆石单矿物分选及制靶。制备的岩石薄片包括两种:一种用于光学显微镜下的岩相学观察,其厚度为0.03 mm,装载盖玻片;另一种用于电子探针分析和BSE(背散射电子显微成像技术)观察,其厚度相对前者较大,为

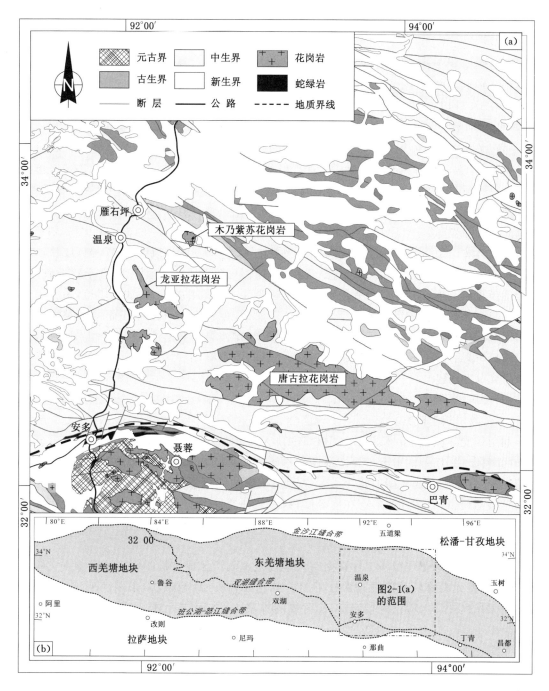

（a）研究区简明地质图（据潘桂堂等，2004，并作修改）；

（b）羌塘地块大地构造格架及研究区位置（据 Zhang 等，2012a，并作修改）

图 2-1　研究区位置及简明地质图

0.05 mm,不装盖玻片。在薄片制备过程中切除了样品外围可能遭受风化的表层,选择内部新鲜部分。

样品粉末主要用于后期全岩地球化学分析,包括主量和微量元素分析以及 Sr-Nd 同位素分析。根据实验要求,样品统一研磨至 200 目。样品制备前同样剔除了外围可能遭受风化的部分,并且用 Mili-Q 超净水在超声仪中对其进行清洗。整个制备过程大致经历粗碎-中碎-缩分-细磨的过程,在此期间避免了外来污染的混入以及样品的交叉混染。

锆石矿物分选及制靶用于后期同位素定年及锆石 Lu-Hf 同位素测定。锆石矿物分选大致过程包括:① 通过颚式破碎机对样品进行粗碎,然后用辊式破碎机进行细碎,破碎粒度由显微镜下观察到的最大锆石粒度决定。② 对样品碎屑进行过筛分选,选择合适粒级,洗泥粗淘,剔除轻质组分。③ 烘干之后采用电磁选及磁选的方法去除碎屑中磁电组分。④ 酒精精淘,使较重矿物进一步富集,然后用高温烘焙或高频介电分离方法除去其中的金属硫化物,随后进行二次酒精精淘。⑤ 在双目镜下采用人工手挑的方式对锆石矿物加以确定与提纯。

锆石分选完成后,在双目镜下挑选晶形发育较好且较大者,排列并固定于双面胶上,并用合适模具将其圈入其内。将提前准备好的树脂注入模具并抽真空,放入烘箱,待其完全凝固后取出。用砂纸打磨已凝固成型的靶子的正反面,使其底部平整而正面锆石颗粒的表面裸露于外。再用金刚石悬浮液对其正面进行抛光,抛去锆石颗粒上部 $1/3 \sim 1/2$ 部分,使其露出核部,最后用超声波进行清洗。将制备完成的锆石靶的表面镀金后放入扫描电镜拍摄阴极发光(CL)照片。

(3)实验室测试分析

① 显微岩相学观察

利用偏光显微镜(型号:Leitz ORTHOLUX-II POL BK)精细确定岩石的矿物组合和显微结构特征。采用背散射电子显微成像技术研究矿物的内部结构特征(如成分环带和包裹体情况等)以及矿物晶体间的接触关系。利用拍摄的阴极发光(CL)照片,结合偏光显微镜下的观察,分析锆石的晶体形态和内部结构特征,如透反射光下的颜色、内部环带、阴极发光类型、包裹体、继承锆石核、核幔结构等。

② 全岩元素地球化学分析

全岩元素地球化学分析工作在南京大学内生金属矿床成矿机制研究国家重点实验室完成,包括主量元素分析和微量元素分析。主量元素分析(用熔融法)采用 ARL9800XP＋型 X 射线荧光光谱(XRF)仪进行测定,X 射线的规格为 40 kV-60 MA。烧失量(LOI)通过在马弗炉中于 980 ℃高温下烘烤 90 min 获得。重复分析结果指示其精确度较高,相对误差小于 5％。分析流程参照 Norrish 等(1969)的文献。

微量元素分析使用 Finnigan MAT Element II 型高分辨率电感耦合等离子体质谱仪(HR-ICP-MS)测定。样品分解采用高压密闭酸溶方法,在 100 级超净实验室进行,具体溶样流程见高剑峰等(2003)的文献。ICP-MS 测试过程中使用 Rh 作为内标进行微量元素分析监控。采用 USGS 标样 GSP-1 和 AGV-2 校准测试样品的元素含量。重复分析表明,所有微量元素测试的精确度较高,其相对误差小于 10％。

③ 矿物化学分析

采用电子探针分析的矿物主要包括长石、黑云母、角闪石和辉石等。用于分析的矿物及测点布置提前在偏光显微镜下拟定。分析实验在中国科学院地质与地球物理研究所岩石圈演化国家重点实验室完成,采用的仪器为 JOEL JXA-8100 型波长色散电子探针分析仪(EMP)。样品薄片提前在该实验室进行表层镀碳处理。

测试过程中先使用加载在电子探针分析仪上的光谱探测器观察矿物的化学成分谱,根据各元素的相对含量大致判断矿物的类型。为了揭示矿物的内部结构(如成分分带和包裹体等)和表面形貌特征,也为了正确选择测点,使其避开裂隙和包裹体,提高分析准确度,在定量成分分析之前即对矿物进行了背散射电子图像观察与照相。在定量成分分析过程中,将电子探针仪器的加速电压设为 15 kV,电子束电流设为 20 nA,直径一般选择5 μm,峰期计数时间设为 20 s。所有矿物的化学成分分析包括 SiO_2、TiO_2、Al_2O_3、FeO、MnO、MgO、CaO、Na_2O、K_2O、Cr_2O_3、NiO。测试数据由 ZAF 校正程序进行处理。使用 SPI(Structure Probe,Inc.)标样进行精度检测,显示测试结果的相对误差小于 1.5%。

④ 锆石 U-Pb 定年和微量元素分析

基于阴极发光图片和透/反射光下的观察研究,根据锆石晶体的内部结构特征,提前选定用于测试的点位。用于岩浆岩定年的点位主要选择在震荡环带发育较好的区域,同时避开裂隙和包裹体,从而避免影响数据分析的质量。除此之外,对于形貌上可能含有继承锆石核的样品,在锆石核部适量设置了一些点位,从而获得锆石核的年龄,最大限度获取有关岩石成因的信息。

原位锆石 U-Pb 定年及微量元素分析在西北大学大陆动力学国家重点实验室采用激光剥蚀电感耦合等离子体质谱仪(LA-ICP-MS)完成。激光剥蚀系统为 Micro Las 公司生产的 GeoLas 200M,由德国 Lambda Physik 公司的 ComPex 102 ArF 型准分子激光器(波长 193 nm)和 Detlef Günther 教授为 Micro Las 公司设计的光学系统组成。斑束直径设定为32 μm,剥蚀时间为 60 s。采用 He 作为剥蚀物质的载气。测试过程中系统收集 ^{29}Si、^{204}Pb、^{206}Pb、^{207}Pb、^{208}Pb、^{232}Th 和^{238}U 的原始计数率,以此确定年龄值。将^{29}Si 和 NIST SRM 610 硅酸盐玻璃分别作为内标和外标对 U、Th、Pb 以及一些微量元素的含量进行校正。运用澳大利亚麦考瑞大学(Macquarie University)的 GLITTER 4.0 软件计算各项同位素比值[$\omega(^{207}Pb)/\omega(^{206}Pb)$、$\omega(^{206}Pb)/\omega(^{238}U)$、$\omega(^{207}Pb)/\omega(^{235}U)$ 和 $\omega(^{208}Pb)/\omega(^{232}Th)$]以及相应年龄值,其中,$\omega(*)$表示 * 的质量分数。采用 Ludwig(2003)开发的 Isoplot/Ex(version 3.0)软件进行年龄的加权平均计算与协和图的绘制。将年龄计算过程中 U 的衰变系数设定为:$\lambda(^{235}U)=9.845\ 4\times10^{-10}/a$;$\lambda(^{238}U)=1.551\ 25\times10^{-10}/a$(Ludwig,2003)。普通铅的校正则依据 Andersen(2002)的方法进行。整个实验流程及实验设备的参数设定参考 Yuan 等(2004)的文献。

⑤ 原位锆石 Lu-Hf 同位素分析

原位锆石 Lu-Hf 同位素分析在南京大学内生金属矿床成矿机制研究国家重点实验室完成。在前期锆石 U-Pb 年龄测试的基础上,将测点设置在有效年龄对应的测试点之上或其邻近位置,以此保证同位素测点与年龄值之间的有效对应。实验采用的激光剥蚀系统为 Micro Las 公司生产的 GeoLas 200M,质谱仪为 Thermo Finnigan Neptune Plus 型多接收电感耦合等离子体质谱仪(MC-ICP-MS)。激光斑束直径为 44 μm,重复频率为 6~8 Hz,能量密度可达 10~12 J/cm²。^{176}Lu 和^{176}Yb 对^{176}Hf 的干扰校正可依据侯可军等(2007)的研究成果。使用 Hf 浓度为 2.0×10^{-7} 的 JMC 475 标准溶液检测质谱仪的可重复性和准确度。详细的实验室操作流程和设备参数的设定参见 Yuan 等(2008)的文献。

初始 $\omega(^{176}\mathrm{Hf})/\omega(^{177}\mathrm{Hf})$ 由测量所得的 $\omega(^{176}\mathrm{Lu})/\omega(^{177}\mathrm{Hf})$ 计算而得,$^{176}\mathrm{Lu}$ 的衰变系数为 $1.867\times10^{-11}/\mathrm{a}$(Söderlund et al.,2004)。在 Hf(t)值计算过程中使用到的现今球粒陨石储库的 $\omega(^{176}\mathrm{Lu})/\omega(^{177}\mathrm{Hf})$ 和 $\omega(^{176}\mathrm{Hf})/\omega(^{177}\mathrm{Hf})$ 分别为 0.033 2 和 0.282 772(Blichert-toft et al.,1997)。单阶段锆石 Hf 亏损地幔模式年龄(T_DM1)计算中使用到的现今亏损地幔的 $\omega(^{176}\mathrm{Lu})/\omega(^{177}\mathrm{Hf})$ 和 $\omega(^{176}\mathrm{Hf})/\omega(^{177}\mathrm{Hf})$ 分别为 0.038 4 和 0.283 25(Griffin et al.,2000)。本书研究对象为花岗岩,而很多花岗岩的岩浆可能来源于地壳物质的部分熔融,因此,相比单阶段锆石 Hf 亏损地幔模式年龄(T_DM1),二阶段锆石 Hf 亏损地幔模式年龄(T_DM2)可能更有意义。用于二阶段锆石 Hf 亏损地幔模式年龄计算的平均大陆地壳的 $\omega(^{176}\mathrm{Lu})/\omega(^{177}\mathrm{Hf})$ 为 0.015(Griffin et al.,2000)。

⑥ 全岩 Sr-Nd 同位素分析

全岩 Sr-Nd 同位素分析在南京大学内生金属矿床成矿机制研究国家重点实验室完成。采用酸溶法分解样品。每件样品称取 200 mg 粉末(200 目)于 Teflon 溶样罐中,加入适量的 HF 和 HNO_3 进行溶解。为了确保溶解作用彻底进行,所有样品置于 130 ℃ 的烘箱中 36 h。经过一系列溶样步骤之后,用专用阳离子交换柱提取 Sr 和 Nd。有关样品溶解和元素分离的具体流程参见濮巍等(2005)的文献。

Rb-Sr 同位素比值使用 Finnigan Triton TI 型热电离质谱仪(TIMS)进行测定。首先用 1 μL 的 1 mol/L 的稀盐酸溶样 5 min,用移液枪将其移至事先涂有 TaF_5 的钨带之上,随后在其上部涂盖一层 TaF_5。待溶液晾干后,使用电流瞬间加热,然后上机测试。Sm-Nd 同位素比值的测定使用 MC-ICP-MS 型质谱仪进行。

在测试过程中,对 $\omega(^{87}\mathrm{Sr})/\omega(^{86}\mathrm{Sr})$ 和 $\omega(^{143}\mathrm{Nd})/\omega(^{144}\mathrm{Nd})$ 进行了质量分馏校正,$\omega(^{86}\mathrm{Sr})/\omega(^{88}\mathrm{Sr})=0.119\ 4$,$\omega(^{146}\mathrm{Nd})/\omega(^{144}\mathrm{Nd})=0.721\ 9$。Sr 和 Nd 同位素的测试分别使用国际标样 NBS-987 和 JNdi-Nd 进行监控。标样 NBS-987 的 $\omega(^{87}\mathrm{Sr})/\omega(^{86}\mathrm{Sr})$ 平均测量值约为 0.710 240,而标样 JNdi-Nd 的 $\omega(^{143}\mathrm{Nd})/\omega(^{144}\mathrm{Nd})$ 平均测量值约为 0.512 125。除此之外,用于 $[\omega(^{87}\mathrm{Sr})/\omega(^{86}\mathrm{Sr})]_i$、Nd(t)以及 Nd 模式年龄计算的主要参数包括:$\lambda_\mathrm{Rb\text{-}Sr}=1.42\times10^{-11}/\mathrm{a}$(Nebel et al.,2011)、$\lambda_\mathrm{Sm\text{-}Nd}=6.54\times10^{-12}/\mathrm{a}$(Lugmair et al.,1978)、$[\omega(^{147}\mathrm{Sm})/\omega(^{144}\mathrm{Nd})]_\mathrm{CHUR}=0.196\ 7$(Jacobsen et al.,1980)、$[\omega(^{143}\mathrm{Nd})/\omega(^{144}\mathrm{Nd})]_\mathrm{CHUR}=0.512\ 638$(Goldstein et al.,1984)、$[\omega(^{147}\mathrm{Sm})/\omega(^{144}\mathrm{Nd})]_\mathrm{DM}=0.213\ 6$(Liew et al.,1988)、$[\omega(^{143}\mathrm{Nd})/\omega(^{144}\mathrm{Nd})]_\mathrm{DM}=0.513\ 151$(Liew et al.,1988),其中,下标"i"代表初始值,下标"DM"代表地幔,下标"CHUR"代表球粒陨石均匀库。

第 3 章　花岗岩宏微观岩相学特征

3.1　唐古拉花岗岩野外地质与岩相学特征

构成唐古拉山主体的三叠纪花岗岩(唐古拉花岗岩)出露面积超过 4 000 km^2,整体呈近东西向延展的长轴状,延伸长度约 200 km(图 2-1)。岩体之上为中新生代红色沉积地层和常年覆盖的冰川(图版 I-a,I-b),整个被若干条北东向左旋走滑断层切割(图 3-1),并沿断层位置形成可穿越整个岩体的山谷地貌。

野外地质观察与采样工作主要沿格日村和当木江村附近的两条北东向横切山谷进行(图 3-1)。共采集 45 件样品,其中 17 件采自当木江剖面,28 件采自格日剖面(表 3-1)。在此 45 件样品中,40 为花岗岩样品,其余 5 件为花岗岩岩体中包含的变质沉积岩捕房体。

花岗岩样品整体呈灰色调(图版 I-c),块状构造,半自形粒状结构,平均粒度为 5～15 mm。有些岩石具似斑状结构,其中斑晶粒度为 10～25 mm,大者甚至可达 40 mm,主要为斜长石,零散分布于由中粒级碱性长石、斜长石、石英及黑云母构成的基质之中,并可见自形长石斑晶呈不同程度的定向排列特征(图版 I-d)。值得注意的是,在岩体的边缘,有些岩石表现出典型的原生片麻状构造,其中黑云母定向排列(图版 I-e,图版 II-a),并且在显微镜下可观察到黑云母的扭折变形(图版 II-b)。然而,在岩体内部,岩石少有线理、叶理以及其他变形现象。

岩石矿物组合分析表明,唐古拉花岗岩岩体主要由二长花岗岩、正长花岗岩及富斜长石花岗岩组成。这些岩石类型的矿物组成整体相似,均由碱性长石、斜长石、石英及黑云母构成,差别在于这些矿物的相对含量有所变化(应说明的是,本节的百分含量均指体积分数),尤其是斜长石和碱性长石。具体而言,正长花岗岩的主体由体积分数为 22%～60% 的石英,10%～20% 的斜长石,35%～63% 的碱性长石以及 2%～5% 的黑云母组成;二长花岗岩主体由 20%～48% 的石英,22%～50% 的斜长石,18%～52% 的碱性长石以及 8%～20% 的黑云母组成;富斜长石花岗岩主体由 45%～55% 的石英,45%～50% 的斜长石,10%～20% 的碱性长石以及 5%～10% 的黑云母组成。白云母在所研究的样品中很少见到,含量一般小于 1%,呈自形至半自形形态(图版 II-c)。次要矿物以锆石、磷灰石、绿帘石及磁铁矿为主,其次为独居石。所有样品中均未见到角闪石矿物。

长石和黑云母是唐古拉花岗岩中重要的组成矿物。斜长石呈自形板条状,广泛发育典型的聚片双晶,有些斜长石的内部可见清晰的成分环带,从而反映了在岩浆演化过程中岩浆熔体的化学成分发生了规律性变化(图版 II-d)。多数斜长石晶体已发生绢云母化(图版 II-c)。在有些情况下,长石绢云母化局限在矿物晶体的内部,外部为干净的增生边所环绕,这构成典型的"净边结构"(图版 II-c)。碱性长石主体为半自形-他形的正长石,多数已发生轻微的高岭石化,此外偶尔可见具格子状双晶的微斜长石(图版 II-e)。在碱性长石

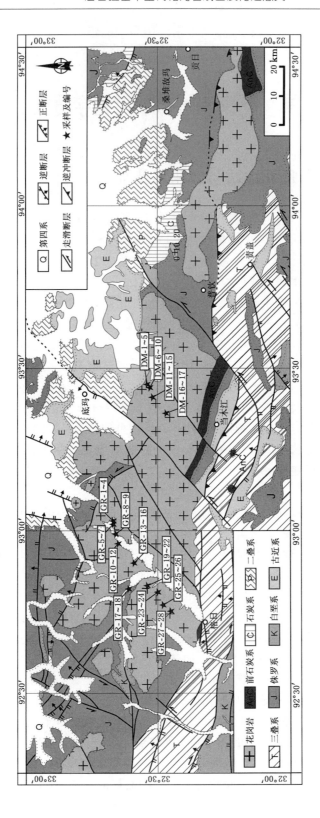

图3-1 唐古拉花岗岩及邻区简明地质图

（据白志达等，2004；王根厚等，2013）

表 3-1 唐古拉山中生代花岗岩样品采集位置一览表

	样品号	岩性	纬度	经度
	GR-1	花岗岩	32°40′28.64″	93°01′45.03″
	GR-2	花岗岩	32°40′28.64″	93°01′45.03″
	GR-3	花岗岩	32°40′28.64″	93°01′45.03″
	GR-4	捕房体	32°40′28.64″	93°01′45.03″
	GR-5	花岗岩	32°40′12.49″	93°00′59.95″
	GR-6	花岗岩	32°40′12.49″	93°00′59.95″
	GR-7	捕房体	32°40′12.49″	93°00′59.95″
	GR-8	花岗岩	32°39′37.74″	92°59′13.40″
	GR-9	捕房体	32°39′37.74″	92°59′13.40″
	GR-10	花岗岩	32°38′53.99″	92°57′48.14″
	GR-11	花岗岩	32°38′53.99″	92°57′48.14″
	GR-12	捕房体	32°38′53.99″	92°57′48.14″
	GR-13	花岗岩	32°35′09.10″	92°53′54.31″
	GR-14	花岗岩	32°35′09.10″	92°53′54.31″
唐	GR-15	花岗岩	32°35′09.10″	92°53′54.31″
古	GR-16	花岗岩	32°35′09.10″	92°53′54.31″
拉	GR-17	花岗岩	32°36′23.48″	92°49′25.38″
花	GR-18	花岗岩	32°36′23.48″	92°49′25.38″
岗	GR-19	花岗岩	32°32′13.05″	92°49′41.97″
岩	GR-20	花岗岩	32°32′13.05″	92°49′41.97″
	GR-21	花岗岩	32°32′13.05″	92°49′41.97″
	GR-22	捕房体	32°32′13.05″	92°49′41.97″
	GR-23	花岗岩	32°30′07.16″	92°48′24.00″
	GR-24	花岗岩	32°30′07.16″	92°48′24.00″
	GR-25	花岗岩	32°28′57.30″	92°46′24.26″
	GR-26	花岗岩	32°28′57.30″	92°46′24.26″
	GR-27	花岗岩	32°27′17.55″	92°45′14.29″
	GR-28	花岗岩	32°27′17.55″	92°45′14.29″
	DM-1	花岗岩	32°32′28.18″	93°27′12.84″
	DM-2	花岗岩	32°32′28.18″	93°27′12.84″
	DM-3	花岗岩	32°32′28.18″	93°27′12.84″
	DM-4	花岗岩	32°32′28.18″	93°27′12.84″
	DM-5	花岗岩	32°32′28.18″	93°27′12.84″
	DM-6	花岗岩	32°32′09.86″	93°26′27.87″
	DM-7	花岗岩	32°32′09.86″	93°26′27.87″
	DM-8	花岗岩	32°32′09.86″	93°26′27.87″

表 3-1（续）

	样品号	岩性	纬度	经度
唐古拉花岗岩	DM-9	花岗岩	32°32′09.86″	93°26′27.87″
	DM-10	花岗岩	32°32′09.86″	93°26′27.87″
	DM-11	花岗岩	32°30′57.04″	93°24′37.74″
	DM-12	花岗岩	32°30′57.04″	93°24′37.74″
	DM-13	花岗岩	32°30′57.04″	93°24′37.74″
	DM-14	花岗岩	32°30′57.04″	93°24′37.74″
	DM-15	花岗岩	32°30′57.04″	93°24′37.74″
	DM-16	花岗岩	32°28′19.42″	93°21′44.50″
	DM-17	花岗岩	32°28′19.42″	93°21′44.50″
木乃紫苏花岗岩	MN-1	花岗岩	33°26′1.78″	92°19′21.87″
	MN-2	花岗岩	33°26′1.78″	92°19′21.87″
	MN-3	花岗岩	33°26′1.78″	92°19′21.87″
	MN-4	花岗岩	33°26′1.78″	92°19′21.87″
	MN-5	花岗岩	33°26′1.78″	92°19′21.87″
	MN-6	花岗岩	33°26′1.78″	92°19′21.87″
	MN-7	花岗岩	33°26′1.78″	92°19′21.87″
	MN-8	花岗岩	33°25′52.09″	92°19′4.58″
	MN-9	花岗岩	33°25′52.09″	92°19′4.58″
	MN-10	花岗岩	33°25′52.09″	92°19′4.58″
	MN-11	花岗岩	33°25′52.09″	92°19′4.58″
	MN-12	花岗岩	33°25′52.09″	92°19′4.58″
	MN-13	花岗岩	33°25′37.25″	92°18′52.02″
	MN-14	花岗岩	33°25′19.75″	92°18′39.13″
	MN-15	花岗岩	33°25′19.75″	92°18′39.13″
	MN-16	花岗岩	33°25′19.75″	92°18′39.13″
	MN-17	花岗岩	33°24′59.98″	92°18′6.56″
	MN-18	花岗岩	33°24′59.98″	92°18′6.56″
	MN-19	花岗岩	33°24′38.35″	92°18′5.53″
	MN-20	花岗岩	33°24′38.35″	92°18′5.53″
	MN-21	花岗岩	33°24′38.35″	92°18′5.53″
龙亚拉花岗岩	LY-1	花岗岩	33°9′7.84″	92°00′40.75″
	LY-2	花岗岩	33°9′7.84″	92°00′40.75″
	LY-3	花岗岩	33°9′7.84″	92°00′40.75″
	LY-4	花岗岩	33°9′8.91″	92°2′30.81″
	LY-5	花岗岩	33°9′8.91″	92°2′30.81″
	LY-6	花岗岩	33°9′8.91″	92°2′30.81″

表 3-1(续)

	样品号	岩性	纬度	经度
龙亚拉花岗岩	LY-7	花岗岩	33°9′29.79″	92°3′58.22″
	LY-8	花岗岩	33°9′29.79″	92°3′58.22″
	LY-9	花岗岩	33°9′29.79″	92°3′58.22″
	LY-10	花岗岩	33°9′39.84″	92°5′51.86″
	LY-11	花岗岩	33°9′39.84″	92°5′51.86″

内部常常可见不规则形态的钠长石条纹,此为原始均一的长石固溶体发生后期出溶作用的产物(图版Ⅱ-f)。碱性长石内部常常包含一些早期结晶的自形至半自形斜长石、黑云母及石英矿物包裹体,尤其在粒度较大的碱性长石斑晶中更为普遍(图版Ⅱ-e)。黑云母是唐古拉花岗岩中唯一的镁铁质矿物,要么以独立的结晶矿物形式出现,要么聚合成矿物集合体,并且其内部常常可见自形至半自形的磷灰石矿物包裹体。有些黑云母具有典型的网针状结构,具体表现为两组针状金红石包裹体以 60°交角呈网状分布特征(图版Ⅱ-g)。这些金红石包体的形成往往由钛饱和黑云母在后期冷却过程中的钛析出所致(Shau et al.,1991)。在蚀变明显的样品中,黑云母常常沿节理、裂理或矿物边缘被绿泥石交代,同时会伴随铁的析出,从而在其边缘形成磁铁矿。

　　唐古拉花岗岩体中广泛存在一些黑色或灰黑色变质沉积岩捕房体。这些捕房体在形态上呈椭圆状、豆荚状、结核状以及不规则状(图版Ⅰ-f 至图版Ⅰ-h),其大小不等,长度在 0.5～15 cm 之间。捕房体与寄主岩石之间呈截然分明的接触关系,发生明显的角闪岩相变质作用,并且经历中等至强烈的变形作用,内部黑云母呈定向排列特征,从而形成片麻状和叶理状构造。显微镜下观察发现,这些包体为变质沉积岩,而非镁铁质微粒包体(MMEs),因此这些包体应该是来自岩浆源区或围岩的捕房体。在矿物组成方面,多数捕房体几乎仅由黑云母组成,少量样品含有不等量的长石矿物(图版Ⅱ-h)。相比寄主花岗岩,白云母在捕房体中较为丰富。另外,除了上述规模较大的捕房体之外,唐古拉花岗岩中还常见一些尺寸较小并且呈结核状、豆荚状或条纹状的黑云母集合体。

　　由一向或二向延长的镁铁质矿物(如黑云母、辉石等)组成的结核状、豆荚状或条纹状矿物集合体在花岗岩中非常普遍。Milord 等(2003)总结认为镁铁质矿物集合体的成因大致存在 4 种模式,包括:① 熔体驱逐模式。"浓粥"状岩浆由于早期局部结晶作用迫使残余熔体排开,从而导致早期结晶矿物局部相对富集。或者是,发生部分熔融的岩石将熔体挤出,从而导致源岩中残余固相原地富集。② 岩浆流动模式。在岩浆熔体流动过程中,由于熔体内部应力差异、不均一流动性以及边缘位置物理化学梯度的增大,一些矿物将重新排列,甚至发生局部富集,尤其是那些具有一向或二向延长且早期结晶的镁铁质矿物。③ 岩浆成层模式。由于岩浆多次灌入,熔体成分发生不均一化;或者矿物在重力影响下呈层状富集排列特征。④ 难熔残留模式。源区难熔残留物质以捕房体形式被裹挟至岩浆之中,或者来自对围岩的同化。René 等(2003)认为这些不同形态的黑云母集合体更有可能代表岩浆源区变质沉积岩的熔融残余物质。由于唐古拉花岗岩中具有大量变质沉积岩捕房体,而这些结核状、豆荚状或条纹状黑云母集合体在矿物组成方面与变质沉积岩捕房体相似,因此 René 等

(2003)的解释更适合对唐古拉花岗岩中黑云母集合体的成因的解释。

3.2 木乃紫苏花岗岩野外地质与岩相学特征

木乃紫苏花岗岩位于东羌塘地块中部,西邻青藏公路和温泉镇,向南与唐古拉山脉相距大约 100 km(图 2-1),海拔约为 5 800 m,顶部常年被冰川覆盖(图 3-2)。相比唐古拉花岗岩而言,木乃紫苏花岗岩的规模较小,出露面积为 100 km² 左右。木乃紫苏花岗岩岩体侵入侏罗系,与围岩之间呈典型的侵入接触关系,并在围岩中形成宽度不等的接触变质带(图 3-2)。木乃紫苏花岗岩侵入体的野外地质观察与采样工作路线,主要沿横穿岩体的近东西向山谷进行,共采集岩石样品 21 件(图 3-2,表 3-1)。组成木乃紫苏花岗岩的岩石整体呈深灰色,块状构造,半自形粒状结构(花岗结构),未见变形及变质现象(图版 Ⅲ-a)。主要矿物为斜长石(含量为 18%～60%)、碱性长石(含量为 23%～60%)和石英(含量为 5%～30%)。斜长石呈自形-半自形板条状,多数发育典型的聚片双晶。碱性长石多呈他形不规则形态,常与不规则状石英一起充填于矿物间隙之中。次要矿物包括斜方辉石(紫苏辉石,含量为 4%～7%)、单斜辉石(含量为 3%～9%)、黑云母及角闪石。辉石多为他形,晶面不规则,多呈熔蚀特征(如溶蚀港湾),少数为半自形状(图版 Ⅲ-a、Ⅲ-b、Ⅲ-c)。紫苏辉石和单斜辉石要么独立存在,要么共生在一起,常见以单斜辉石包裹紫苏辉石的形式存在(图版 Ⅲ-b)。可见角闪石和/或黑云母包围辉石,形成反应边结构(图版 Ⅲ-c)。副矿物主要为锆石、磷灰石及磁铁矿,磁铁矿含量大于 1%。磁铁矿以嵌晶形式存在于辉石之中,或以细小的磁铁矿晶粒聚集于辉石边缘。此外,磁铁矿偶以蠕虫状出溶结构出现在紫苏辉石之中(图版 Ⅲ-d)。在显微镜下对岩石薄片采用点计法进行矿物含量的定量统计,并将统计结果投点于 QAP 岩石类型三端元判别图中(le Maitre,1976),结果表明木乃紫苏花岗岩的主体属于石英二长岩系列,少量为二长花岗岩系列。

值得注意的是,木乃紫苏花岗岩中可见到一些微粒岩浆包体和捕虏体。微粒岩浆包体截面呈近似圆形或椭圆形,与寄主岩石之间为突变接触关系(图版 Ⅲ-e)。包体内部矿物组合与寄主岩石大致相同,主要为斜方辉石(紫苏辉石)、单斜辉石、斜长石,少量碱性长石、石英、磷灰石、磁铁矿等。其中,辉石和斜长石含量明显高于寄主岩石。斜长石内部可见环带构造和筛状构造(图版 Ⅲ-f),磷灰石矿物多为细长柱状或针状(图版 Ⅲ-g)。捕虏体为镁铁质麻粒岩,主体由斜方辉石(紫苏辉石)和单斜辉石构成,矿物颗粒之间为镶嵌接触,局部可见平衡反应边结构。捕虏体周围被不规则形态的角闪石和/或黑云母包围形成反应边结构(图版 Ⅲ-h)。

3.3 龙亚拉花岗岩野外地质与岩相学特征

龙亚拉花岗岩位于东羌塘地块中部,与木乃紫苏花岗岩相邻,位于其西南方向约 30 km 处,向南则与唐古拉山脉相距约 50 km(图 2-1),海拔 5 800～6 100 m,顶部常年为冰川覆盖。岩体出露面积 300 km² 左右,侵入侏罗系,与围岩之间呈典型的侵入接触关系,并在围岩中形成宽度不等的接触变质带(图 3-2),类似于木乃紫苏花岗岩的野外产出特征。对龙亚拉花岗岩侵入体的野外地质观察与采样工作主要沿横穿岩体的近东西向山谷进行(图 3-2),共采集样品 11 件(表 3-1)。

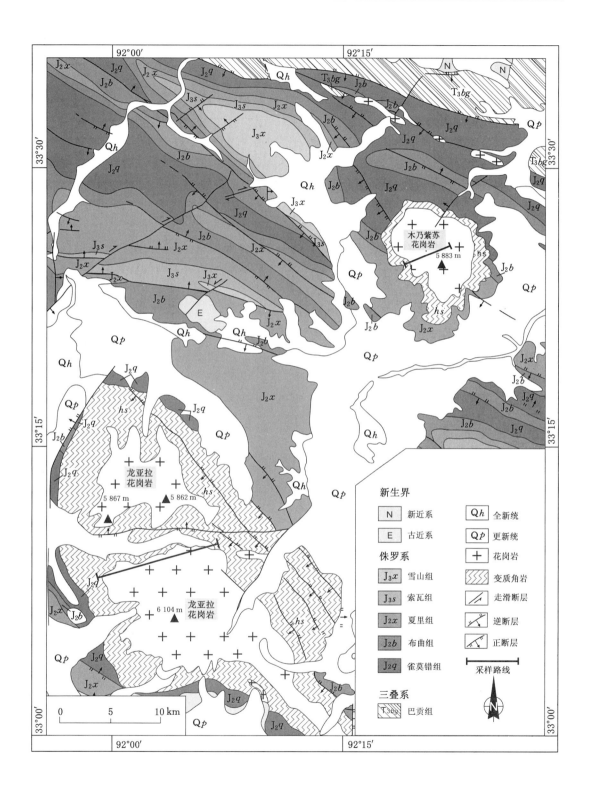

图 3-2 木乃紫苏花岗岩和龙亚拉花岗岩及邻区简明地质图(据李勇等,2004,并作修改)

组成龙亚拉花岗岩的岩石整体呈浅灰色色调,块状构造,中粗粒半自形粒状结构(即花岗结构,见图版Ⅳ-a、Ⅳ-b),少量斑状-似斑状结构(图版Ⅳ-c、Ⅳ-d)。主要由碱性长石(含量为 35%~63%)、石英(含量为 15%~45%)、斜长石(含量为 7%~33%)、黑云母(含量为 2%~5%)及少量角闪石(含量小于 3%)构成(图版Ⅳ-b 至图版Ⅳ-f)。副矿物包括锆石、榍石、磷灰石、绿帘石及磁铁矿(图版Ⅳ-g、Ⅳ-h)。在 QAP 分类图(le Maitre,1976)上对应正长花岗岩和二长花岗岩。

岩石中的斜长石为半自形-自形板条状,具典型的聚片双晶,内部常见环带结构(图版Ⅳ-c)。碱性长石为他形-半自形状,通常呈不规则形态充填于矿物之间的间隙之中(图版Ⅳ-b)。一些碱性长石为条纹长石,其中含丰富的条纹状钠长石出溶片晶,后者发生明显的绢云母化(图版Ⅳ-e)。另外,岩石中有时可见早期结晶的自形-半自形的斜长石、黑云母和角闪石晶体以嵌晶的形式包裹于碱性长石之中,尤其包裹于那些具有较大粒度的斑晶中。岩石中的角闪石矿物分为两种类型:一种呈自形、褐色,为原生结晶角闪石;另一种呈他形、绿色,为次生绿泥石化所致(图版Ⅳ-f)。黑云母呈半自形,单偏光下为褐色,有些与角闪石共生。

第4章 矿物化学特征

4.1 唐古拉花岗岩矿物化学特征

唐古拉花岗岩的矿物化学成分分析主要针对长石和云母进行,其中长石包括斜长石和碱性长石,而云母包括黑云母和白云母。矿物电子探针的分析数据见表 4-1 和表 4-2。需要说明的是,本章所指百分含量均为质量分数。

花岗岩中的斜长石在成分上对应钠长石、奥长石及中长石[图 4-1(a)],其中钙长石(An)端元组分占 0.70%～39.72%,钠长石(Ab)端元组分占 58.49%～97.80%,而钾长石(Or)端元组分占 1.50%～5.65%。碱性长石在化学成分上对应透长石[图 4-1(a)],其中 An 端元组分占 0.01%～0.87%,Ab 端元组分占 2.2%～16.57%,而 Or 端元组分占 83.01%～96.93%。相比而言,变质沉积岩捕房体中斜长石的化学组成较为均一,其中 An 端元组分变化于一狭小的范围(26.75%～33.45%);碱性长石则具有相对较高的 Or 端元组分,其含量变化于 75.74%～94.23%,平均值为 82.36%。

花岗岩中的黑云母表现出富铝特征,具有相对较高的 Al_2O_3 含量和铝饱和指数 A/CNK[A/CNK$=m(Al_2O_3)/m(CaO+Na_2O+K_2O)$;$m(*)$ 表示 $*$ 的摩尔数,下同]。其中,Al_2O_3 变化于 15.18%～18.47%之间,而 A/CNK 多数分布于 1.50～2.00 之间。这与下文通过全岩地球化学成分分析得出的寄主花岗岩具有过铝质地球化学特征的结论相一致。黑云母的高 A/CNK 说明黑云母是花岗岩中主要富集铝的矿物相(Bora et al.,2015)。花岗岩中黑云母的 TiO_2、MgO 和 FeO 含量分别为 2.30%～3.61%(多集中于 2.84%～3.37%)、6.52%～9.87%和 18.81%～23.56%。$Mg^{\#}$[$Mg^{\#}=100\times m(Mg)/m(Mg+Fe)$]为 35.00～46.95。$m(Fe^{2+})/m(Fe^{2+}+Mg)$ 变化范围较小,为 0.50～0.62,平均值为 0.56。CaO 含量很低或接近零。与花岗岩体中的黑云母相比,变质沉积岩捕房体中的黑云母具有相似的化学组成。

黑云母相对均一的 $m(Fe^{2+})/m(Fe^{2+}+Mg)$ 以及无钙或贫钙特征表明,黑云母几乎未受到由大气降水或岩浆期后初生变质引起的绿泥石化和碳酸盐化的影响(Kumar et al.,2010),均为原生黑云母。依据 Foster(1960)的分类方案,所有黑云母均属于铁黑云母系列[图 4-1(b)]。另外,在黑云母结晶氧逸度 Fe^{3+}-Fe^{2+}-Mg^{2+} 三端元判别图(Wones et al.,1965)中,所有黑云母的投点均沿 Ni-NiO 缓冲线分布[图 4-1(c)],指示其结晶是在中等氧逸度条件下进行的。

花岗岩中白云母具有相对均一的化学组成。在 Miller 等(1981)的白云母 Ti-Mg-Fe 三端元分类图中,白云母投点于原生白云母与次生白云母的边界处[图 4-1(d)],说明花岗岩中部分白云母发生次生蚀变。相反,变质沉积岩捕房体中白云母的化学成分则变化较大,在 Ti-Mg-Fe 三端元分类图中全部落在次生白云母范畴[图 4-1(d)],说明捕房体中的白云母普遍发生次生蚀变,这可能是因为变质沉积岩捕房体的结构相对松软,有利于后期蚀变的发生。

表4-1 唐古拉花岗岩及变质沉积岩捕虏体中代表性长石矿物的电子探针分析及计算结果

矿物									花岗岩中斜长石									花岗岩
样品									DM-5									
测点	−3-pll-1	−4-pll-1	−5-pll-1	−2	−4	−7	−8	−10	−14	−17	−21	−19	−27	−29	−34	−46	−47	−48
SiO_2	63.86	67.50	67.74	67.68	68.27	70.94	62.72	64.14	64.80	63.31	64.73	65.05	64.79	64.65	63.47	63.24	63.31	63.43
Al_2O_3	22.88	19.74	20.47	20.19	19.66	17.94	24.04	22.24	22.20	22.79	21.94	22.01	21.60	21.96	22.48	22.52	21.97	22.11
TiO_2	0.02	0	0.02	0	0	0.01	0	0	0	0	0	0.01	0.01	0	0	0	0.01	0
FeO	0.06	0	0.03	0.03	0.01	0.04	0.03	0.04	0.01	0.03	0.02	0	0.02	0	0	0.03	0.03	0
MnO	0.01	0	0.04	0	0.02	0.02	0.01	0	0	0	0	0	0.01	0	0.01	0.01	0.03	0
MgO	0	0	0	0	0	0.02	0.02	0	0	0.01	0.01	0	0.01	0.01	0	0.01	0.01	0.01
CaO	4.03	0.55	0.86	1.19	0.51	1.72	5.30	3.42	3.50	4.07	3.07	2.99	3.05	3.20	4.07	3.96	3.87	3.76
Na_2O	8.88	10.76	10.75	10.88	11.42	9.13	8.39	9.25	9.57	9.20	9.76	9.82	9.62	9.57	9.03	9.22	9.28	9.07
K_2O	0.23	0.11	0.08	0.10	0.09	0.10	0.28	0.36	0.29	0.23	0.31	0.33	0.34	0.27	0.29	0.39	0.37	0.47
Cr_2O_3	0.02	0.01	0	0.01	0	0	0.02	0.02	0	0	0	0	0.01	0	0	0	0.01	0
NiO	0	0	0	0.01	0	0	0	0	0.01	0	0.01	0	0	0	0	0	0	0
Si	2.819	2.984	2.960	2.960	2.985	3.079	2.758	2.843	2.847	2.809	2.858	2.860	2.870	2.857	2.821	2.815	2.832	2.834
Al	1.190	1.028	1.054	1.041	1.013	0.917	1.246	1.162	1.150	1.191	1.141	1.141	1.128	1.144	1.178	1.181	1.158	1.164
Ca	0.191	0.026	0.040	0.056	0.024	0.080	0.250	0.163	0.165	0.193	0.145	0.141	0.145	0.151	0.194	0.189	0.186	0.180
Na	0.760	0.922	0.911	0.922	0.968	0.768	0.715	0.795	0.815	0.792	0.836	0.837	0.826	0.820	0.779	0.796	0.805	0.785
K	0.013	0.006	0.004	0.006	0.005	0.005	0.016	0.020	0.016	0.013	0.018	0.019	0.019	0.015	0.017	0.022	0.021	0.027
An	19.79	2.71	4.22	5.65	2.39	9.35	25.47	16.62	16.55	19.37	14.52	14.15	14.64	15.34	19.59	18.74	18.35	18.16
Ab	78.86	96.66	95.31	93.77	97.13	90.02	72.94	81.31	81.80	79.31	83.71	83.97	83.41	83.14	78.73	79.05	79.54	79.14
Or	1.34	0.63	0.47	0.58	0.48	0.63	1.59	2.08	1.65	1.32	1.77	1.88	1.95	1.51	1.69	2.21	2.11	2.70

行标签说明：化学成分（质量分数，%）；分子结构（离子数，个）；端元组分（质量分数，%）。

表 4-1（续）

矿物		花岗岩中斜长石											变质沉积岩捕掳体中斜长石							
样品		GR-8					GR-10						GR-4							
测点		-4-pll-1	-4-pll-2	-7	-6-2	-10	-10-2	-12	-19	-22	-25	-28	-8	-11	-14	-17	-20	-22	-21	-1-pll-1
化学成分（质量分数，%）	SiO_2	62.56	59.66	59.80	68.41	64.28	58.95	61.73	61.00	58.65	59.84	58.45	59.70	59.56	60.66	61.04	61.75	60.84	59.88	60.43
	Al_2O_3	23.23	24.90	24.81	19.08	22.07	25.59	23.43	23.95	25.94	24.92	25.73	24.93	24.93	24.04	24.30	23.98	24.49	25.17	25.00
	TiO_2	0	0.02	0.03	0.04	0	0	0.01	0	0.02	0	0	0.03	0	0.01	0	0	0	0.01	0
	FeO	0.02	0	0.05	0	0.01	0.10	0.04	0.04	0.04	0.05	0.07	0.05	0.03	0.09	0.01	0.03	0.01	0.03	0.05
	MnO	0	0.01	0.02	0	0.01	0.02	0	0.02	0.02	0	0.02	0.01	0.02	0.01	0.01	0.03	0	0.02	0.01
	MgO	0	0	0	0.01	0	0	0	0.01	0	0	0	0	0.01	0	0	0.01	0.01	0	0
	CaO	4.31	5.29	6.95	0.14	3.87	7.86	5.45	5.97	8.02	7.06	8.15	6.63	6.94	5.93	5.94	5.54	6.07	6.85	5.96
	Na_2O	8.38	7.33	7.35	11.11	9.08	6.87	8.29	7.72	6.62	7.12	6.63	7.81	7.43	7.88	8.10	8.17	7.94	7.70	7.76
	K_2O	0.59	0.93	0.37	0.26	0.60	0.29	0.36	0.44	0.32	0.35	0.31	0.23	0.31	0.31	0.25	0.34	0.34	0.26	0.16
	Cr_2O_3	0.03	0.01	0	0.02	0	0	0	0.02	0.02	0	0	0.01	0	0	0.02	0.02	0.02	0.02	0
	NiO	0	0	0	0	0	0.03	0.01	0.02	0.02	0	0	0.03	0	0	0	0	0.03	0	0
分子结构（离子个数，个）	Si	2.791	2.701	2.684	3.013	2.843	2.643	2.759	2.734	2.630	2.683	2.631	2.679	2.676	2.726	2.722	2.745	2.713	2.673	2.700
	Al	1.221	1.329	1.312	0.991	1.150	1.352	1.234	1.265	1.371	1.317	1.365	1.318	1.320	1.273	1.277	1.256	1.287	1.324	1.316
	Ca	0.206	0.257	0.334	0.007	0.183	0.378	0.261	0.287	0.385	0.339	0.393	0.319	0.334	0.286	0.284	0.264	0.290	0.328	0.285
	Na	0.725	0.643	0.639	0.948	0.779	0.598	0.718	0.671	0.576	0.619	0.579	0.679	0.648	0.686	0.700	0.704	0.687	0.666	0.672
	K	0.034	0.054	0.021	0.015	0.034	0.017	0.021	0.025	0.018	0.020	0.018	0.013	0.018	0.018	0.014	0.019	0.019	0.015	0.009
端组分（质量分数，%）	An	21.36	26.92	33.61	0.70	18.40	38.06	26.09	29.18	39.35	34.69	39.72	31.53	33.45	28.87	28.43	26.75	29.12	32.49	29.51
	Ab	75.16	67.43	64.28	97.80	78.19	60.25	71.85	68.24	58.80	63.27	58.49	67.18	64.78	69.33	70.14	71.31	68.94	66.02	69.52
	Or	3.48	5.65	2.11	1.50	3.41	1.68	2.06	2.58	1.85	2.04	1.79	1.30	1.77	1.80	1.43	1.95	1.94	1.49	0.97

表 4-1（续）

花岗岩中碱性长石

| 样品 | DM-5 | | | | | | | | | | | | | | | | GR-8 | |
测点	-1-kfs1-1	-3-kfs1-1	-4-kfs1-1	-5-kfs1-1	-1	-5	-6	-9	-11	-13	-20	-22	-26	-28	-35	-41	-1-kfs	-3-kfs1-1
化学成分 分数（质量，%）																		
SiO_2	65.04	64.09	64.59	64.24	65.08	64.87	64.82	64.88	63.83	64.91	64.29	64.94	64.38	65.35	64.72	65.14	63.43	63.35
TiO_2	0.01	0.01	0	0	0.04	0	0.02	0.01	0.02	0	0	0	0	0	0.01	0.01	0	0.06
Al_2O_3	18.30	18.26	18.45	18.15	18.20	18.05	18.16	18.24	18.00	18.20	17.95	18.06	18.09	18.13	18.13	18.12	18.33	18.32
FeO	0.02	0	0.02	0	0	0	0	0.01	0.06	0.02	0.05	0.02	0.02	0.01	0.03	0.03	0.05	0
MnO	0	0.01	0.01	0.01	0	0	0	0	0	0.03	0	0	0.02	0.02	0	0	0	0
MgO	0	0	0	0	0	0	0.01	0	0	0	0.01	0	0.01	0.01	0.01	0.02	0	0
CaO	0.01	0.04	0	0.02	0.01	0.01	0.03	0.09	0.02	0.04	0.06	0.02	0.04	0	0.06	0.04	0.17	0.09
Na_2O	0.43	0.36	0.53	0.44	0.58	0.62	0.55	0.41	0.43	0.59	0.36	0.64	0.51	1.04	0.60	0.60	0.24	0.37
K_2O	16.15	16.09	15.96	15.98	15.66	15.69	15.81	16.15	15.92	15.66	16.02	15.70	15.81	15.21	15.79	15.66	16.12	15.95
Cr_2O_3	0.01	0	0.01	0.03	0.01	0	0.01	0.01	0	0.02	0	0	0	0.02	0.01	0.01	0	0
NiO	0	0	0	0	0	0	0	0.01	0	0	0.01	0.02	0	0.01	0	0.02	0.02	0
分子结构（离子数，个）																		
Si	3.005	2.996	2.996	3.002	3.011	3.013	3.008	3.004	3.003	3.009	3.009	3.012	3.006	3.014	3.007	3.013	2.985	2.986
Al	0.996	1.006	1.008	1.000	0.992	0.988	0.993	0.995	0.998	0.994	0.990	0.987	0.995	0.985	0.993	0.988	1.017	1.018
Ca	0.001	0.002	0	0.001	0	0.001	0.001	0.004	0.001	0.002	0.003	0.001	0.002	0	0.003	0.002	0.009	0.004
Na	0.039	0.033	0.048	0.040	0.052	0.056	0.049	0.037	0.039	0.053	0.032	0.058	0.046	0.093	0.054	0.054	0.022	0.034
K	0.952	0.960	0.944	0.952	0.925	0.929	0.936	0.954	0.956	0.926	0.956	0.929	0.942	0.895	0.936	0.924	0.968	0.959
端元组 分数（质量，%）																		
An	0.06	0.19	0.01	0.11	0.03	0.07	0.14	0.43	0.10	0.19	0.32	0.12	0.18	0.02	0.31	0.18	0.87	0.45
Ab	3.89	3.31	4.81	3.99	5.34	5.65	5.00	3.69	3.95	5.39	3.25	5.85	4.66	9.39	5.42	5.50	2.20	3.36
Or	96.05	96.50	95.18	95.90	94.64	94.29	94.86	95.88	95.96	94.43	96.43	94.03	95.16	90.59	94.28	94.32	96.93	96.19

表 4-1(续)

矿物	花岗岩中碱性长石									变质沉积岩捕房体中碱性长石						
样品	GR-8			GR-10						GR-4						
测点	-3-kfs1-2	-4-kfs1-1	-4-kfs1-2	-6	-11	-13	-21	-26	-29	-9	-12	-13	-18	-19	-1-kfs1-1	-2-kfs1-1
化学成分（质量分数，%） SiO_2	63.36	64.13	64.10	64.86	64.34	64.35	64.99	65.02	64.42	64.09	64.40	64.01	65.21	64.81	63.70	64.17
TiO_2	0.01	0	0.01	0	0.01	0.05	0.03	0	0.02	0.04	0.06	0	0.03	0.04	0.02	0.01
Al_2O_3	18.41	18.81	18.52	17.92	17.86	17.69	17.95	17.79	17.78	18.22	18.17	18.18	18.75	18.73	18.94	18.68
FeO	0.01	0.02	0.03	0.01	0.01	0.01	0.01	0.03	0	0.04	0.04	0.02	0.01	0.03	0.08	0.08
MnO	0	0.01	0	0	0.01	0	0.01	0.02	0.01	0.02	0.01	0	0	0	0	0
MgO	0	0.01	0	0.01	0.01	0.02	0	0.01	0	0.02	0.01	0	0.01	0	0.01	0.01
CaO	0.08	0.08	0.08	0.10	0.07	0.04	0.05	0.03	0.02	0.08	0.07	0.08	0.14	0.11	0.08	0.08
Na_2O	0.77	1.83	0.89	0.84	0.52	0.51	0.89	0.67	0.62	0.95	1.69	1.24	2.46	2.56	1.71	2.51
K_2O	15.40	13.93	15.13	15.23	15.59	15.66	15.34	15.59	15.52	14.86	13.98	14.39	12.89	12.46	13.94	12.83
Cr_2O_3	0.02	0.01	0	0.08	0	0	0	0.02	0	0	0.02	0	0	0	0.02	0
NiO	0	0.01	0	0.02	0	0.02	0	0	0.01	0	0	0.01	0.03	0	0.03	0
分子结构（离子数，个） Si	2.983	2.978	2.989	3.016	3.014	3.020	3.016	3.022	3.018	3.001	3.003	3.001	2.992	2.992	2.971	2.983
Al	1.021	1.029	1.018	0.982	0.986	0.978	0.982	0.975	0.981	1.005	0.999	1.005	1.014	1.019	1.041	1.024
Ca	0.004	0.004	0.004	0.005	0.003	0.002	0.003	0.001	0.001	0.004	0.003	0.004	0.007	0.006	0.004	0.004
Na	0.070	0.165	0.080	0.076	0.047	0.046	0.080	0.060	0.056	0.086	0.152	0.113	0.219	0.229	0.155	0.226
K	0.925	0.825	0.900	0.903	0.932	0.937	0.908	0.925	0.928	0.887	0.832	0.861	0.754	0.734	0.830	0.761
端元组分（质量分数，%） An	0.42	0.42	0.39	0.50	0.34	0.21	0.26	0.13	0.09	0.40	0.34	0.42	0.71	0.58	0.40	0.39
Ab	7.00	16.57	8.16	7.68	4.79	4.70	8.04	6.11	5.67	8.81	15.43	11.57	22.33	23.68	15.65	22.82
Or	92.58	83.01	91.45	91.82	94.87	95.09	91.70	93.76	94.23	90.80	84.23	88.02	76.96	75.74	83.95	76.79

注：阳离子数计算以 8 个氧离子为基础。

表 4-2　唐古拉花岗岩及变质沉积岩捕虏体中代表性云母矿物的电子探针分析及计算结果

			花岗岩中黑云母														
矿物 样品		DM-5									GR-8				GR-10		
测点		−18	−12	−25	−24	−23	−32	−37	−38	−44	−2-bi1-1	−3-bi1-1	−3-bi2-1	−4-bi1-1	−1	−2	−3
化学成分（质量分数，%）	SiO_2	35.20	36.69	36.18	36.15	36.41	35.90	34.98	34.10	34.95	36.01	35.94	35.49	35.10	34.16	34.90	33.93
	TiO_2	2.84	2.93	3.16	3.02	3.61	2.92	3.19	3.13	3.00	2.97	3.35	3.57	3.35	3.37	3.08	3.11
	Al_2O_3	18.34	17.41	18.26	18.01	17.69	18.47	17.74	17.34	17.55	18.17	17.64	17.53	17.73	15.74	15.53	15.88
	FeO	21.45	20.79	20.81	20.17	20.80	21.77	21.62	21.03	21.58	20.98	19.32	18.81	19.88	23.01	21.45	22.53
	MnO	0.53	0.49	0.51	0.47	0.45	0.52	0.49	0.52	0.51	0.53	0.28	0.27	0.27	0.31	0.31	0.33
	MgO	6.86	7.55	7.03	7.36	6.90	6.98	6.59	6.61	6.52	7.56	9.47	9.34	9.32	8.78	9.23	9.34
	CaO	0.02	0.02	0	0.01	0.01	0.04	0.02	0.03	0.06	0.03	0	0.01	0.01	0.12	0.21	0.55
	Na_2O	0.20	0.13	0.16	0.18	0.16	0.20	0.16	0.17	0.14	0.10	0.39	0.39	0.25	0.16	0.26	0.15
	K_2O	9.25	9.44	9.51	9.44	9.40	9.14	9.27	8.82	9.02	9.60	9.07	9.09	9.05	8.08	7.61	7.23
	Cr_2O_3	0.01	0.01	0.02	0.01	0.06	0.02	0.01	0.02	0.04	0.06	0.02	0.06	0.06	0.04	0.03	0.04
	NiO	0.02	0	0	0	0	0.01	0.02	0	0	0.02	0.03	0.01	0.02	0.01	0	0
	总量	94.72	95.44	95.64	94.81	95.49	95.97	94.09	91.77	93.37	96.03	95.51	94.57	95.04	93.78	92.61	93.09
分子结构（离子数，个）	Si	2.729	2.807	2.764	2.778	2.785	2.743	2.738	2.732	2.753	2.747	2.730	2.721	2.692	2.698	2.758	2.684
	Ti	0.166	0.168	0.182	0.175	0.207	0.168	0.188	0.189	0.178	0.171	0.191	0.206	0.193	0.200	0.183	0.185
	Al^{IV}	1.271	1.193	1.236	1.222	1.215	1.257	1.262	1.268	1.247	1.253	1.270	1.279	1.308	1.302	1.242	1.316
	Al^{VI}	0.405	0.377	0.409	0.409	0.380	0.406	0.374	0.370	0.383	0.380	0.308	0.305	0.294	0.162	0.204	0.165
	Fe^{3+}	0.161	0.154	0.154	0.150	0.154	0.161	0.164	0.163	0.165	0.155	0.142	0.140	0.148	0.176	0.164	0.173
	Fe^{2+}	1.230	1.176	1.176	1.146	1.176	1.230	1.251	1.246	1.257	1.183	1.085	1.066	1.127	1.344	1.253	1.318
	Mn	0.035	0.031	0.033	0.031	0.029	0.034	0.032	0.035	0.034	0.034	0.018	0.017	0.018	0.021	0.021	0.022
	Mg	0.793	0.861	0.801	0.844	0.787	0.795	0.769	0.789	0.765	0.859	1.072	1.068	1.065	1.034	1.087	1.102
	Ca	0.002	0	0	0	0.001	0.003	0.002	0.002	0.005	0.002	0	0.001	0.001	0.010	0.018	0.047
	Na	0.030	0.019	0.023	0.026	0.024	0.029	0.024	0.026	0.021	0.012	0.057	0.057	0.038	0.025	0.039	0.024
	K	0.916	0.922	0.927	0.925	0.917	0.891	0.925	0.902	0.907	0.911	0.879	0.889	0.885	0.814	0.767	0.730
	总量	7.738	7.708	7.705	7.706	7.675	7.717	7.729	7.722	7.715	7.733	7.752	7.749	7.769	7.786	7.736	7.766
相关指数	$m(Fe^{2+})/(m(Fe^{2+})+m(Mg))$	0.61	0.58	0.59	0.58	0.60	0.61	0.62	0.61	0.62	0.58	0.50	0.50	0.51	0.57	0.54	0.54
	$Mg^{\#}$	36.32	39.28	37.59	39.42	37.18	36.37	35.19	35.89	35.00	39.10	46.63	46.95	45.52	40.48	43.39	42.50
	A/CNK	1.76	1.67	1.73	1.71	1.69	1.80	1.72	1.76	1.74	1.71	1.68	1.67	1.73	1.71	1.72	1.75

表 4-2(续)

矿物	花岗岩中黑云母							变质沉积岩捕虏房体中黑云母										
样品	GR-10							GR-4										
测点	-5	-9	-15	-16	-18	-24	-27	-5	-6	-7	-15	-16	-26	-28	-31	-32	-33	-1-bil-1
化学成分(质量分数,%) SiO_2	35.64	36.30	34.68	34.91	36.11	33.64	35.66	35.32	36.05	35.43	33.88	34.88	35.85	36.50	36.58	36.29	36.35	33.66
TiO_2	3.33	3.31	2.62	3.06	3.37	2.30	3.32	2.77	3.12	2.98	3.02	2.98	3.17	3.07	3.02	3.15	3.06	3.11
Al_2O_3	15.52	15.19	16.56	15.55	15.73	16.22	15.18	18.64	18.18	17.94	17.77	18.21	18.32	19.00	18.96	18.46	19.00	18.31
FeO	21.09	21.56	22.45	21.32	20.85	23.56	20.75	17.58	18.55	17.77	17.09	17.23	18.73	17.94	17.86	17.73	17.65	18.02
MnO	0.33	0.32	0.33	0.32	0.30	0.33	0.36	0.21	0.21	0.24	0.21	0.21	0.24	0.23	0.20	0.25	0.20	0.21
MgO	9.17	9.02	9.87	9.27	9.39	9.72	9.14	9.64	9.67	9.17	8.93	9.23	9.27	9.32	9.26	9.02	9.60	9.18
CaO	0.23	0.01	0.03	0.19	0.01	0.05	0.04	0.03	0.04	0.03	0.03	0.01	0	0.01	0.01	0.01	0.01	0.02
Na_2O	0.16	0.16	0.19	0.15	0.21	0.06	0.21	0.29	0.20	0.25	0.34	0.36	0.16	0.34	0.38	0.33	0.43	0.26
K_2O	8.72	9.05	7.37	8.09	9.09	6.78	8.75	8.65	8.95	9.07	8.97	8.70	9.47	9.32	9.28	9.40	9.20	9.33
Cr_2O_3	0.03	0.03	0.02	0.02	0.01	0.01	0.06	0.07	0.09	0.08	0.09	0.08	0.08	0.07	0.03	0.05	0.07	0.08
NiO	0	0	0.01	0	0	0.02	0	0.01	0.03	0	0	0.03	0.02	0	0	0.03	0.04	0.03
总量	94.22	94.95	94.13	92.88	95.07	92.69	93.47	93.21	95.09	92.96	90.33	91.92	95.31	95.80	95.58	94.72	95.61	92.21
分子结构(离子数,个) Si	2.774	2.809	2.700	2.755	2.782	2.675	2.795	2.718	2.733	2.746	2.707	2.725	2.722	2.737	2.748	2.756	2.729	2.652
Ti	0.195	0.193	0.153	0.182	0.195	0.138	0.196	0.160	0.178	0.173	0.182	0.175	0.181	0.173	0.170	0.180	0.173	0.184
Al^{IV}	1.226	1.191	1.300	1.245	1.218	1.325	1.205	1.282	1.267	1.254	1.293	1.275	1.278	1.263	1.252	1.244	1.271	1.348
Al^{VI}	0.198	0.194	0.220	0.202	0.209	0.194	0.198	0.409	0.357	0.384	0.380	0.401	0.362	0.417	0.426	0.408	0.409	0.352
Fe^{3+}	0.159	0.162	0.170	0.163	0.156	0.182	0.158	0.131	0.136	0.134	0.132	0.131	0.138	0.131	0.130	0.131	0.129	0.138
Fe^{2+}	1.213	1.233	1.292	1.244	1.187	1.385	1.203	1.000	1.040	1.018	1.009	0.995	1.052	0.995	0.992	0.995	0.980	1.049
Mn	0.022	0.021	0.021	0.022	0.020	0.022	0.024	0.014	0.014	0.016	0.014	0.014	0.016	0.015	0.013	0.016	0.013	0.014
Mg	1.064	1.041	1.146	1.090	1.078	1.152	1.068	1.106	1.092	1.060	1.063	1.075	1.050	1.042	1.037	1.021	1.074	1.078
Ca	0.019	0.001	0.002	0.016	0.001	0.004	0.003	0.002	0.003	0.002	0.003	0.001	0	0.001	0.001	0.001	0.001	0.002
Na	0.024	0.024	0.028	0.022	0.031	0.009	0.031	0.043	0.029	0.038	0.053	0.054	0.023	0.050	0.055	0.049	0.063	0.039
K	0.866	0.894	0.732	0.815	0.894	0.687	0.875	0.849	0.865	0.896	0.914	0.867	0.917	0.892	0.889	0.910	0.881	0.938
总量	7.760	7.763	7.764	7.756	7.771	7.773	7.756	7.714	7.714	7.721	7.750	7.713	7.739	7.716	7.713	7.711	7.723	7.794
相关指数 $m(Fe^{2+})/m(Fe^{2+}+Mg)$	0.53	0.54	0.53	0.53	0.52	0.55	0.53	0.47	0.49	0.49	0.49	0.48	0.50	0.49	0.49	0.49	0.48	0.49
$Mg^\#$	43.67	42.72	43.94	43.66	44.52	42.39	43.98	49.44	48.15	47.92	48.21	48.86	46.88	48.09	48.03	47.55	49.22	47.60
A/CNK	1.53	1.51	1.99	1.66	1.54	2.16	1.54	1.88	1.80	1.74	1.72	1.82	1.74	1.78	1.78	1.72	1.78	1.73

表 4-2（续）

矿物	变质沉积岩捕房体中黑云母		花岗岩中白云母									变质沉积岩捕房体中白云母						
样品	GR-4		DM-5									GR-4						
测点	-2-bil-1	-5-bil-1	-3	-30	-36	-40	-42	-43	-49	-4-mul-1	-5-mul-1	-23	-24	-25	-27	-29	-30	-34
SiO₂ (SiO_2)	36.14	35.56	46.78	47.21	47.31	47.48	47.01	47.54	46.71	46.76	46.52	46.32	46.31	46.03	45.85	47.21	45.13	45.73
TiO_2	3.26	3.39	0.49	0.50	0.37	0.65	0.40	0.43	0.21	0.11	0.30	—	0.02	0.01	0.02	0.07	0.04	0.01
Al_2O_3	18.66	19.31	32.44	32.76	32.83	33.10	32.59	33.24	33.53	33.59	34.77	34.06	33.71	34.06	34.39	35.25	29.94	34.01
FeO	17.91	18.34	2.06	1.98	1.97	2.20	1.79	2.05	1.97	2.22	1.68	1.61	1.13	1.55	1.76	1.15	3.65	1.38
MnO	0.15	0.20	0.04	0.02	0.03	0.05	0.04	0.03	0.02	0.05	0.03	0.02	0.01	0.03	0.03	0	0.05	0.01
MgO	9.70	9.36	1.22	1.16	1.11	1.21	1.10	1.22	0.90	1.08	0.74	1.65	1.11	1.48	1.66	0.87	3.30	1.38
CaO	0.01	0.03	0	0.01	0	0.03	0	0.02	0	0.01	0.03	0	0.01	0.03	0.01	0	0.02	0
Na_2O	0.37	0.28	0.49	0.63	0.56	0.53	0.57	0.54	0.69	0.62	0.73	0.58	0.68	0.74	0.69	0.75	0.40	0.62
K_2O	9.34	9.41	10.55	10.30	10.46	10.34	10.38	10.55	10.37	10.38	10.41	10.18	10.02	9.94	9.94	9.75	10.00	10.12
Cr_2O_3	0.09	0.08	0	0	0.01	0.02	0	0.01	0.01	0	0	0.02	0	0.03	0	0	0	0
NiO	0	0.02	0	0	0	0	0	0.02	0.01	0	0.01	0.01	0	0	0.01	0	0	0
总量	95.63	95.98	94.07	94.57	94.65	95.61	93.88	95.65	94.42	94.82	95.22	94.44	92.99	93.90	94.36	95.05	92.53	93.26
Si	2.720	2.675	3.168	3.173	3.178	3.159	3.180	3.163	3.146	3.140	3.104	3.111	3.147	3.108	3.084	3.128	3.141	3.108
Ti	0.184	0.192	0.025	0.025	0.018	0.033	0.021	0.022	0.010	0.006	0.015	0	0.001	0.001	0.001	0.003	0.002	0.001
Al^{IV}	1.280	1.325	0.832	0.827	0.822	0.841	0.820	0.837	0.854	0.860	0.896	0.889	0.853	0.892	0.916	0.872	0.859	0.892
Al^{VI}	0.375	0.387	1.757	1.768	1.777	1.755	1.779	1.769	1.808	1.799	1.838	1.808	1.846	1.818	1.811	1.880	1.597	1.831
Fe^{3+}	0.131	0.134	0.014	0.013	0.013	0.014	0.012	0.013	0.013	0.014	0.011	0.010	0.007	0.010	0.012	0.007	0.025	0.009
Fe^{2+}	0.996	1.020	0.103	0.098	0.098	0.108	0.090	0.101	0.098	0.110	0.083	0.080	0.057	0.077	0.088	0.057	0.188	0.069
Mn	0.010	0.013	0.002	0.001	0.002	0.003	0.002	0.002	0.001	0.003	0.002	0.001	0	0.001	0.002	0	0.003	0.001
Mg	1.089	1.050	0.123	0.116	0.111	0.120	0.111	0.121	0.090	0.108	0.074	0.165	0.112	0.148	0.166	0.086	0.342	0.140
Ca	0.001	0.002	0	0.001	0	0.002	0	0.001	0	0.001	0.002	0	0.001	0.002	0.001	0	0.002	0
Na	0.054	0.040	0.064	0.081	0.073	0.068	0.075	0.070	0.090	0.080	0.094	0.076	0.089	0.097	0.090	0.096	0.054	0.081
K	0.897	0.903	0.911	0.883	0.896	0.878	0.896	0.895	0.891	0.889	0.886	0.872	0.868	0.856	0.853	0.824	0.888	0.877
总量	7.737	7.741	6.999	6.986	6.988	6.981	6.986	6.994	7.001	7.010	7.005	7.012	6.981	7.010	7.024	6.953	7.101	7.009
$m(Fe^{2+})/m(Fe^{2+}+Mg)$	0.48	0.49	0.46	0.46	0.47	0.47	0.45	0.45	0.52	0.50	0.53	0.33	0.33	0.34	0.35	0.40	0.35	0.33
Mg#	51.30	51.00	50.06	49.58	52.31	51.48	44.86	46.54	44.06	51.30	51.00	64.70	63.71	62.91	62.61	57.36	61.71	64.05
A/CNK	1.74	1.81	2.65	2.69	2.68	2.73	2.68	2.69	2.71	2.74	2.78	2.84	2.81	2.83	2.89	2.99	2.60	2.84

注：阳离子数计算以11个氧离子为基础。

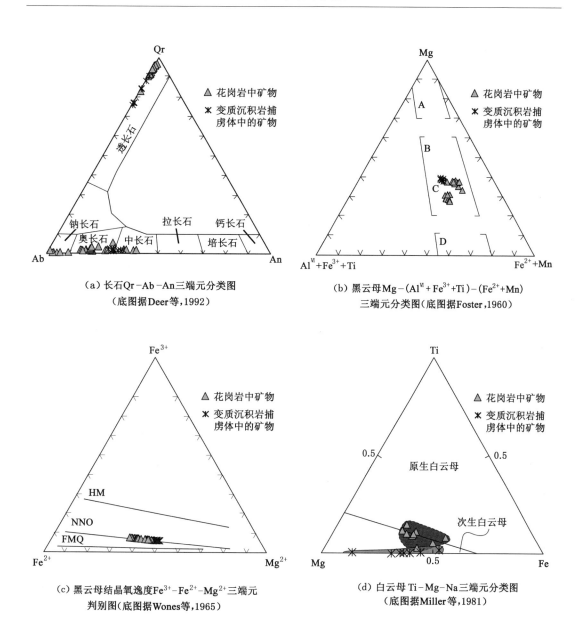

（a）长石Qr-Ab-An三端元分类图
（底图据Deer等,1992）

（b）黑云母Mg-(Al^{VI}+Fe^{3+}+Ti)-(Fe^{2+}+Mn)
三端元分类图（底图据Foster,1960）

（c）黑云母结晶氧逸度Fe^{3+}-Fe^{2+}-Mg^{2+}三端元
判别图（底图据Wones等,1965）

（d）白云母 Ti-Mg-Na 三端元分类图
（底图据Miller等,1981）

图 4-1　唐古拉花岗岩代表性矿物化学成分特征

［图(b)中:A—金云母(phlogopite);B—镁黑云母(Mg-biotite);C—铁黑云母(Fe-biotite);

D—铁叶黑云母(siderophyllites)和铁锂黑云母(lepidomelane)。

图(c)中:FMQ 为铁橄榄石-磁铁矿-石英缓冲线;NNO 为镍-氧化镍缓冲线;HM 为赤铁矿-磁铁矿缓冲线］

4.2　木乃紫苏花岗岩矿物化学特征

　　木乃紫苏花岗岩矿物化学成分分析主要针对长石、辉石、角闪石及黑云母进行。代表性矿物的化学成分分析数据及端元组成计算结果见表 4-3 至表 4-6。

表 4-3　木乃紫苏花岗岩和龙亚拉花岗岩中代表性长石矿物的电子探针分析及计算结果(质量分数,%)

矿物		斜长石																	
样品		M-3							M-9			M-16							
测点		—1	—10	—12	—24	—26	—27	—28	—6-pl1-1	—7-pl1-1	—8-pl1-1	—1-pl1-1	—2	—4	—6	—9	—11	—13	—16
化学成分(质量分数,%)	SiO_2	57.82	60.35	60.72	59.18	57.16	59.65	59.27	55.03	58.74	54.24	56.56	60.11	57.35	58.32	58.61	58.28	58.24	57.76
	TiO_2	0.01	0.07	0.04	0.03	0.03	0.06	0.08	0.06	0.04	0.45	0.05	0	0.10	0.09	0.09	0.08	0.04	0.07
	Al_2O_3	25.91	23.98	24.16	25.08	26.21	24.49	24.69	27.56	24.93	27.09	26.76	24.08	25.82	25.40	25.41	25.06	25.47	25.32
	FeO	0.35	0.35	0.25	0.33	0.32	0.38	0.37	0.40	0.32	2.74	0.30	0.23	0.22	0.23	0.29	0.20	0.19	0.34
	MnO	0.02	0	0.01	0.01	0.01	0.01	0	0	0	0.04	0	0	0	0.02	0	0	0.02	0
	MgO	0.02	0	0.02	0.03	0.02	0.02	0.02	0.02	0.03	0.08	0.02	0.01	0	0.03	0.02	0.02	0.01	0.01
	CaO	7.97	6.21	6.07	7.22	9.08	7.08	7.29	10.54	7.14	9.87	9.21	6.51	8.67	8.27	7.92	7.84	8.10	8.18
	Na_2O	6.53	7.71	7.72	7.06	6.10	7.00	6.76	5.12	6.62	5.36	5.87	7.46	6.43	6.33	6.62	6.75	6.61	6.45
	K_2O	0.34	0.48	0.43	0.46	0.42	0.52	0.58	0.28	0.49	0.22	0.38	0.40	0.24	0.31	0.37	0.29	0.31	0.36
	Cr_2O_3	0	0	0.01	0.02	0.01	0	0.01	0	0	0	0.01	0	0	0	0	0	0	0
	NiO	0	0	0	0	0	0	0.04	0.02	0.01	0	0	0	0.01	0	0	0.01	0.01	0
分子结构(离子数,个)	Si	2.62	2.72	2.72	2.67	2.59	2.69	2.68	2.51	2.67	2.52	2.57	2.71	2.61	2.64	2.64	2.65	2.64	2.63
	Al	1.38	1.27	1.28	1.33	1.40	1.30	1.32	1.48	1.34	1.48	1.43	1.28	1.38	1.36	1.35	1.34	1.36	1.36
	Ca	0.39	0.30	0.29	0.35	0.44	0.34	0.35	0.52	0.35	0.49	0.45	0.31	0.42	0.40	0.38	0.38	0.39	0.40
	Na	0.57	0.67	0.67	0.62	0.54	0.61	0.59	0.45	0.58	0.48	0.52	0.65	0.57	0.56	0.58	0.60	0.58	0.57
	K	0.02	0.03	0.02	0.03	0.02	0.03	0.03	0.02	0.03	0.01	0.02	0.02	0.01	0.02	0.02	0.02	0.02	0.02
端元组分(质量分数,%)	An	39.49	29.96	29.54	35.14	44.04	34.76	36.07	52.30	36.25	49.80	45.39	31.79	42.11	41.14	38.92	38.40	39.65	40.34
	Ab	58.54	67.27	67.99	62.18	53.55	62.18	60.54	46.03	60.81	48.89	52.40	65.86	56.49	57.03	58.92	59.90	58.52	57.56
	Or	1.98	2.77	2.47	2.68	2.41	3.06	3.39	1.66	2.95	1.31	2.21	2.35	1.41	1.83	2.17	1.69	1.83	2.10

表 4-3（续）

矿物		斜长石																				
样品		M-16									M-21	LY-1			LY-6					
测点		−17	−20	−22	−23	−26	−27	−28	−31	−32	−2-pl1 −1	−4	−5	−6	−5	−8	−10	−13	−16	−25
化学成分（质量分数，%）	SiO₂	57.99	57.76	57.68	58.06	58.75	59.26	58.06	56.61	57.76	57.05	62.49	63.49	60.93	63.58	64.62	64.57	63.77	63.68	64.22
	TiO₂	0.09	0.11	0.11	0.06	0.03	0.04	0.10	0.07	0.09	0.04	0	0.03	0.02	0.02	0.01	0	0	0	0
	Al₂O₃	25.41	25.45	25.47	25.48	24.90	23.89	25.44	26.25	25.65	26.23	22.59	22.46	23.42	22.87	22.71	22.07	22.21	22.38	22.08
	FeO	0.22	0.21	0.27	0.22	0.21	0.25	0.18	0.17	0.21	0.35	0.14	0.18	0.17	0.13	0.14	0.22	0.18	0.24	0.23
	MnO	0	0.01	0.01	0.03	0	0	0	0	0.03	0.01	0	0	0	0	0	0.03	0	0.01	0
	MgO	0.02	0.01	0.01	0.01	0	0.02	0.01	0.01	0.02	0.01	0.01	0	0.01	0	0	0	0.01	0	0
	CaO	8.14	8.23	8.19	8.24	7.64	6.68	8.30	9.21	8.33	8.39	3.94	4.06	5.09	4.53	4.30	4.01	4.19	4.27	4.03
	Na₂O	6.52	6.47	6.47	6.45	6.98	7.12	6.54	6.07	6.47	6.03	8.80	8.66	8.02	9.01	9.34	9.13	8.89	8.86	9.22
	K₂O	0.32	0.31	0.34	0.31	0.34	0.48	0.31	0.21	0.33	0.37	0.22	0.42	0.32	0.27	0.15	0.37	0.32	0.44	0.36
	Cr₂O₃	0	0	0	0	0	0.01	0.03	0.02	0	0	0.01	0.01	0	0.01	0	0	0	0	0.02
	NiO	0	0	0	0	0	0	0.01	0	0	0	0.01	0.02	0	0	0	0	0.01	0	0
分子结构（离子数，个）	Si	2.63	2.63	2.63	2.63	2.66	2.71	2.63	2.58	2.62	2.60	2.81	2.83	2.76	2.80	2.82	2.85	2.83	2.82	2.84
	Al	1.36	1.36	1.37	1.36	1.33	1.29	1.36	1.41	1.37	1.41	1.20	1.18	1.25	1.19	1.17	1.15	1.16	1.17	1.15
	Ca	0.40	0.40	0.40	0.40	0.37	0.33	0.40	0.45	0.41	0.41	0.19	0.19	0.25	0.21	0.20	0.19	0.20	0.20	0.19
	Na	0.57	0.57	0.57	0.57	0.61	0.63	0.57	0.54	0.57	0.53	0.77	0.75	0.70	0.77	0.79	0.78	0.77	0.76	0.79
	K	0.02	0.02	0.02	0.02	0.02	0.03	0.02	0.01	0.02	0.02	0.01	0.02	0.02	0.02	0.01	0.02	0.02	0.03	0.02
端元组分（质量分数，%）	An	40.06	40.52	40.33	40.63	36.97	33.18	40.48	45.03	40.76	42.51	19.56	20.07	25.46	21.43	20.13	19.12	20.30	20.49	19.06
	Ab	58.08	57.69	57.67	57.54	61.08	63.98	57.70	53.73	57.33	55.26	79.14	77.48	72.61	77.07	79.05	78.77	77.89	76.98	78.93
	Or	1.86	1.79	2.00	1.83	1.95	2.84	1.82	1.23	1.91	2.24	1.30	2.45	1.93	1.50	0.82	2.11	1.82	2.53	2.01

表 4-3(续)

矿物												斜长石							碱性长石						
样品												LY-11							M-16						
测点		-1	-4	-7	-9	-11-1	-11-2	-12	-15	-19	-20	-22	-26-3	-5	-8	-10	-12	-15	-18	-19
化学成分(质量分数,%)	SiO$_2$	64.17	63.55	61.87	64.69	63.73	69.35	63.31	63.96	63.34	63.92	63.74	65.06	64.73	64.73	64.95	64.97	64.66	65.21	64.68
	TiO$_2$	0.03	0	0.03	0.02	0	0	0	0.04	0.04	0.02	0.03	0	0.06	0.06	0.07	0.05	0.10	0.05	0.03
	Al$_2$O$_3$	22.99	22.81	24.18	22.57	23.41	19.28	23.67	22.58	22.36	22.65	22.61	21.79	18.19	18.55	18.07	18.03	18.41	18.07	17.97
	FeO	0.17	0.17	0.17	0.16	0.15	0.06	0.18	0.19	0.22	0.15	0.17	0.17	0.21	0.25	0.11	0.19	0.22	0.10	0.14
	MnO	0.02	0	0	0.01	0	0	0	0	0.02	0.02	0.01	0	0.01	0.01	0	0.01	0	0.03	0.02
	MgO	0	0	0	0	0.01	0	0	0	0	0.01	0	0.01	0	0.02	0	0	0.02	0.02	0.02
	CaO	4.60	4.46	6.05	4.02	4.91	0.20	5.27	4.23	4.42	4.41	4.17	3.43	0.28	0.60	0.12	0.14	0.71	0.13	0.25
	Na$_2$O	8.96	8.71	7.91	9.14	8.79	11.58	8.52	9.13	8.69	8.98	9.14	9.53	3.02	3.03	2.32	2.47	3.31	2.38	2.80
	K$_2$O	0.37	0.50	0.29	0.43	0.20	0.20	0.26	0.23	0.54	0.34	0.43	0.45	11.42	11.19	13.05	12.56	10.96	12.79	12.04
	Cr$_2$O$_3$	0	0.01	0	0	0.01	0	0	0.05	0	0.01	0	0	0	0	0	0.01	0	0	0
	NiO	0	0	0.01	0.01	0	0	0	0	0	0	0	0.02	0	0.01	0	0	0	0.02	0
分子结构(离子数,个)	Si	2.81	2.81	2.74	2.83	2.79	3.01	2.77	2.82	2.82	2.82	2.82	2.86	3.01	2.99	3.01	3.02	2.99	3.02	3.01
	Al	1.19	1.19	1.26	1.16	1.21	0.99	1.22	1.17	1.17	1.18	1.18	1.13	1.00	1.01	0.99	0.99	1.00	0.99	0.99
	Ca	0.22	0.21	0.29	0.19	0.23	0.01	0.25	0.20	0.21	0.21	0.20	0.16	0.01	0.03	0.01	0.01	0.04	0.01	0.01
	Na	0.76	0.75	0.68	0.78	0.75	0.97	0.72	0.78	0.75	0.77	0.78	0.81	0.27	0.27	0.21	0.22	0.30	0.21	0.25
	K	0.02	0.03	0.02	0.02	0.01	0.01	0.01	0.01	0.03	0.02	0.02	0.03	0.68	0.66	0.77	0.74	0.65	0.75	0.72
端元组分(质量分数,%)	An	21.62	21.40	29.22	19.10	23.33	0.91	25.10	20.13	21.26	20.92	19.66	16.14	1.44	3.07	0.60	0.70	3.58	0.68	1.26
	Ab	76.30	75.73	69.12	78.49	75.52	98.00	73.41	78.55	75.63	77.15	77.93	81.31	28.24	28.24	21.11	22.84	30.30	21.86	25.78
	Or	2.08	2.87	1.66	2.42	1.15	1.09	1.50	1.32	3.11	1.93	2.41	2.55	70.32	68.68	78.28	76.46	66.12	77.46	72.96

表 4-3（续）

矿物	碱性长石													
样品	LY-11					LY-1					M-16			
测点	-26-2	-18	-14	-13	-10	-8	-6	-5	-2	-4	-31	-30	-29	-26-2
化学成分（质量分数,%）														
SiO_2	65.86	65.89	66.16	65.81	65.74	65.85	66.11	65.95	65.94	64.78	64.92	64.65	64.48	64.68
TiO_2	0	0	0	0.03	0.03	0.03	0	0.02	0.05	0.05	0.05	0.04	0.01	0.05
Al_2O_3	17.99	18.16	18.36	18.08	18.14	18.15	18.18	18.24	18.10	18.24	18.02	18.17	18.23	18.12
FeO	0.10	0.09	0.04	0.07	0.05	0.08	0.12	0.09	0.11	0.06	0.15	0.11	0.14	0.08
MnO	0.01	0.01	0.01	0	0.01	0	0	0	0	0	0	0.01	0	0
MgO	0.01	0.01	0.01	0.01	0	0	0.01	0	0.01	0	0	0	0	0
CaO	0.03	0.09	0	0.01	0.04	0.04	0.02	0.08	0.05	0.04	0.14	0.19	0.18	0.14
Na_2O	1.00	1.63	1.01	1.11	1.23	1.16	1.03	1.16	1.20	1.03	2.63	2.79	2.63	2.50
K_2O	15.16	14.31	15.16	15.07	14.84	15.05	15.01	14.86	14.82	15.08	12.35	12.09	12.30	12.54
Cr_2O_3	0	0.01	0.01	0	0.01	0.01	0	0	0	0.01	0	0	0	0
NiO	0.01	0.01	0.02	0	0.01	0	0.02	0.02	0.02	0	0.02	0	0.01	0
分子结构数（离子数,个）														
Si	3.02	3.02	3.02	3.02	3.02	3.02	3.02	3.02	3.02	3.01	3.02	3.01	3.00	3.01
Al	0.97	0.98	0.99	0.98	0.98	0.98	0.98	0.98	0.98	1.00	0.99	1.00	1.00	0.99
Ca	0	0	0	0	0	0	0	0	0	0	0.01	0.01	0.01	0.01
Na	0.09	0.14	0.09	0.10	0.11	0.10	0.09	0.10	0.11	0.09	0.24	0.25	0.24	0.23
K	0.89	0.84	0.88	0.88	0.87	0.88	0.88	0.87	0.87	0.89	0.73	0.72	0.73	0.74
端元组分（质量分数,%）														
An	0.14	0.43	0	0.05	0.21	0.20	0.09	0.38	0.27	0.20	0.72	0.99	0.94	0.73
Ab	9.07	14.67	9.20	10.05	11.18	10.50	9.44	10.58	10.95	9.39	24.25	25.71	24.30	23.06
Or	90.79	84.90	90.80	89.90	88.61	89.30	90.47	89.04	88.78	90.40	75.03	73.30	74.76	76.21

注：阳离子数计算以 8 个氧离子为基础。

表4-4 木乃紫苏花岗岩和龙亚拉花岗岩中代表性辉石的电子探针分析及计算结果

矿物	紫苏辉石																
样品	M-5					M-9										M-13	
测点	-2-opx1-1	-2-opx2-1	-1-opx1-1	-3-opx1-1	-1-opx3-1	-3-opx1-1	-3-opx2-1	-3-opx3-1	-4-opx1-1	-5-opx1-1	-6-opx1-1	-8-opx2-1	-8-opx3-1	-9-opx1-1	-10-opx1-1	-1-opx1-1	-1-opx2-1
化学成分(质量分数,%)																	
SiO_2	53.02	54.22	54.20	53.86	52.02	52.89	52.74	52.26	53.71	52.83	52.26	52.21	53.25	53.33	53.22	53.77	53.09
TiO_2	0.30	0.33	0.23	0.35	0.27	0.24	0.31	0.24	0.17	0.24	0.21	0.19	0.25	0.24	0.23	0.36	0.34
Al_2O_3	0.78	0.91	0.71	1.24	0.63	0.54	0.61	0.72	0.63	0.72	0.57	0.68	0.80	0.62	0.55	0.99	1.04
FeO	21.71	17.74	20.07	18.96	23.70	22.23	23.59	24.17	19.80	20.29	23.90	20.29	20.52	20.52	21.14	17.92	18.17
MnO	0.59	0.50	0.57	0.44	0.62	0.56	0.63	0.64	0.51	0.53	0.62	0.54	0.55	0.53	0.59	0.43	0.49
MgO	23.14	25.76	24.04	24.93	20.97	22.07	21.33	20.53	23.67	23.58	20.52	23.66	23.63	23.69	22.90	24.92	24.58
CaO	1.21	1.30	1.11	1.07	1.14	1.09	1.03	1.11	1.38	1.29	1.33	1.25	1.24	1.01	1.38	1.64	1.70
Na_2O	0.02	0.01	0	0.01	0.02	0.01	0.02	0.05	0.02	0.03	0.01	0.01	0.03	0.02	0.03	0.01	0.04
K_2O	0.01	0	0.01	0.01	0	0	0	0.01	0		0	0		0.01	0.01	0	
Cr_2O_3	0.04	0.01	0.02	0.12	0	0.02	0	0.01	0.01	0	0.01	0	0.04	0.01	0.01	0.03	0.03
NiO	0.02	0.04	0.01	0.04	0.02	0	0	0	0.02	0.02	0		0.04			0.05	0.01
分子结构(离子数,个)																	
Si	1.951	1.961	1.979	1.954	1.966	1.979	1.973	1.973	1.982	1.959	1.979	1.948	1.961	1.970	1.973	1.964	1.953
Al^{IV}	0.008	0.009	0.006	0.010	0.008	0.021	0.027	0.027	0.018	0.007	0.021	0.005	0.007	0.007	0.006	0.036	0.010
Al^{VI}	0.008	0.009	0.021	0.046	0	0.003	0	0.005	0.009	0	0.004	0	0	0	0	0.007	0
Ti	0	0	0.009	0.007	0.008	0.007	0.009	0.007	0.005	0.007	0.006	0.005	0.007	0.007	0.006	0.010	0.010
Cr	0.001	0	0.001	0.003	0	0.001	0	0	0	0	0	0	0.001	0	0	0.001	0.001
Fe^{3+}	0.048	0.022	0	0.017	0.026	0.005	0.010	0.011	0	0.040	0.005	0.064	0.031	0.022	0.019	0.009	0.031
Fe^{2+}	0.620	0.514	0.613	0.559	0.723	0.691	0.728	0.752	0.611	0.590	0.751	0.569	0.601	0.612	0.636	0.538	0.527
Mn	0.019	0.015	0.018	0.013	0.020	0.018	0.020	0.021	0.016	0.017	0.020	0.017	0.017	0.017	0.019	0.013	0.015
Mg	1.270	1.389	1.308	1.349	1.182	1.231	1.190	1.156	1.302	1.304	1.158	1.316	1.297	1.304	1.266	1.357	1.348
Ca	0.048	0.050	0.044	0.042	0.046	0.044	0.041	0.045	0.055	0.051	0.054	0.050	0.049	0.040	0.055	0.064	0.067
Na	0.001	0	0	0	0.002	0.001	0.002	0.003	0.002	0.002	0.001	0.001	0.002	0.001	0.002	0.001	0.003
K	0.001	0	0.001	0	0	0	0	0	0	0	0	0	0	0	0	0	0
总量	3.975	3.969	4.000	4.000	3.981	4.001	4.000	4.000	4.000	3.977	3.999	3.975	3.973	3.980	3.982	4.000	3.965
端元组分(质量分数,%)																	
Wo	2.38	2.52	2.20	2.11	2.30	2.20	2.08	2.27	2.75	2.55	2.72	2.47	2.45	2.00	2.74	3.24	3.37
En	63.32	69.74	66.00	68.14	59.14	61.89	59.76	58.14	65.59	65.08	58.21	65.24	64.96	65.34	63.39	68.44	67.69
Fs	34.25	27.71	31.80	29.74	38.48	35.86	38.07	39.43	31.57	32.25	39.04	32.23	32.50	32.59	33.76	28.28	28.82
Ac	0.06	0.02	0	0.02	0.08	0.04	0.08	0.17	0.08	0.11	0.04	0.05	0.09	0.07	0.11	0.04	0.13
相关指数																	
$Mg^{\#}$	65.52	72.13	68.10	70.10	61.20	63.89	61.71	60.23	68.06	67.45	60.47	67.51	67.25	67.29	65.88	71.25	70.69

表 4-4（续）

矿物		紫苏辉石															
样品		M-13						M-16									
测点		-2-opx1-1	-2-opx2-1	-3-opx1-1	-3-opx2-1	-4-opx1-1	-4-opx1-1	-1-opx1-1	-1-opx1-1	-1-opx2-1	-2-opx1-1	-2-opx2-1	-3-opx1-1	-3-opx1-2	-zj-opx1-1	-zj-opx2-1
化学成分（质量分数，%）	SiO₂	53.64	53.39	53.05	53.07	53.88	53.69	53.48	53.59	52.12	53.19	52.27	53.43	53.52	53.18	55.15
	TiO₂	0.48	0.42	0.37	0.37	0.39	0.17	0.28	0.26	1.52	0.31	0.35	0.18	0.12	0.13	0.12
	Al₂O₃	1.05	1.05	0.93	1.03	1.13	0.51	0.90	0.64	0.90	0.69	0.67	1.40	1.24	1.21	1.05
	FeO	18.04	18.46	19.36	18.34	18.13	19.69	20.46	20.86	21.04	20.72	21.96	18.49	19.23	20.49	15.15
	MnO	0.41	0.50	0.58	0.46	0.46	0.79	0.54	0.60	0.57	0.59	0.69	0.41	0.42	0.45	0.43
	MgO	24.83	24.77	23.95	24.88	24.93	23.66	23.26	23.54	23.15	23.60	23.02	24.73	23.63	23.07	27.72
	CaO	1.81	1.57	1.72	1.68	1.63	0.89	1.44	1.20	1.17	0.99	1.00	1.49	1.62	1.50	1.26
	Na₂O	0.03	0.04	0.04	0.03	0.03	0.01	0.03	0.02	0.02	0.03	0.02	0.04	0.04	0.03	0
	K₂O	0	0	0.01	0.01	0	0.02	0	0.01	0	0.01	0.01	0.01	0	0	0
	Cr₂O₃	0.02	0.01	0.01	0.02	0.01	0.15	0.05	0.04	0.04	0	0.02	0.34	0.30	0.27	0.04
	NiO	0.02	0.02	0.01	0	0.03	0.01	0.01	0.01	0.04	0.03	0.02	0.02	0	0.01	0
分子结构数（离子数，个）	Si	1.956	1.950	1.951	1.943	1.959	1.987	1.969	1.968	1.926	1.963	1.941	1.945	1.967	1.961	1.966
	Ti	0.044	0.012	0.010	0.010	0.011	0.005	0.008	0.007	0.042	0.009	0.010	0.005	0.003	0.004	0.003
	Al^{IV}	0.001	0	0	0	0.041	0.013	0.031	0.007	0.042	0.009	0.010	0.055	0.033	0.039	0.034
	Al^{VI}	0.013	0.012	0.010	0.010	0.007	0.009	0.008	0	0	0	0	0.006	0.021	0.014	0.010
	Fe^{2+}	0.532	0.531	0.556	0.510	0.536	0.610	0.622	0.618	0.626	0.611	0.612	0.531	0.591	0.619	0.435
	Fe^{3+}	0.018	0.034	0.040	0.051	0.015	0	0.008	0.023	0.025	0.029	0.070	0.032	0	0.012	0.017
	Mn	0.013	0.015	0.018	0.014	0.014	0.025	0.017	0.019	0.018	0.018	0.022	0.013	0.013	0.014	0.013
	Mg	1.349	1.349	1.313	1.358	1.351	1.306	1.277	1.288	1.276	1.299	1.274	1.343	1.295	1.268	1.473
	Ca	0.071	0.061	0.068	0.066	0.063	0.035	0.057	0.047	0.046	0.039	0.040	0.058	0.064	0.059	0.048
	Na	0.002	0.003	0.003	0.002	0.001	0.001	0.002	0.001	0.001	0.002	0.001	0.003	0.003	0.002	0
	K	0	0	0.001	0.001	0.001	0	0.001	0	0.001	0.001	0.001	0.001	0	0	0
	Cr	0	0	0.001	0	0	0.004	0.001	0.001	0.001	0	0.001	0.010	0.009	0.008	0.001
	总量	4.000	3.967	3.970	3.965	3.999	3.996	4.000	3.979	4.003	3.979	3.981	4.002	3.999	4.000	4.000
端元组分（质量分数，%）	Wo	3.57	3.07	3.38	3.28	3.20	1.79	2.87	2.36	2.32	1.95	1.97	2.94	3.25	2.99	2.43
	En	67.98	67.70	65.75	67.85	68.16	66.06	64.39	64.55	64.07	65.00	63.11	67.83	65.86	64.21	74.17
	Fs	28.35	29.08	30.72	28.76	28.53	32.12	32.63	33.03	33.54	32.94	34.85	29.09	30.74	32.70	23.40
	Ac	0.10	0.15	0.14	0.11	0.11	0.03	0.12	0.06	0.07	0.11	0.06	0.14	0.15	0.10	0.01
相关指数	Mg#	71.04	70.52	68.80	70.75	71.02	68.15	66.95	66.80	66.24	67.00	65.14	70.45	68.65	66.75	76.53

表 4-4(续)

矿物			单斜辉石											
样品	M-5		M-9										M-16	
测点	-2-cpx1-1	-2-cpx2-1	-3-cpx1-1	-6-cpx1-1	-8-cpx1-1	-8-cpx2-1	-10-cpx1-1	-1-cpx2-1	-2-cpx1-1	-3-cpx1-1	-4-cpx1-1	-2-cpx1-1	-3-cpx1-1
化学成分（质量分数,%） SiO_2	50.47	51.23	50.70	52.47	51.62	52.53	52.46	50.73	51.78	52.70	51.93	52.53	52.89
TiO_2	0.75	0.62	0.55	0.42	0.49	0.39	0.33	0.82	0.63	0.22	0.69	0.35	0.24
Al_2O_3	3.61	3.49	2.58	1.39	2.23	1.41	1.16	3.56	1.72	0.73	2.15	1.15	0.73
FeO	8.51	7.05	9.98	10.06	10.35	9.34	8.72	8.92	9.95	10.19	10.27	9.22	9.10
MnO	0.26	0.24	0.29	0.28	0.25	0.28	0.26	0.21	0.28	0.39	0.27	0.31	0.32
MgO	13.96	14.58	13.35	14.37	13.85	14.29	14.84	14.53	15.64	13.98	15.08	14.73	14.49
CaO	21.02	22.25	20.67	20.35	20.12	20.96	20.97	20.31	19.18	21.09	19.19	20.84	21.52
Na_2O	0.72	0.44	0.38	0.37	0.41	0.36	0.39	0.57	0.37	0.30	0.38	0.33	0.31
K_2O	0.11	0.02	0	0.02	0.09	0	0.01	0.01	0	0	0.01	0.06	0
Cr_2O_3	0.53	0.42	0.01	0.02	0.04	0.03	0.01	0.20	0.02	0	0.02	0	0.01
NiO	0	0	0	0	0.01	0.04	0.01	0.02	0	0.01	0.01	0	0
分子结构（离子数,个） Si	1.871	1.885	1.921	1.961	1.937	1.964	1.962	1.881	1.928	1.978	1.931	1.962	1.976
Ti	0.021	0.017	0.016	0.012	0.014	0.011	0.009	0.023	0.018	0.006	0.019	0.010	0.007
Al^{IV}	0.129	0.115	0.079	0.039	0.063	0.036	0.038	0.119	0.072	0.023	0.069	0.038	0.024
Al^{VI}	0.028	0.037	0.037	0.022	0.035	0.026	0.013	0.036	0.003	0.010	0.025	0.012	0.008
Fe^{2+}	0.164	0.153	0.278	0.294	0.291	0.279	0.239	0.204	0.251	0.297	0.286	0.260	0.260
Fe^{3+}	0.100	0.064	0.038	0.020	0.034	0.013	0.034	0.073	0.059	0.023	0.033	0.028	0.025
Mn	0.008	0.007	0.009	0.009	0.008	0.009	0.008	0.007	0.009	0.012	0.008	0.010	0.010
Mg	0.771	0.800	0.754	0.800	0.774	0.796	0.828	0.803	0.868	0.782	0.836	0.820	0.807
Ca	0.835	0.877	0.839	0.815	0.809	0.839	0.840	0.807	0.765	0.848	0.764	0.834	0.861
Na	0.052	0.031	0.028	0.027	0.030	0.026	0.028	0.041	0.026	0.022	0.027	0.024	0.022
K	0.005	0.001	0	0.001	0.004	0.001	0	0.001	0	0	0.001	0.002	0
Cr	0.016	0.012	0	0	0.001	0.001	0	0.006	0.001	0	0	0	0
总量	4.000	3.999	3.999	4.000	4.000	4.000	3.999	4.001	4.000	4.001	3.999	4.000	4.000
端元组分（质量分数,%） Wo	43.26	45.39	43.11	41.47	41.56	42.78	42.51	41.71	38.67	42.75	39.10	42.20	43.40
En	39.96	41.38	38.74	40.73	39.81	40.57	41.86	41.51	43.89	39.41	42.75	41.50	40.66
Fs	14.09	11.61	16.71	16.44	17.10	15.34	14.21	14.64	16.10	16.74	16.77	15.07	14.83
Ac	2.68	1.62	1.45	1.35	1.53	1.31	1.42	2.13	1.34	1.10	1.39	1.22	1.12
相关指数 Mg#	74.50	78.66	70.47	71.80	70.45	73.16	75.22	74.38	73.71	70.98	72.35	74.01	73.95

注：阳离子计算以 6 个氧离子数为基础。

表 4-5 木乃紫苏花岗岩和龙亚拉花岗岩中代表性角闪石的电子探针分析及计算结果

样品		M-3										M-16	M-21		LY-1	
	测点	-2	-3	-5	-4	-6	-9	-13	-22	-23	-25	-7	-1-amp1-1	-1-amp1-2	-2-wz1-1	-3-wz1-1
化学成分(质量分数,%)	SiO_2	54.87	54.63	53.95	55.18	54.83	55.38	55.58	55.28	54.83	54.13	51.26	53.93	51.50	49.45	50.64
	TiO_2	0.14	0.19	0.40	0.13	0.31	0.44	0.26	0.09	0.18	0.14	0.21	0.20	0.08	0.30	0.34
	Al_2O_3	2.05	2.32	2.44	1.49	1.83	1.72	1.47	1.42	1.71	2.26	2.30	1.97	3.28	5.14	3.73
	FeO	8.51	7.37	7.33	7.58	6.73	5.67	6.88	11.42	8.80	9.42	8.16	7.87	12.41	13.00	12.74
	MnO	0.19	0.13	0.19	0.11	0.19	0.17	0.18	0.15	0.21	0.24	0.25	0.24	0.40	0.77	0.56
	MgO	17.89	18.87	18.95	18.56	19.28	19.95	19.42	16.16	18.00	17.06	18.39	18.93	15.45	15.00	15.53
	CaO	12.70	12.62	11.89	12.73	12.32	11.84	12.23	12.48	12.62	12.58	12.15	12.31	12.30	11.67	11.77
	Na_2O	0.56	0.68	1.22	0.45	0.80	0.93	0.79	0.40	0.48	0.55	0.82	0.77	0.83	1.46	1.12
	K_2O	0.24	0.23	0.29	0.19	0.23	0.27	0.21	0.20	0.17	0.22	0.28	0.29	0.28	0.51	0.42
	Cr_2O_3	0	0.01	0.02	0.01	0.05	0	0	0.03	0.02	0.01	0.02	0.02	0	0	0.01
	NiO	0	0	0	0	0	0.02	0	0.07	0	0.01	0	0.01	0.01	0	0.01
分子结构(离子数,个)	Si	7.820	7.745	7.693	7.882	7.793	7.846	7.858	7.932	7.815	7.792	7.575	7.695	7.515	7.194	7.381
	Ti	0.015	0.020	0.043	0.014	0.033	0.047	0.027	0.010	0.019	0.015	0.024	0.021	0.008	0.033	0.037
	Al	0.345	0.388	0.410	0.250	0.307	0.287	0.246	0.240	0.287	0.383	0.400	0.331	0.563	0.881	0.640
	Fe^{2+}	1.014	0.874	0.874	0.906	0.800	0.672	0.813	1.370	1.049	1.134	0.927	0.814	1.282	1.143	1.207
	Fe^{3+}	0	0	0	0	0	0	0	0	0	0	0.081	0.124	0.232	0.439	0.346
	Mn	0.023	0.015	0.023	0.013	0.023	0.020	0.022	0.018	0.026	0.029	0.031	0.029	0.050	0.095	0.069
	Mg	3.800	3.988	4.029	3.952	4.086	4.213	4.093	3.456	3.824	3.662	4.052	4.025	3.362	3.254	3.375
	Ca	1.939	1.916	1.817	1.948	1.876	1.797	1.852	1.918	1.927	1.940	1.923	1.881	1.923	1.820	1.838
	Na	0.155	0.187	0.338	0.125	0.222	0.257	0.217	0.112	0.132	0.153	0.234	0.213	0.234	0.411	0.316
	K	0.044	0.041	0.053	0.035	0.042	0.049	0.038	0.036	0.031	0.040	0.052	0.053	0.051	0.095	0.078
	Cr	0	0.001	0.002	0.001	0.005	0	0	0.003	0.003	0.001	0.003	0.002	0	0	0.001
	总量	15.155	15.175	15.282	15.126	15.187	15.188	15.166	15.095	15.113	15.149	15.302	15.188	15.220	15.365	15.288
相关指数	$m(Mg)/m(Mg+Fe^{2+})$	0.79	0.82	0.82	0.81	0.84	0.86	0.83	0.72	0.79	0.76	0.81	0.83	0.72	0.74	0.74

表 4-5(续)

样品		LY-1					LY-6										
测点		-3-wz3-1	-5-amp1-1	-7-amp1-1	-7-amp2-1	-7-amp3-1	-4	-7	-9	-11	-12	-14	-15	-18	-23	-24
化学成分（质量分数，%）	SiO_2	45.89	51.57	47.00	45.80	46.13	49.93	51.02	50.49	47.11	51.17	51.78	50.01	50.28	49.23	50.91
	TiO_2	1.24	0.36	1.48	1.49	1.41	0.77	0.74	0.71	1.33	0.58	0.45	0.81	0.65	0.92	0.60
	Al_2O_3	6.15	3.25	6.72	6.97	6.62	5.32	4.93	5.10	6.77	4.60	4.02	5.20	5.00	5.77	4.49
	FeO	15.09	12.27	16.03	16.29	16.22	13.30	12.97	12.80	14.18	12.60	12.08	13.26	12.83	13.86	12.64
	MnO	0.54	0.68	0.75	0.76	0.72	0.78	0.79	0.80	0.62	0.70	0.75	0.79	0.74	0.81	0.81
	MgO	12.61	15.85	12.18	11.60	12.01	14.02	14.60	14.42	12.87	14.65	15.07	14.21	14.49	13.73	14.79
	CaO	11.22	11.54	11.17	11.05	11.03	11.66	11.56	11.67	11.47	11.69	11.71	11.53	11.60	11.70	11.67
	Na_2O	1.47	1.13	1.85	1.95	1.91	1.22	1.15	1.18	1.53	1.05	1.01	1.26	1.15	1.21	1.08
	K_2O	0.78	0.37	0.75	0.83	0.79	0.54	0.51	0.51	0.82	0.45	0.39	0.53	0.51	0.61	0.45
	Cr_2O_3	0	0	0.01	0	0.03	0	0.03	0	0	0.01	0.01	0	0	0.04	0
	NiO	0	0	0	0	0	0	0.01	0.02	0.01	0	0.02	0.01	0.01	0	0.04
分子结构（离子数，个）	Si	6.967	7.476	6.958	6.899	6.921	7.277	7.348	7.321	7.009	7.418	7.499	7.277	7.319	7.173	7.378
	Ti	0.141	0.039	0.164	0.169	0.159	0.084	0.080	0.077	0.149	0.063	0.049	0.089	0.071	0.101	0.065
	Al	1.100	0.555	1.173	1.236	1.171	0.914	0.836	0.872	1.187	0.786	0.685	0.891	0.857	0.990	0.767
	Fe^{2+}	1.565	1.178	1.743	1.832	1.745	1.423	1.349	1.357	1.608	1.379	1.320	1.382	1.331	1.403	1.282
	Fe^{3+}	0.351	0.310	0.241	0.219	0.290	0.199	0.213	0.195	0.157	0.149	0.142	0.231	0.231	0.286	0.250
	Mn	0.070	0.083	0.094	0.096	0.091	0.096	0.096	0.098	0.079	0.085	0.092	0.097	0.091	0.100	0.100
	Mg	2.854	3.426	2.689	2.604	2.686	3.047	3.134	3.118	2.855	3.165	3.252	3.082	3.145	2.982	3.195
	Ca	1.825	1.793	1.771	1.783	1.773	1.821	1.783	1.813	1.829	1.816	1.816	1.797	1.809	1.827	1.812
	Na	0.433	0.318	0.530	0.570	0.554	0.346	0.320	0.331	0.440	0.295	0.283	0.355	0.325	0.340	0.303
	K	0.150	0.068	0.142	0.159	0.152	0.100	0.094	0.095	0.156	0.084	0.072	0.099	0.095	0.114	0.083
	Cr	0	0	0	0	0	0	0.001	0.002	0.001	0	0.002	0.001	0.001	0	0.004
	总量	15.456	15.246	15.505	15.567	15.542	15.307	15.254	15.279	15.470	15.240	15.212	15.301	15.275	15.316	15.239
相关指数	$m(Mg)/m(Mg+Fe^{2+})$	0.65	0.74	0.61	0.59	0.61	0.68	0.70	0.70	0.64	0.70	0.71	0.69	0.70	0.68	0.71

注：阳离子计算以 23 个氧离子数为基础。

表 4-6　木乃紫苏花岗岩和龙岩亚拉花岗岩中代表性黑云母的电子探针分析及计算结果

样品		M-9		M-13			M-16	M-3								
测点		-5-bil-1	-8-bil-1	-2-ampl-1	-3-ampl-1	-4-bil-1	-1-bil-1	-8	-11	-14	-15	-18	-16	-17	-19	-20
化学成分(质量分数,%)	SiO_2	40.33	40.02	39.63	40.00	41.31	39.39	40.03	40.27	40.61	40.37	40.07	40.73	40.22	40.16	39.60
	TiO_2	4.01	4.20	3.98	3.95	3.72	4.23	4.65	4.65	4.80	4.60	4.61	4.62	4.63	4.77	4.59
	Al_2O_3	12.74	12.32	12.00	11.84	11.97	12.35	12.03	12.03	12.06	12.11	12.11	12.28	12.23	12.28	12.47
	FeO	11.49	11.53	8.52	7.85	7.70	9.27	9.28	9.38	9.75	9.16	9.25	9.70	9.66	9.47	8.98
	MnO	0.08	0.07	0.05	0.06	0.07	0.05	0.09	0.05	0.07	0.05	0.05	0.08	0.07	0.08	0.04
	MgO	18.10	18.26	19.94	20.41	21.00	19.28	18.37	18.15	17.96	18.74	18.47	18.33	18.61	18.29	18.55
	CaO	0.05	0.06	0.02	0.04	0.06	0.02	0.01	0.02	0.01	0.01		0.01	0	0	0.04
	Na_2O	0.16	0.13	0.34	0.27	0.16	0.23	0.26	0.28	0.25	0.29	0.31	0.16	0.28	0.24	0.32
	K_2O	9.53	9.75	9.46	9.39	9.79	9.58	9.36	9.54	9.56	9.54	9.64	9.72	9.51	9.61	9.41
	Cr_2O_3	0.07	0.01	0	0.05	0.02	0.01	0.02	0.01	0.04	0.03	0.02	0.01	0.03	0.04	0.08
	NiO	0	0.03	0.01	0.05	0.03	0.05	0.01	0	0	0.02	0	0.01	0.03	0.02	0
分子结构(离子数,个)	Si	2.914	2.906	2.911	2.928	2.957	2.890	2.939	2.950	2.955	2.938	2.933	2.948	2.925	2.928	2.908
	Ti	0.218	0.229	0.220	0.217	0.200	0.234	0.257	0.256	0.263	0.252	0.254	0.252	0.253	0.262	0.253
	A	1.085	1.055	1.039	1.021	1.009	1.068	1.041	1.039	1.034	1.039	1.045	1.047	1.048	1.055	1.079
	Fe^{2+}	0.614	0.619	0.462	0.425	0.407	0.503	0.504	0.508	0.525	0.493	0.501	0.519	0.519	0.511	0.488
	Fe^{3+}	0.081	0.081	0.061	0.056	0.053	0.066	0.066	0.067	0.069	0.065	0.066	0.068	0.068	0.067	0.064
	Mn	0.005	0.004	0.003	0.003	0.004	0.003	0.005	0.003	0.004	0.003	0.003	0.005	0.004	0.005	0.002
	Mg	1.949	1.976	2.184	2.227	2.241	2.109	2.011	1.982	1.949	2.033	2.015	1.978	2.017	1.988	2.031
	Ca	0.004	0.005	0.001	0.003	0.005	0.002	0.001	0.001	0.001	0.001	0	0	0	0.005	0.003
	Na	0.023	0.018	0.048	0.038	0.023	0.032	0.036	0.039	0.035	0.041	0.045	0.023	0.039	0.033	0.045
	K	0.879	0.903	0.886	0.877	0.894	0.897	0.877	0.892	0.888	0.886	0.901	0.897	0.882	0.894	0.881
	总量	7.772	7.796	7.815	7.795	7.793	7.804	7.737	7.737	7.723	7.751	7.763	7.737	7.755	7.743	7.754
相关指数	$Mg^\#$	73.74	73.84	80.68	82.25	82.95	78.76	77.93	77.51	76.66	78.49	78.06	77.11	77.46	77.48	78.64
	A/CNK	1.19	1.13	1.11	1.11	1.09	1.14	1.14	1.11	1.12	1.12	1.10	1.14	1.14	1.14	1.16
	$m(Fe^{2+})/m(Fe^{2+}+Mg)$	0.24	0.24	0.17	0.16	0.15	0.19	0.20	0.20	0.21	0.20	0.20	0.21	0.20	0.20	0.19

表 4-6（续）

样品	M-3			LY-1		LY-6								
测点	-21	-29	-30	-1-bil-1	-3-bil-1	-1	-2	-3	-6	-17	-19	-20	-21	-22
化学成分（质量分数，%） SiO_2	38.46	39.79	40.50	37.15	37.96	38.16	37.07	37.02	38.25	37.83	38.52	38.09	37.94	38.67
TiO_2	4.59	4.60	4.69	3.77	3.66	3.52	3.58	3.82	3.40	3.01	3.34	3.49	3.27	3.04
Al_2O_3	12.18	12.01	12.13	13.04	13.09	13.21	13.37	13.57	12.93	13.30	13.21	13.10	13.17	12.94
FeO	9.20	9.69	9.32	16.89	16.73	16.95	16.47	17.05	15.99	17.20	16.47	17.16	16.96	16.44
MnO	0.07	0.04	0.07	0.26	0.29	0.45	0.41	0.48	0.44	0.41	0.42	0.36	0.53	0.44
MgO	18.05	17.95	18.44	13.87	13.87	13.40	13.02	12.62	13.75	13.23	13.42	13.06	13.25	13.60
CaO	0.05	0.02	0.02	0.02	0.04	0.09	0.07	0.06	0.05	0.06	0.03	0.01	0.02	0.04
Na_2O	0.34	0.29	0.32	0.15	0.12	0.21	0.16	0.24	0.34	0.15	0.20	0.16	0.19	0.14
K_2O	9.34	9.40	9.56	9.47	9.55	9.14	9.23	8.87	9.42	9.22	9.50	9.40	9.42	9.54
Cr_2O_3	0.08	0.01	0.04	0.01	0.02	0.02	0.02	0.04	0	0.02	0	0.02	0.03	0.04
NiO	0	0.02	0	0.03	0.02	0.01	0.03	0.01	0	0.01	0.01	0.01	0	0.03
分子结构（离子数，个） Si	2.889	2.938	2.944	2.833	2.865	2.882	2.854	2.842	2.900	2.884	2.905	2.891	2.884	2.923
Ti	0.259	0.256	0.256	0.216	0.208	0.200	0.207	0.221	0.194	0.172	0.189	0.199	0.187	0.173
Al	1.078	1.045	1.039	1.172	1.164	1.176	1.213	1.228	1.155	1.195	1.175	1.172	1.180	1.153
Fe^{2+}	0.511	0.529	0.501	0.952	0.933	0.946	0.938	0.967	0.896	0.969	0.918	0.963	0.953	0.919
Fe^{3+}	0.067	0.069	0.066	0.125	0.122	0.124	0.123	0.127	0.118	0.127	0.120	0.126	0.125	0.121
Mn	0.004	0.002	0.004	0.017	0.019	0.029	0.027	0.031	0.028	0.026	0.027	0.023	0.034	0.028
Mg	2.021	1.977	1.999	1.576	1.561	1.508	1.495	1.444	1.554	1.504	1.509	1.478	1.502	1.532
Ca	0.004	0.001	0.002	0.001	0.003	0.008	0.005	0.005	0.004	0.005	0.002	0.001	0.002	0.003
Na	0.050	0.042	0.045	0.021	0.018	0.031	0.023	0.036	0.050	0.023	0.030	0.024	0.028	0.021
K	0.895	0.885	0.886	0.922	0.919	0.881	0.907	0.869	0.911	0.896	0.914	0.910	0.913	0.920
总量	7.778	7.744	7.742	7.835	7.812	7.785	7.792	7.770	7.810	7.801	7.789	7.787	7.808	7.793
相关指数 $Mg^{\#}$	77.77	76.76	77.92	59.41	59.65	58.50	58.49	56.89	60.52	57.83	59.23	57.57	58.21	59.58
A/CNK	0.20	0.21	0.20	1.24	1.23	1.27	1.29	1.34	1.19	1.29	1.24	1.25	1.25	1.22
$m(Fe^{2+})/m(Fe^{2+}+Mg)$	1.13	1.12	1.11	0.38	0.37	0.39	0.39	0.40	0.37	0.39	0.38	0.39	0.39	0.37

注：阳离子计算以 11 个氧离子数为基础。

斜长石在化学成分上属于中长石系列,其中 Or 端元组分的含量(质量分数)为 1.23%～3.39%,Ab 端元组分的质量分数为 46.03%～67.99%,An 端元组分的质量分数为 29.54%～52.30%[图 4-2(a)]。碱性长石具有相对均一的化学组成,其端元组分包括:Or (质量分数为 66.12%～78.28%),Ab(质量分数为 21.11%～30.30%),An(质量分数为 0.60%～3.58%),化学成分上对应透长石[图 4-2(a)]。

辉石是木乃紫苏花岗岩中最具特征性的矿物,包括斜方辉石和单斜辉石两种。斜方辉石中顽火辉石端元组分 En 的质量分数为 58.14%～74.17%,铁辉石端元组分 Fs 的质量分数为 23.40%～39.43%(多数大于 30.00%),而硅辉石端元组分 Wo 的质量分数为 1.79%～3.57%。投点于 Wo-En-Fs 三端元分类图中,斜方辉石范围对应紫苏辉石范围 [图 4-2(c)]。此外,斜方辉石中 Al_2O_3 的含量较低,为 0.51%～1.40%,多数小于 1%,平均

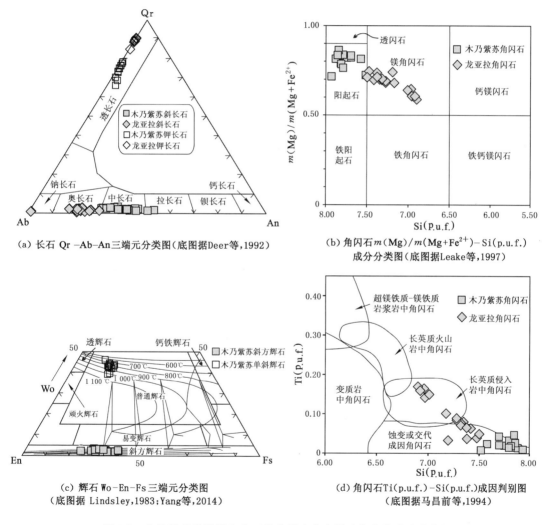

(a) 长石 Qr −Ab−An 三端元分类图(底图据 Deer 等,1992)

(b) 角闪石 $m(Mg)/m(Mg+Fe^{2+})$ − Si(p.u.f.) 成分分类图(底图据 Leake 等,1997)

(c) 辉石 Wo-En-Fs 三端元分类图 (底图据 Lindsley,1983;Yang 等,2014)

(d) 角闪石 Ti(p.u.f.)−Si(p.u.f.)成因判别图 (底图据马昌前等,1994)

图 4-2 木乃紫苏花岗岩和龙亚拉花岗岩代表性矿物的化学成分特征

[p.u.f.表示每单位分子式;

图(e)中:A—金云母;B—镁黑云母;C—铁黑云母;D—铁叶黑云母和铁锂黑云母。

图(f)中,FMQ 为铁橄榄石-磁铁矿-石英缓冲线;NNO 为镍-氧化镍缓冲线;HM 为赤铁矿-磁铁矿缓冲线]

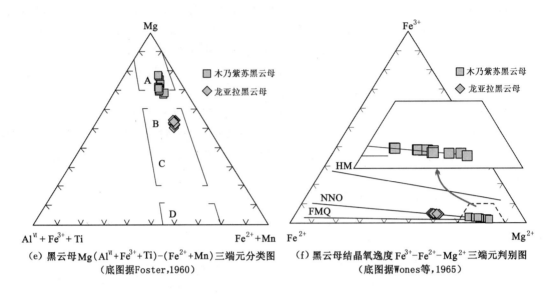

（e）黑云母Mg（Al^{VI}＋Fe^{3+}＋Ti）-（Fe^{2+}＋Mn）三端元分类图
（底图据Foster，1960）

（f）黑云母结晶氧逸度Fe^{3+}-Fe^{2+}-Mg^{2+}三端元判别图
（底图据Wones等，1965）

图 4-2（续）

值为0.85％。Mg$^\#$相对较高，为60～77（平均值为68）。单斜辉石在成分上属于普通辉石［图 4-2（c）］，其端元组分及质量分数为：ω（Wo）＝38.67％～45.39％（多数大于40％），ω（En）＝38.74％～43.89％，ω（Fs）＝11.61％～16.77％。其中，Al$_2$O$_3$含量变化较大，质量分数为0.73％～3.61％，平均值为1.99％；Mg$^\#$为70～79，平均值为73。

角闪石含有相对较多的Si［每单位分子式（p.u.f.）中Si离子数为7.73～8.23个］且m（Mg）/m（Mg＋Fe^{2+}）较大（0.69～0.86）。而Na$_2$O、K$_2$O和TiO$_2$含量相对较低，分别为0.48％～1.22％（均值为0.71％）、0.17％～0.29％（均值为0.24％）和0.08％～0.44％（均值为0.21％）。在成分上，它们属于钙角闪石，并可进一步划归为阳起石［图 4-2（b）］。在图 4-2（d）中，所有角闪石投点于蚀变或交代成因角闪石的范围。结合角闪石多与辉石伴生，并围绕辉石形成反应边的岩相学特征，推测它们很可能来源于辉石的次生蚀变。

黑云母表现出贫铝特征，具有相对较低的Al$_2$O$_3$含量（11.84％～12.79％）和铝饱和指数（A/CNK＝1.09～1.19）。这与下文通过全岩地球化学成分分析得出的寄主紫苏花岗岩具有准铝质地球化学特征的结论相一致。黑云母明显富镁、富钛，其MgO含量达17.95％～21％，Mg$^\#$为74～83，TiO$_2$含量为3.72％～4.80％，CaO含量很低或接近零（0～0.06％）。另外，m（Fe^{2+}）/m（Fe^{2+}＋Mg）变化范围较小，为0.15～0.24，多数介于0.20～0.21之间，平均值为0.20。黑云母相对均一的m（Fe^{2+}）/m（Fe^{2+}＋Mg）以及无钙或贫钙特征表明其不受或很少受到由降水循环或岩浆期后初生变质引起的绿泥石化和碳酸盐化的影响，均为原生黑云母（Kumar et al.，2010）。利用Foster（1960）提出的黑云母三端元分类方案进行分类，结果表明这些黑云母全部属于金云母系列［图 4-2（e）］，进一步说明木乃紫苏花岗岩相对富镁。在黑云母结晶氧逸度Fe^{3+}-Fe^{2+}-Mg^{2+}三端元判别图［图 4-2（f）］中，所有黑云母的投点均沿Ni-NiO缓冲线分布，指示其结晶过程在中等氧逸度条件下进行（Wones et al.，1965）。

4.3　龙亚拉花岗岩矿物化学特征

龙亚拉花岗岩中矿物的化学分析主要针对长石、角闪石和黑云母进行。代表性矿物的化学成分分析数据及端元组成计算结果列于表 4-3、表 4-5 及表 4-6 中。需要说明的是,本节中的组分含量专指质量分数。

如图 4-2(a)所示,该花岗岩中斜长石的端元组成为:$\omega(An)=16.14\%\sim29.22\%$,$\omega(Ab)=69.12\%\sim81.31\%$,$\omega(Or)=0.82\%\sim2.87\%$,属于奥长石范畴。除此之外,存在少量钠长石[$\omega(An)=0.91\%$,$\omega(Ab)=98\%$,$\omega(Or)=1.09\%$]。碱性长石中端元组分 An、Ab 及 Or 的含量分别为 $0\sim0.43\%$、$9.07\%\sim14.67\%$ 及 $84.90\%\sim90.80\%$,在化学成分上对应透长石。与木乃紫苏花岗岩相比,龙亚拉花岗岩中的斜长石含有更多的 Ab 组分,而碱性长石则含有较多的 Or 组分。

相比木乃紫苏花岗岩,龙亚拉花岗岩中的角闪石含有较少的 Si 且 $m(Mg)/m(Mg+Fe^{2+})$ 较低,分别为 6.90～7.50(p. u. f.)和 0.61～0.74。TiO_2、Na_2O 和 K_2O 的含量相对较高,分别为 $0.3\%\sim1.49\%$(均值为 0.83%)、$1.01\%\sim1.95\%$(均值为 1.34%)和 $0.37\%\sim0.83\%$(均值为 0.58%)。在化学成分上,这些角闪石属于钙质角闪石,可进一步划分为镁角闪石[图 4-2(b)]。在角闪石 Ti(p. u. f.)-Si(p. u. f.)成因判别图中,角闪石对应长英质侵入体中的结晶角闪石范畴,其中有些矿物发生明显的后期蚀变或交代作用[图 4-2(d)]。

黑云母的 Al_2O_3 含量为 $12.93\%\sim13.57\%$,铝饱和指数 A/CNK 为 1.19～1.34,TiO_2 含量为 $3.01\%\sim3.82\%$,MgO 含量为 $12.62\%\sim13.87\%$,$Mg^\#$ 为 57～61。$m(Fe^{2+})/m(Fe^{2+}+Mg)$ 变化范围较小,为 0.37～0.40,平均值为 0.38;CaO 含量很低,为 $0.01\%\sim0.09\%$。与木乃紫苏花岗岩相比,龙亚拉花岗岩中的黑云母含有相对较低含量的 MgO 和 TiO_2 与相对较高含量的 FeO 和 Al_2O_3。相对均一的 $m(Fe^{2+})/m(Fe^{2+}+Mg)$ 以及贫钙特征同样揭示其未受后期蚀变的影响(Kumar et al.,2010)。参照 Foster(1960)的分类方案,龙亚拉黑云母被划归为镁黑云母系列[图 4-2(e)]。其结晶过程同样具备中等氧逸度条件[图 4-2(f)](Wones et al.,1965)。

第5章 全岩地球化学特征

5.1 唐古拉花岗岩全岩地球化学特征

本章共选择 36 件来自唐古拉花岗岩的样品进行全岩主量和微量元素地球化学分析,其中包括 31 件花岗岩样品和 5 件变质沉积岩捕虏体样品。分析数据列于表 5-1。

唐古拉花岗岩的全岩化学成分(质量分数,用"ω"表示,下同)变化较大,$\omega(SiO_2)$ 为 $65.22\% \sim 76.06\%$,全碱 $\omega(K_2O + Na_2O)$ 为 $3.93\% \sim 8.92\%$,$\omega(CaO)$ 为 $0.27\% \sim 2.64\%$,$\omega(Al_2O_3)$ 为 $9.53\% \sim 15.31\%$,$\omega(MgO)$ 为 $0.16\% \sim 2.57\%$,$\omega(Fe_2O_3)$ 为 $0.53\% \sim 6.02\%$,$\omega(TiO_2)$ 为 $0.13\% \sim 0.85\%$(表 5-1)。标准矿物计算结果表明(表 5-2),在样品的标准矿物分子中,$\omega(石英)$ 为 $26.07\% \sim 51.44\%$,$\omega(正长石)$ 为 $13.09\% \sim 41.46\%$,$\omega(钠长石)$ 为 $11.11\% \sim 32.98\%$,$\omega(钙长石)$ 为 $0.95\% \sim 12.2\%$,$\omega(刚玉)$ 为 $0.81\% \sim 3.94\%$(平均值为2.34%),$\omega(紫苏辉石)$ 为 $0.41\% \sim 10.7\%$,$\omega(磷灰石)$ 为 $0.07\% \sim 0.58\%$。所有花岗岩样品中磁铁矿标准矿物分子的含量高于钛铁矿的,含量分别为0.25%~3.14%和0.25%~1.64%。另外,样品中不含透辉石标准矿物分子,个别样品含有赤铁矿标准矿物分子。

根据侵入岩 TAS 分类图解[图 5-1(a)],多数唐古拉花岗岩样品属于狭义的花岗岩和花岗闪长岩范畴。除此之外,极个别样品为石英二长岩。在 $\omega(K_2O)$ 和 $\omega(SiO_2)$ 的相关性图中,样品主体落于高钾(钙碱性)系列和钾玄质系列区域[图 5-1(b)]。$\omega(K_2O)/\omega(Na_2O)$ 为 $0.76 \sim 3.51$,平均值 1.63,绝大多数大于1,为富钾岩石。在 $\omega(K_2O)$ 和 $\omega(Na_2O)$ 的相关性图中[图 5-1(c)],所有样品均落在钾质(或钾玄质)和超钾质的范围。然而,岩石中 SiO_2 的含量较高(55%~57%),而 MgO 的较低(小于 3%),因此,唐古拉花岗岩并不属于钾质或钾玄质系列岩石(Foley et al.,1987;Q.Wang et al.,2016)。铝饱和指数 A/CNK 为 $1.06 \sim 1.42$,平均值为1.19,绝大多数大于1.1,属于铝过饱和岩石。在指数 A/NK 和 A/CNK 关系图中,所有样品对应 A/CNK>1 的过铝质花岗岩系列[图 5-1(d)]。这一特点与 CIPW 标准矿物计算结果中较高的刚玉分子含量相一致。

样品中镁铁质组分和钛含量变化较大,$Mg^{\#}$ 为 $29.10 \sim 49.81$,$\omega(TiO_2 + FeO + MgO)$ 为 $0.92\% \sim 9.49\%$(多数不小于 2.5%)[图 5-1(f)]。$\omega(TiO_2 + FeO + MgO)$ 的含量整体高于喜马拉雅浅色花岗岩(Inger et al.,1993),而 $Mg^{\#}$ 则高于纯地壳物质熔融形成的岩浆熔体(Jiang et al.,2013)。在 $\omega(FeO)/\omega(FeO + MgO)$ 和 $\omega(SiO_2)$ 的相关性图中[图 5-1(e)],所有花岗岩样品落于镁质岩石系列,这表明唐古拉花岗岩具有相对富镁的特征。

表 5-1　唐古拉花岗岩及变质沉积岩捕虏体全岩主量（质量分数，%）和微量（质量分数，10^{-6}）元素地球化学组成

当木江村剖面

样品		DM-1	DM-2	DM-3	DM-4	DM-5	DM-6	DM-7	DM-8	DM-9	DM-10	DM-12	DM-13	DM-14	DM-15	DM-16	DM-17
主量元素	SiO_2	74.39	73.83	74.04	74.36	73.35	74.34	73.98	74.63	75.86	73.90	73.64	74.56	75.17	73.24	72.01	74.26
	TiO_2	0.18	0.17	0.19	0.17	0.27	0.20	0.17	0.19	0.21	0.21	0.25	0.17	0.22	0.13	0.50	0.46
	Al_2O_3	13.62	13.29	13.78	13.51	13.92	13.03	13.34	12.99	12.95	13.21	13.24	13.33	12.74	14.09	13.91	12.71
	Fe_2O_3	1.63	1.74	1.64	1.70	1.96	1.89	1.56	1.84	0.53	1.98	2.31	1.73	1.96	1.72	3.61	2.83
	MnO	0.04	0.06	0.04	0.02	0.04	0.04	0.03	0.04	0	0.04	0.04	0.04	0.04	0.02	0.05	0.03
	MgO	0.36	0.41	0.37	0.37	0.54	0.47	0.41	0.45	0.16	0.49	0.55	0.39	0.46	0.36	0.99	0.75
	CaO	0.66	0.82	0.70	0.74	0.80	1.38	0.87	0.89	0.27	1.12	1.19	1.00	1.37	0.34	1.85	0.39
	Na_2O	2.90	2.90	3.10	2.97	2.95	3.08	2.92	2.93	2.82	2.97	2.97	3.04	2.77	3.47	3.06	3.84
	K_2O	5.00	5.46	5.01	4.89	4.65	4.30	5.69	4.91	5.50	4.72	4.48	4.81	4.61	5.45	2.31	3.08
	P_2O_5	0.06	0.05	0.08	0.04	0.08	0.07	0.04	0.05	0.06	0.06	0.06	0.05	0.05	0.05	0.07	0.12
	LOI	1.13	0.84	0.88	0.89	1.17	0.91	0.71	0.90	1.15	0.91	1.09	0.77	0.60	0.92	1.49	1.20
	FeO	1.49	1.59	1.49	1.55	1.79	1.72	1.42	1.67	0.49	1.81	2.11	1.57	1.78	1.57	3.31	2.59
相关指数	A/CNK	1.20	1.09	1.17	1.17	1.23	1.07	1.06	1.10	1.17	1.10	1.11	1.11	1.06	1.15	1.28	1.23
	$Mg^{\#}$	30.56	32.00	30.82	30.19	35.35	32.78	34.25	32.86	37.42	32.84	32.17	31.13	31.71	29.10	35.27	34.32
微量元素	Li	7.99	37.6	57.2	2.97	10.2	16.3	11.4	26.3	4.33	27.1	14.1	6.70	28.8	3.8	15.3	10.3
	Be	4.62	3.48	6.13	4.91	4.94	5.53	5.81	5.22	3.69	4.98	5.28	7.31	4.70	6.02	2.28	2.48
	Sc	4.90	7.16	5.13	4.32	5.44	6.08	4.81	5.92	5.60	6.31	6.89	5.38	5.92	4.75	7.49	6.98
	V	22.8	18.4	15.0	19.4	26.5	24.0	20.0	20.3	23.2	23.1	27.9	17.7	23.2	11.7	31.8	26.9
	Cr	9.58	22.1	15.1	12.1	24.2	11.0	10.3	10.6	11.9	16.9	11.8	12.0	11.1	5.59	19.8	23.9
	Co	3.28	3.03	2.31	2.50	5.87	3.23	2.76	3.28	0.91	3.02	3.72	2.53	3.19	1.53	8.14	9.74
	Ni	4.23	19.4	10.7	5.42	18.2	4.01	3.33	4.59	2.30	9.24	8.31	6.51	6.11	2.46	20.0	21.5
	Cu	1.39	2.75	1.50	1.63	2.78	2.49	1.42	4.78	2.45	6.86	2.13	1.43	2.15	1.21	5.48	2.33
	Zn	28.7	42.4	45.8	16.2	28.5	18.9	16.2	26.8	18.9	25.1	26.0	30.9	27.9	15.1	51.9	24.8
	Ga	17.3	15.4	19.1	15.0	18.3	16.8	15.6	16.4	15.8	17.1	16.9	17.0	15.7	15.8	17.5	15.0
	Rb	337	348	389	248	282	283	336	324	328	311	256	294	254	287	89.1	121
	Sr	58.6	71.5	45.8	80.9	66.0	71.5	67.7	56.9	56.7	68.5	90.3	57.3	78.8	61.8	163	65.2
	Y	36.1	67.5	28.0	24.6	34.6	46.1	45.9	49.0	45.0	50.2	42.0	27.6	42.8	58.0	22.3	24.1
	Zr	107	128	113	106	144	118	103	126	130	151	179	113	145	112	215	248
	Nb	15.1	23.3	28.4	14.7	23.6	14.7	19.5	26.6	26.1	27.1	27.2	25.7	26.0	21.6	16.5	22.9

表 5-1(续)

样品		DM-1	DM-2	DM-3	DM-4	DM-5	DM-6	DM-7	DM-8	DM-9	DM-10	DM-12	DM-13	DM-14	DM-15	DM-16	DM-17
						当木江村剖面											
微量元素	Mo	0.18	0.93	0.44	0.15	0.71	0.52	0.84	0.34	0.54	0.40	0.94	0.58	0.33	0.13	0.42	0.17
	Sn	14.2	13.1	15.1	7.90	17.5	9.91	8.19	10.6	8.13	15.4	10.7	9.44	6.23	9.69	3.19	2.91
	Cs	16.0	17.2	35.2	8.93	14.7	18.1	20.2	21.1	18.4	22.4	8.90	19.2	17.5	5.06	2.65	4.42
	Ba	300	470	337	364	415	245	472	359	303	376	385	289	273	355	625	462
	La	24.0	37.3	38.9	34.8	29.3	36.0	30.5	35.3	35.4	42.4	50.5	31.4	34.2	25.1	97.1	43.3
	Ce	55.0	77.6	52.0	42.0	54.4	76.3	62.7	71.0	84.3	88.4	104	68.6	71.3	42.4	193	94.1
	Pr	6.93	9.31	6.07	4.74	6.34	10.1	7.65	8.72	9.91	11.0	12.1	8.13	8.57	3.84	20.3	11.0
	Nd	22.7	34.6	21.8	17.4	23.2	35.3	29.0	33.1	37.9	41.2	44.4	30.3	32.2	13.9	87.5	39.1
	Sm	5.22	8.41	4.98	3.91	5.18	8.09	6.78	7.69	8.56	9.28	9.04	6.53	7.16	3.98	14.7	6.38
	Eu	0.45	0.56	0.44	0.55	0.58	0.52	0.57	0.46	0.53	0.56	0.71	0.46	0.59	0.32	1.32	0.74
	Gd	5.03	8.74	4.75	3.76	5.07	7.58	6.75	7.51	7.83	8.81	8.72	5.93	7.01	5.09	12.5	5.59
	Tb	0.96	1.76	0.86	0.69	0.94	1.37	1.29	1.41	1.43	1.59	1.43	0.99	1.25	1.23	1.49	0.80
	Dy	6.37	11.9	5.19	4.36	6.09	8.39	8.17	9.07	8.64	9.77	8.16	5.60	7.69	9.58	5.62	4.37
	Ho	1.28	2.36	0.99	0.85	1.24	1.61	1.64	1.79	1.65	1.87	1.53	1.04	1.51	2.14	0.86	0.87
	Er	3.86	7.27	3.00	2.57	3.71	4.75	4.91	5.39	4.92	5.53	4.48	3.11	4.50	6.51	2.43	2.75
	Tm	0.62	1.21	0.46	0.40	0.58	0.72	0.75	0.82	0.74	0.83	0.66	0.47	0.70	0.95	0.25	0.40
	Yb	4.06	8.23	3.12	2.61	3.69	4.61	4.70	5.34	4.78	5.48	4.30	3.26	4.66	5.76	1.54	2.64
	Lu	0.61	1.25	0.47	0.39	0.55	0.68	0.70	0.79	0.71	0.82	0.64	0.49	0.70	0.85	0.23	0.41
	Hf	4.32	5.81	4.51	3.99	5.30	4.60	4.30	5.29	5.56	6.35	6.49	5.09	5.73	4.53	6.69	7.76
	Ta	2.59	1.71	4.25	1.65	2.19	3.05	2.12	2.94	2.40	2.92	2.34	3.05	2.33	1.77	0.76	1.37
	W	1.17	1.06	2.40	1.66	1.96	10.3	9.31	3.08	2.96	2.12	0.99	3.17	4.22	0.50	1.24	2.07
	Pb	48.7	62.4	41.8	37.9	39.5	46.7	59.6	53.6	41.6	51.9	37.8	53.1	45.9	41.6	15.6	8.13
	Bi	0.16	0.19	0.55	0.31	0.13	0.08	0.11	0.09	0.12	0.11	0.05	0.63	0.10	0.09	0.30	0.12
	Th	35.2	40.2	22.3	18.0	31.2	47.4	32.2	36.1	46.5	42.8	43.4	38.9	40.6	25.2	50.2	30.5
	U	7.18	10.8	5.25	5.99	6.05	12.8	10.5	6.71	7.47	12.5	6.95	9.67	6.77	6.47	2.88	2.71
相关指标	LREEs	114.0	168.0	124.0	103.0	119.0	166.0	137.0	156.0	177.0	193.0	221.0	145.0	154.0	89.6	413.0	195.0
	HREEs	22.8	42.7	18.8	15.7	21.9	29.7	28.9	32.1	30.7	34.7	29.9	20.9	28.0	32.1	25.0	17.8
	ΣREEs	136.8	210.7	142.8	118.7	140.9	195.7	165.9	188.1	207.7	227.7	250.9	165.9	182.0	121.7	438.0	212.8
	$[\omega(\text{La})/\omega(\text{Yb})]_N$	4.25	3.25	8.95	9.54	5.70	5.60	4.66	4.74	5.32	5.55	8.42	6.90	5.26	3.13	45.1	11.8
	Eu/Eu*	0.27	0.20	0.28	0.44	0.35	0.20	0.26	0.19	0.20	0.19	0.25	0.23	0.25	0.22	0.30	0.38
	T_{Zr}/℃	768	774	769	765	795	766	753	775	785	789	805	766	783	766	834	846

表 5-1(续)

样品	格日村剖面															变质沉积岩捕虏体				
	GR-1	GR-2	GR-5	GR-8	GR-11	GR-13	GR-14	GR-15	GR-17	GR-18	GR-19	GR-20	GR-24	GR-26	GR-28	GR-4	GR-7	GR-9	GR-12	GR-22
主量元素 SiO_2	66.97	68.88	68.39	67.65	70.09	76.06	68.51	65.22	66.93	72.89	71.52	69.60	68.03	71.30	68.39	53.68	52.68	49.97	40.63	36.71
TiO_2	0.65	0.59	0.52	0.52	0.51	0.85	0.52	0.77	0.69	0.72	0.33	0.49	0.55	0.45	0.57	0.79	1.31	2.06	1.09	1.45
Al_2O_3	14.11	13.80	14.40	14.94	13.65	9.53	14.40	15.31	14.76	10.57	14.68	13.74	14.64	13.64	14.93	21.51	18.84	16.35	28.69	30.73
Fe_2O_3	5.08	4.33	4.42	3.69	3.70	4.86	4.07	5.72	5.22	6.02	2.08	3.81	3.98	3.26	3.69	7.12	9.73	11.42	10.76	12.89
MnO	0.06	0.06	0.08	0.05	0.05	0.03	0.09	0.08	0.06	0.09	0.03	0.05	0.08	0.05	0.05	0.09	0.11	0.13	0.16	0.22
MgO	2.16	1.94	1.70	1.57	1.51	2.20	2.04	2.50	2.32	2.57	0.71	1.88	1.77	1.42	1.26	3.19	4.74	4.91	3.91	4.55
CaO	0.88	1.54	0.65	0.89	1.47	0.90	1.46	2.64	2.50	1.21	1.56	2.54	1.64	1.52	1.61	1.44	0.96	3.20	4.12	3.62
Na_2O	2.67	2.21	2.24	1.97	2.13	1.30	3.52	2.40	2.68	1.76	3.36	2.50	3.64	2.65	2.75	2.78	1.95	0.99	0.92	1.15
K_2O	5.05	4.63	5.73	6.90	5.28	2.99	3.12	2.90	2.85	2.17	4.17	3.44	3.27	3.93	3.86	7.25	8.75	5.51	6.78	4.94
P_2O_5	0.20	0.19	0.12	0.25	0.15	0.05	0.09	0.18	0.24	0.03	0.10	0.10	0.11	0.11	0.11	0.10	0.07	0.25	0.07	0.05
LOI	1.91	1.48	1.53	1.27	1.39	1.07	1.88	2.13	1.52	1.73	0.98	1.65	1.84	1.53	2.28	2.12	1.29	5.54	3.45	4.32
FeO	4.67	3.97	4.05	3.38	3.37	4.43	3.75	5.27	4.78	5.52	1.90	3.49	3.66	2.98	3.41	6.54	8.83	10.84	9.96	12.04
相关指数 A/CNK	1.23	1.20	1.30	1.21	1.15	1.36	1.22	1.29	1.23	1.42	1.14	1.10	1.17	1.20	1.29	1.43	1.30	1.22	1.75	2.22
$Mg^{\#}$	45.74	46.96	43.24	45.67	44.77	47.27	49.81	46.39	46.83	45.83	40.47	49.41	46.80	46.26	40.39	47.00	49.12	45.99	41.88	41.14
微量元素 Li	20.7	28.6	34.5	24.4	29.9	23.5	13.8	29.9	28.3	19.5	21.0	27.7	45.0	53.5	6.63	85.3	73.7	54.7	115	89.2
Be	3.12	4.25	3.18	1.47	3.66	0.97	3.30	2.53	2.07	0.90	3.31	3.18	2.17	2.32	1.98	9.69	1.84	4.00	5.07	5.40
Sc	10.2	9.62	11.8	8.62	8.92	7.67	10.5	17.1	11.6	14.9	5.23	9.27	11.3	9.03	12.7	18.5	21.6	21.0	19.8	22.4
V	72.7	53.1	32.8	41.3	38.7	38.1	36.9	49.3	47.9	53.1	25.4	65.5	42.9	25.6	52.7	124	163	458	127	258
Cr	47.1	38.7	24.3	16.4	16.5	53.0	22.0	29.5	26.6	50.3	15.5	46.6	16.2	18.6	21.9	94.6	108	211	136	162
Co	5.40	9.42	9.10	7.81	9.10	9.88	11.0	11.5	13.0	16.4	4.11	7.22	10.1	5.46	9.37	26.7	38.5	35.9	23.4	35.0
Ni	32.1	28.7	31.1	12.8	14.2	59.6	19.3	39.3	32.2	96.2	14.4	29.9	15.0	14.2	10.5	59.6	89.2	135	46.1	127
Cu	6.07	15.8	15.6	11.0	7.62	4.59	11.3	17.5	12.3	30.8	3.95	13.4	8.86	9.15	10.9	6.93	11.6	28.7	7.02	15.5
Zn	31.5	148	41.8	42.5	34.2	50.2	49.0	76.2	58.5	90.0	34.6	41.1	108	40.5	42.6	145	110	134	175	157
Ga	16.1	15.1	17.0	16.8	16.5	14.3	16.7	18.8	19.5	15.7	18.6	15.2	17.3	16.0	18.0	28.9	24.5	26.2	27.2	26.0
Rb	183	189	258	256	293	163	156	187	181	133	226	137	142	159	159	378	378	286	493	300
Sr	131	168	160	217	202	62.5	109	139	118	116	103	111	140	103	149	144	154	64.6	309	206
Y	49.8	48.1	41.2	18.3	24.6	33.2	28.8	18.8	24.7	11.7	29.6	53.3	30.7	22.6	19.9	41.7	21.7	33.6	28.6	45.7
Zr	270	251	243	208	217	424	190	376	233	310	133	193	199	162	223	136	205	207	308	244
Nb	30.9	27.2	27.3	22.1	14.6	23.1	21.6	19.3	26.9	26.1	20.2	20.9	20.1	20.4	18.3	17.3	23.4	24.3	19.5	22.5

表 5-1（续）

样品		格日村剖面															变质沉积岩捕房体				
		GR-1	GR-2	GR-5	GR-8	GR-11	GR-13	GR-14	GR-15	GR-17	GR-18	GR-19	GR-20	GR-24	GR-26	GR-28	GR-4	GR-7	GR-9	GR-12	GR-22
微量元素	Mo	0.70	0.81	0.76	0.74	1.04	0.14	0.20	0.36	0.25	0.20	0.27	0.25	0.11	0.51	0.49	0.12	0.21	0.21	0.08	0.14
	Sn	4.73	4.22	5.51	5.26	4.63	1.48	8.22	2.44	6.65	3.93	4.81	5.42	4.30	5.09	4.52	5.05	3.94	2.67	8.25	6.37
	Cs	8.06	13.3	17.4	15.9	19.1	15.7	6.05	17.3	25.6	12.8	13.4	5.96	8.73	8.32	4.69	18.6	16.8	15.7	40.2	16.8
	Ba	1 306	852	1 462	1 628	690	478	496	480	292	270	552	672	767	528	615	1 866	3 695	1 154	1 034	890
	La	79.5	66.1	49.6	35.4	56.6	34.4	31.9	23.4	32.7	32.8	38.6	70.3	21.5	30.0	42.6	49.3	63.7	24.7	79.7	75.6
	Ce	93.5	125	102	72.0	109	38.8	64.5	41.0	46.0	62.0	62.9	79.8	47.1	60.7	94.9	112	124	52.6	153	144
	Pr	10.9	14.2	11.2	7.44	14.6	4.50	7.70	3.04	5.37	7.05	7.36	9.27	6.71	7.17	12.3	12.1	14.8	8.03	10.7	14.5
	Nd	42.9	52.6	41.0	27.0	44.4	16.8	29.0	11.8	20.4	26.1	27.4	35.8	22.1	27.2	33.6	45.8	56.4	36.9	65.9	64.8
	Sm	8.65	8.87	7.58	4.57	7.49	3.53	5.97	2.46	4.40	4.23	5.42	7.09	5.28	5.52	5.99	8.92	10.0	8.25	11.7	10.8
	Eu	1.42	1.42	1.37	1.77	1.26	0.77	1.06	1.19	1.01	0.87	0.86	0.99	1.20	0.96	1.15	2.29	4.11	1.75	2.61	2.12
	Gd	6.94	7.53	7.18	4.80	7.46	3.77	5.70	2.46	4.32	3.74	4.88	6.35	5.13	5.28	5.92	8.10	9.28	6.76	10.8	10.4
	Tb	1.11	1.10	1.19	0.74	1.04	0.73	0.95	0.38	0.80	0.43	0.75	1.08	0.95	0.87	0.88	1.28	1.17	1.17	1.43	1.48
	Dy	6.46	5.98	7.38	4.08	5.00	5.20	5.49	2.17	5.00	1.57	3.96	6.53	5.95	4.75	4.56	8.01	5.32	7.30	6.46	8.47
	Ho	1.22	1.14	1.63	0.75	0.93	1.17	1.08	0.41	0.95	0.25	0.72	1.27	1.16	0.90	0.84	1.54	0.89	1.39	1.14	1.72
	Er	3.52	3.32	5.65	2.23	2.96	3.70	3.18	1.17	2.79	0.74	2.09	3.70	3.37	2.68	2.64	3.72	2.19	3.21	3.12	4.39
	Tm	0.53	0.47	0.97	0.32	0.39	0.60	0.47	0.18	0.44	0.10	0.30	0.55	0.50	0.37	0.38	0.77	0.34	0.64	0.50	0.86
	Yb	3.41	2.97	6.91	2.21	2.53	3.85	3.05	1.24	2.95	0.69	1.88	3.53	3.20	2.51	2.58	4.34	1.94	3.61	3.16	4.83
	Lu	0.51	0.46	1.11	0.33	0.38	0.58	0.46	0.20	0.45	0.12	0.29	0.54	0.49	0.38	0.40	0.60	0.28	0.48	0.47	0.68
	Hf	10.3	8.87	7.98	6.03	6.62	12.5	5.82	10.2	7.38	9.78	4.77	7.33	6.37	5.22	6.96	4.30	6.91	5.83	7.95	7.53
	Ta	2.00	1.66	1.77	1.24	1.44	1.24	1.25	0.99	1.75	1.59	1.59	1.53	1.18	1.21	1.31	1.66	2.22	0.93	1.44	1.66
	W	1.72	1.21	1.26	1.58	0.92	1.20	2.57	1.68	1.77	2.02	3.27	0.67	2.77	1.97	0.50	0.96	0.88	77.5	0.74	5.13
	Pb	34.1	92.7	111	50.0	38.7	10.1	35.3	12.2	28.8	10.3	45.5	35.8	25.9	36.9	29.1	121	127	12.2	22.3	46.9
	Bi	0.28	0.21	0.08	0.19	0.18	0.08	0.77	0.28	0.84	1.17	1.88	1.47	0.10	0.12	0.48	2.59	3.06	2.41	0.43	3.56
	Th	42.2	40.5	34.9	27.8	47.8	7.55	19.4	1.62	9.80	13.0	20.0	24.5	24.1	17.0	39.1	31.7	35.0	1.53	33.1	31.5
	U	5.99	5.39	5.90	3.16	4.02	2.13	2.48	2.33	2.77	1.71	3.77	5.47	2.35	1.92	2.87	5.91	2.96	1.31	3.36	1.89
相关指标	LREEs	237.0	268.0	213.0	148.0	233.0	98.8	140.0	82.9	110.0	133.0	143.0	203.0	104.0	132.0	190.0	230.0	273.0	132.0	323.0	312.0
	HREEs	23.7	23.0	32.0	15.5	20.7	19.6	20.4	8.2	17.7	7.6	14.9	23.6	20.8	17.7	18.2	28.4	21.4	24.6	27.1	32.8
	∑REEs	260.7	291.0	245.0	163.5	253.7	118.4	160.4	91.1	127.7	140.6	157.9	226.6	124.8	149.7	208.2	258.4	294.4	156.6	350.1	344.8
	$[\omega(La)/\omega(Yb)]_N$	16.7	16.0	5.15	11.5	16.0	6.41	7.49	13.5	7.96	34.3	14.7	14.3	4.82	8.60	11.8	8.14	23.5	4.91	18.1	11.2
	Eu/Eu*	0.56	0.53	0.57	1.16	0.51	0.65	0.55	1.48	0.71	0.67	0.51	0.45	0.70	0.54	0.59	0.82	1.30	0.72	0.71	0.61
	T_{Zr}/°C	845	839	843	819	822	916	813	881	831	883	778	807	813	801	834	—	—	—	—	—

注：A/CNK = $m(Al_2O_3)/m(CaO+K_2O+Na_2O)$；Mg# = $100\times m(Mg)/m(Mg+Fe)$；$m(FeO)=0.899\,8\times m(Fe_2O_3)$；Eu/Eu* = $Eu_N/[0.5\times\omega(Sm)_N+0.5\times\omega(Gd)_N]$．下标"N"代表对元素的质量分数进行标准化。

表 5-2　唐古拉花岗岩及变质沉积岩捕虏体 CIPW 标准矿物计算结果

样品		花岗岩样品																	GR-1	GR-2
		DM-1	DM-2	DM-3	DM-4	DM-5	DM-6	DM-7	DM-8	DM-9	DM-10	DM-12	DM-13	DM-14	DM-15	DM-16	DM-17		
矿物（质量分数，%）	石英（Q）	36.66	33.91	35.06	36.47	36.26	36.57	32.95	36.36	38.42	35.60	36.02	35.82	37.74	31.10	39.87	38.63	27.09	32.30
	钙长石（An）	2.94	3.73	2.97	3.44	3.50	6.47	4.05	4.16	0.95	5.24	5.55	4.70	6.53	1.38	8.82	1.15	3.16	6.50
	钠长石（Ab）	24.86	24.84	26.52	25.41	25.30	26.36	24.94	25.05	24.22	25.49	25.41	25.97	23.58	29.73	26.31	32.98	23.13	19.07
	正长石（Or）	29.88	32.69	29.92	29.26	27.89	25.69	33.94	29.33	33.04	28.28	26.81	28.65	27.42	32.55	13.89	18.47	30.53	27.88
	霞石（Ne）	0	0	0	0	0	0	0	0	0	0	0	0	0	0	0	0	0	0
	白榴石（Lc）	0	0	0	0	0	0	0	0	0	0	0	0	0	0	0	0	0	0
	刚玉（C）	2.40	1.27	2.20	2.12	2.81	0.98	0.92	1.36	2.06	1.32	1.52	1.43	0.81	2.00	3.25	2.68	3.17	2.86
	透辉石（Di）	0	0	0	0	0	0	0	0	0	0	0	0	0	0	0	0	0	0
	紫苏辉石（Hy）	1.65	1.86	1.65	1.71	2.20	2.10	1.67	2.00	0.41	2.17	2.50	1.81	2.09	1.63	4.56	3.03	7.75	7.01
	硅灰石（Wo）	0	0	0	0	0	0	0	0	0	0	0	0	0	0	0	0	0	0
	橄榄石（Ol）	0	0	0	0	0	0	0	0	0	0	0	0	0	0	0	0	0	0
	钛铁矿（Il）	0.35	0.33	0.36	0.33	0.52	0.39	0.32	0.36	0.41	0.40	0.48	0.32	0.42	0.25	0.97	0.90	1.26	1.14
	磁铁矿（Mt）	1.03	1.13	1.04	1.07	1.21	1.16	1.02	1.16	0.25	1.23	1.42	1.08	1.19	1.15	1.92	1.69	3.14	2.53
	赤铁矿（Hm）	0	0	0	0	0	0	0	0	0.07	0	0	0	0	0	0	0	0	0
	磷灰石（Ap）	0.13	0.13	0.19	0.10	0.19	0.15	0.10	0.11	0.14	0.14	0.15	0.11	0.11	0.11	0.17	0.29	0.46	0.45
	总量	99.90	99.89	99.91	99.91	99.88	99.87	99.91	99.89	99.97	99.87	99.86	99.89	99.89	99.90	99.76	99.82	99.69	99.74
相关指数	分异指数（DI）	91.40	91.44	91.50	91.14	89.45	88.62	91.83	90.74	95.68	89.37	88.24	90.44	88.74	93.38	80.07	90.08	80.75	79.25
	A/CNK	1.20	1.09	1.17	1.17	1.23	1.07	1.06	1.11	1.17	1.10	1.11	1.11	1.06	1.15	1.28	1.23	1.23	1.21
	SI	3.70	3.97	3.67	3.77	5.41	4.84	3.91	4.54	1.80	4.87	5.44	3.99	4.75	3.28	10.20	7.24	14.74	15.07
	AR	2.37	2.40	2.50	2.43	2.34	2.49	2.40	2.46	2.48	2.42	2.40	2.48	2.29	2.86	2.03	3.24	2.11	1.81
	R1	2 741	2 595	2 641	2 742	2 735	2 836	2 544	2 762	2 794	2 742	2 776	2 739	2 908	2 352	3 116	2 823	2 234	2 644
	R2	360	373	367	367	391	431	378	377	295	409	420	392	422	334	529	333	489	541
	A/MF	4.53	4.06	4.56	4.35	3.60	3.62	4.41	3.71	11.87	3.51	3.04	4.16	3.47	4.54	1.95	2.30	1.18	1.32
	C/MF	0.40	0.45	0.42	0.43	0.38	0.70	0.52	0.46	0.44	0.54	0.50	0.57	0.68	0.20	0.47	0.13	0.13	0.27

表 5-2（续）

样品	花岗岩样品													变质沉积岩捕房体				
	GR-5	GR-8	GR-11	GR-13	GR-14	GR-15	GR-17	GR-18	GR-19	GR-20	GR-24	GR-26	GR-28	GR-4	GR-7	GR-9	GR-12	GR-22
石英(Q)	29.49	26.07	32.27	51.44	29.91	30.44	31.45	47.06	31.99	33.59	28.28	35.68	32.79	1.12	0	7.62	0	0
钙长石(An)	2.44	2.88	6.40	4.20	6.76	12.20	11.05	5.91	7.19	12.13	7.63	6.94	7.45	6.58	4.36	15.05	20.58	18.28
钠长石(Ab)	19.31	16.90	18.26	11.11	30.42	20.77	23.12	15.23	28.87	21.58	31.53	22.82	23.92	24.00	16.68	8.80	0	5.78
正长石(Or)	34.46	41.46	31.68	17.89	18.85	17.56	17.12	13.09	25.01	20.72	19.77	23.59	23.44	43.73	52.15	34.34	40.83	30.33
霞石(Ne)	0	0	0	0	0	0	0	0	0	0	0	0	0	0	0	0	4.35	2.33
白榴石(Lc)	0	0	0	0	0	0	0	0	0	0	0	0	0	0	0	0	0.34	0
刚玉(C)	3.69	3.24	2.16	2.68	2.88	3.94	3.34	3.26	2.07	1.56	2.44	2.57	3.69	6.87	4.61	3.74	0	0
透辉石(Di)	0	0	0	0	0	0	0	0	0	0	0	0	0	0	0	0	12.88	17.69
紫苏辉石(Hy)	6.29	5.24	5.44	8.21	7.36	9.84	8.92	10.70	2.63	6.88	6.45	5.19	4.95	10.69	6.36	18.59	0	0
硅灰石(Wo)	0	0	0	0	0	0	0	0	0	0	0	0	0	0	0	0	0	0
橄榄石(Ol)	0	0	0	0	0	0	0	0	0	0	0	0	0	0	5.96	0	12.00	15.33
钛铁矿(Il)	1.00	0.99	0.98	1.64	1.00	1.49	1.33	1.39	0.63	0.95	1.06	0.86	1.12	1.54	2.50	4.13	2.14	2.87
磁铁矿(Mt)	2.77	2.43	2.23	2.40	2.35	2.96	2.75	2.88	1.27	2.10	2.34	1.88	2.15	4.82	6.69	6.37	6.04	6.37
赤铁矿(Hm)	0	0	0	0	0	0	0	0	0	0	0	0	0	0	0	0	0	0
磷灰石(Ap)	0.29	0.58	0.35	0.12	0.22	0.42	0.56	0.07	0.23	0.24	0.25	0.26	0.26	0.25	0.16	0.60	0.16	0.12
总量	99.74	99.79	99.77	99.69	99.75	99.62	99.64	99.59	99.89	99.75	99.75	99.79	99.77	99.60	99.47	99.24	99.32	99.10
分异指数(DI)	83.26	84.43	82.21	80.44	79.18	68.77	71.69	75.38	85.87	75.89	79.58	82.09	80.15	68.85	68.83	50.76	45.52	38.44
A/CNK	1.30	1.21	1.15	1.36	1.22	1.29	1.23	1.42	1.14	1.10	1.17	1.20	1.29	1.43	1.31	1.22	1.76	2.23
SI	12.28	11.26	12.20	19.96	16.33	19.00	18.23	21.21	7.00	16.50	14.23	12.81	11.13	15.98	19.23	22.22	18.04	20.08
AR	3.25	3.55	1.78	1.66	2.44	1.73	1.90	1.86	2.41	1.89	2.47	2.08	2.00	2.55	3.35	1.99	1.61	1.43
R1	2 337	2 121	2 611	3 809	2 525	2 713	2 738	3 623	2 572	2 887	2 416	2 844	2 644	712	499	1 427	511	543
R2	444	474	508	398	552	723	684	473	497	646	564	509	542	749	714	957	1 233	1 262
A/MF	1.45	1.72	1.60	0.81	1.39	1.12	1.18	0.75	3.29	1.43	1.53	1.76	1.89	1.25	0.77	0.61	1.21	1.10
C/MF	0.12	0.19	0.31	0.14	0.26	0.35	0.36	0.15	0.63	0.48	0.31	0.36	0.37	0.15	0.07	0.22	0.32	0.24

行组标注：矿物（质量分数，%）、相关指数

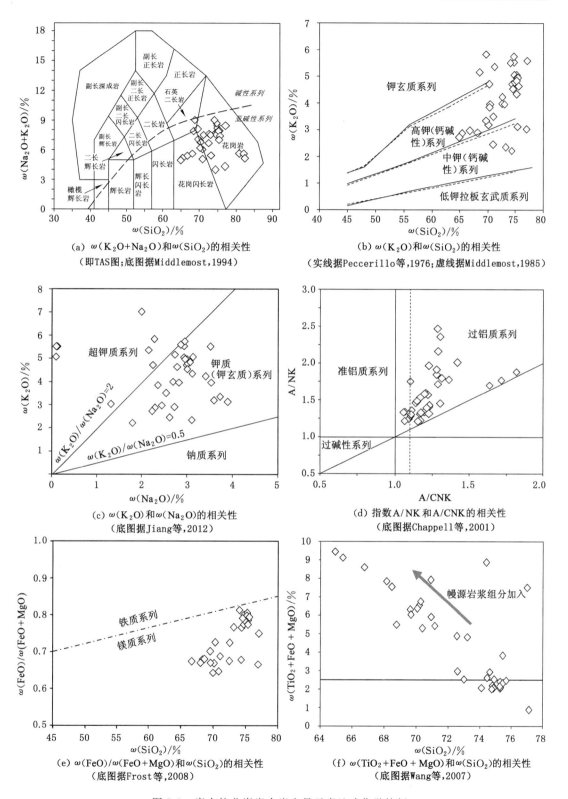

图 5-1　唐古拉花岗岩全岩主量元素地球化学特征

在哈克(Harker)图解(图 5-2)中,唐古拉花岗岩的主量元素氧化物 Al_2O_3、CaO、P_2O_5、TiO_2、MgO、Fe_2O_3、K_2O 及 Na_2O 的含量与 SiO_2 含量之间具有明显的协变关系。整体而言,Al_2O_3、CaO、P_2O_5、TiO_2、MgO 及 Fe_2O_3 的含量随着 SiO_2 含量的增加而降低;相反,K_2O 和 Na_2O 的含量则随着 SiO_2 含量的增加而表现出缓慢增加或恒定不变的趋势。另外,A/CNK 和 $\omega(Fe_2O_3)/\omega(MgO+Fe_2O_3)$ 与 $\omega(SiO_2)$ 之间呈明显的正相关关系,而 $Mg^{\#}$ 则与 $\omega(SiO_2)$ 之间呈明显的负相关关系。上述主量元素氧化物与 SiO_2 含量之间表现出的明显协变关系表明,唐古拉花岗岩在形成过程中其岩浆曾发生明显的结晶分异作用,或者其原始岩浆在形成过程中源岩曾发生不同程度的部分熔融作用。

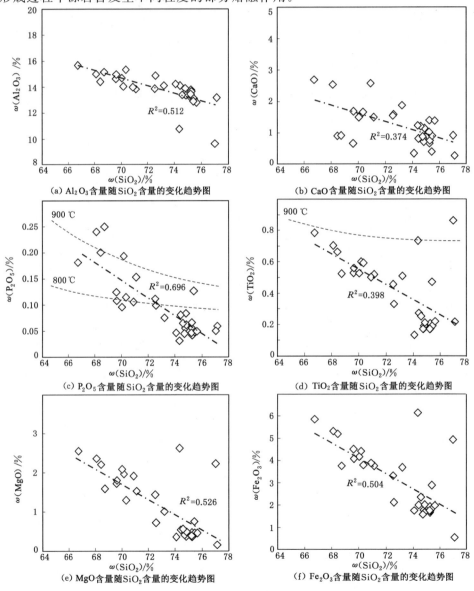

图 5-2　唐古拉花岗岩主量元素哈克图解

[图(c)中磷灰石饱和地质温度(细虚线)据 Harrison 等(1984);

图(d)中 Fe-Ti 氧化物饱和地质温度(细虚线)据 Green 等(1986)]

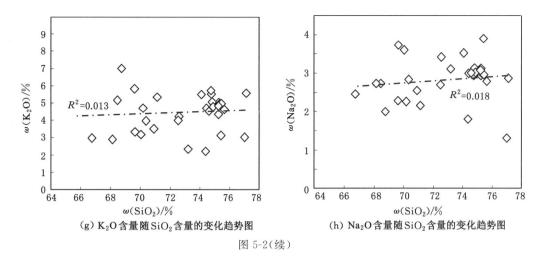

（g）K_2O 含量随 SiO_2 含量的变化趋势图　　（h）Na_2O 含量随 SiO_2 含量的变化趋势图

图 5-2（续）

　　唐古拉花岗岩岩体中的黑色/灰黑色变质沉积岩捕虏体含 $36.71\%\sim53.68\%$ 的 SiO_2、$6.09\%\sim10.70\%$ 的全碱（K_2O+Na_2O）、$0.96\%\sim4.12\%$ 的 CaO、$16.35\%\sim30.73\%$ 的 Al_2O_3、$3.19\%\sim4.91\%$ 的 MgO、$0.79\%\sim2.06\%$ 的 TiO_2 和 $7.12\%\sim12.89\%$ 的 Fe_2O_3（表 5-1）。相比寄主花岗岩，捕虏体含较低含量的 SiO_2 和相对较高含量的全碱（K_2O+Na_2O）、CaO、Al_2O_3、MgO、Fe_2O_3 以及 MnO。除此之外，K_2O 含量为 $4.94\%\sim8.75\%$，Na_2O 含量为 $0.92\%\sim2.78\%$。K_2O 含量明显高于 Na_2O，$\omega(K_2O)/\omega(Na_2O)$ 变化于 $2.61\sim7.37$ 范围内。这些地球化学特征与捕虏体中黑云母和长石矿物的富集相一致。值得注意的是，CIPW 标准矿物计算结果表明捕虏体中含有 $3.74\%\sim17.69\%$ 的刚玉（表 5-2），这反映了它们同样具有铝过饱和的地球化学特征。

　　唐古拉花岗岩样品具有相似的右倾式球粒陨石的标准化稀土元素配分模式[图 5-3（a）]，但其总稀土含量变化较大，为 $9.1\times10^{-6}\sim4.38\times10^{-4}$。相对重稀土（HREEs）而言，轻稀土（LREEs）中等富集，$\omega(LREEs)/\omega(HREEs)=2.79\sim17.50$（多数小于 12.00，均值为 7.75），$[\omega(La)/\omega(Yb)]_N=3.13\sim45.11$（多数为 $3.00\sim17.00$，均值为 10.56）。轻稀土元素的分异程度明显高于重稀土元素。表现在球粒陨石标准化稀土元素配分模式中，轻稀土具有较陡的右倾趋势，而重稀土的配分趋势则相对平坦。$[\omega(La)/\omega(Sm)]_N=2.63\sim6.40$，平均值为 4.17；$[\omega(Gd)/\omega(Yb)]_N=0.73\sim6.71$，平均值为 1.70。多数花岗岩样品具有中等到明显的 Eu 负异常（$Eu/Eu^*=0.20\sim0.70$）。然而，样品 GR-8 和 GR-15 却表现出明显的 Eu 正异常，这可能是由于这两个样品中富含斜长石，这一点已被岩相学观察结果所证实。

　　花岗岩样品具有近乎一致的右倾式原始地幔标准化微量元素配分模式[图 5-3（b）]，并明显亏损 Ba、Sr、Nb、P 及 Ti 元素，而富集 Rb、Th、U 和 Pb 元素。元素 Ta 的含量变化较大，表现为从高度亏损到轻微富集的特征。与元素 Sr 和 Ba 相比，样品明显富集元素 Rb。考虑元素 Rb 和 K 具有明显的亲和性，因此 Rb 的富集可能是由于样品中碱性长石相对富集。样品中所含元素 Th（$1.40\times10^{-6}\sim4.778\times10^{-5}$，均值为 2.681×10^{-5}）和 U（$1.32\times10^{-6}\sim1.275\times10^{-5}$，均值为 4.96×10^{-6}）的平均含量明显高于上地壳的（Th 为 1.05×10^{-5}，U 为 2.5×10^{-6}；Taylor et al.，1985）。$\omega(Th)/\omega(U)$ 为 $0.69\sim17.45$，平均值为 6.41，同样高于上地壳值 3.8（McLennan et al.，1980）。

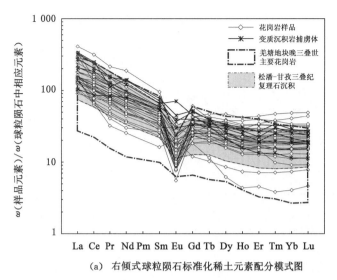

（a）右倾式球粒陨石标准化稀土元素配分模式图

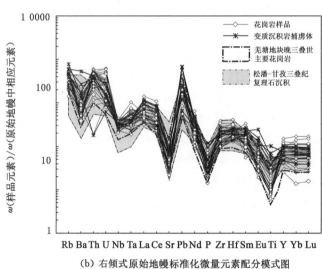

（b）右倾式原始地幔标准化微量元素配分模式图

图 5-3　唐古拉花岗岩微量元素配分图

［羌塘地块晚三叠世主要花岗岩数据来源为：Peng 等（2015）、Li 等（2015）、Hu 等（2014）、Tao 等（2014）；

三叠纪复理石沉积物数据来源为：Zhang 等（2012b）、苏本勋等（2006）、Tang 等（2012）和 She 等（2006）］

在哈克（Harker）图解中（图 5-4），唐古拉花岗岩样品中元素 Sr、Ba、Eu、Zr 及 Hf 的含量随着 SiO_2 含量的增加而明显降低；而元素 Rb 的含量则随着 SiO_2 含量的增加而增加。另外，唐古拉花岗岩中元素 Nb 和 Ta 的含量在 SiO_2 含量较低（小于 74%）时，随着 SiO_2 含量的增加基本保持不变，而在 SiO_2 含量较高（大于 74%），即岩浆高度演化时，元素 Nb 和 Ta 的含量突然增加［图 5-4（g）和图 5-4（h）］。与此对应，样品中的 $\omega(Nb)/\omega(Ta)$ 也基本保持恒定或轻微增加，而在高度演化的岩石中（SiO_2 含量大于 74%）明显降低［图 5-4（i）］。

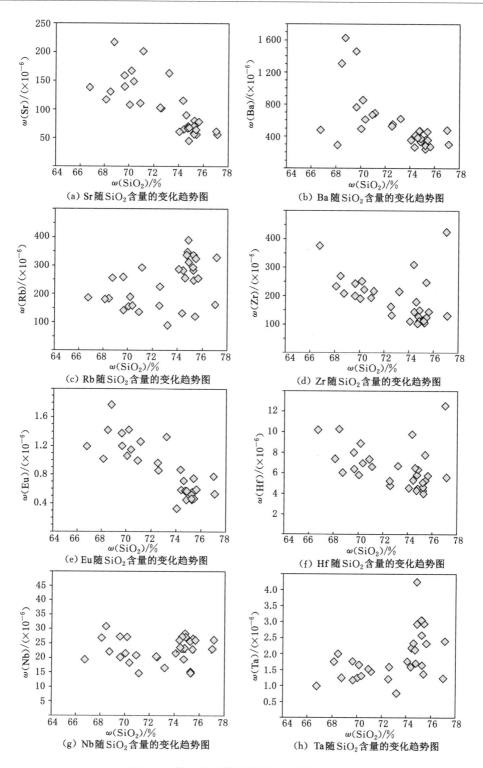

图 5-4　唐古拉花岗岩微量元素哈克图解

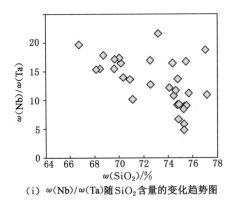 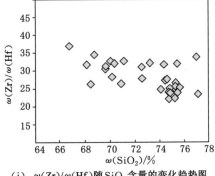

（i）$\omega(Nb)/\omega(Ta)$ 随 SiO_2 含量的变化趋势图　　（j）$\omega(Zr)/\omega(Hf)$ 随 SiO_2 含量的变化趋势图

图 5-4（续）

5.2　木乃紫苏花岗岩全岩地球化学特征

从野外采集的岩石样品中共选择 18 件进行全岩主量元素和微量元素地球化学成分分析，其中包括 17 件木乃紫苏花岗岩样品和 1 件岩浆包体样品。所有分析数据列于表 5-3，详细分析阐述如下。

木乃紫苏花岗岩样品 SiO_2 含量为 $59.73\%\sim69.36\%$，多数低于 66%，平均值为 63.7%，整体对应中性-酸性岩浆岩范畴。TiO_2 含量为 $0.37\%\sim0.83\%$（多数大于 0.6%），Al_2O_3 为 $15.03\%\sim15.72\%$，Fe_2O_3 为 $1.26\%\sim5.40\%$，MgO 为 $0.87\%\sim3.85\%$（多数小于 3%），CaO 为 $2.13\%\sim5.43\%$（表 5-3）。全碱（Na_2O+K_2O）含量较高，达 $7.66\%\sim9.08\%$，在 $\omega(Na_2O+K_2O)$ 和 $\omega(SiO_2)$ 的相关性图（TAS 图）中主体落于亚碱性系列、石英二长岩范围[图 5-5（a）]，与岩相学观察结果相一致，而在 $\omega(Na_2O+K_2O-CaO)$ 和 $\omega(SiO_2)$ 的相关性图中，主体落于钙碱质至碱钙质范围[图 5-5（b）]。K_2O 含量为 $3.82\%\sim5.36\%$（均值为 4.59%），属于高钾钙碱质至钾玄质系列[图 5-5（c）]。$\omega(K_2O)/\omega(Na_2O)$ 为 $0.78\sim1.51$（多数大于 1），均值为 1.21，为相对富钾的岩石[图 5-5（d）]，但非典型钾质-超钾质系列岩石（Foley et al.，1987）。$Mg^\#$ 相对较高，并且具有较大的变化范围（$41.46\sim80.09$），为镁质系列岩石[图 5-5（e）]。A/CNK 值相对较低（$0.72\sim1.02$），说明铝相对不饱和。表现在指数 A/NK 和 A/CNK 的相关性图中，几乎所有木乃紫苏花岗岩样品落于准铝质花岗岩系列的范围内[图 5-5（f）]。因此，木乃紫苏花岗岩在化学成分上属于一套准铝质、相对富镁-富钾的花岗岩。

标准矿物计算表明（表 5-4），木乃紫苏花岗岩样品中标准矿物分子石英的含量为 $8.57\%\sim25.06\%$，正长石为 $22.88\%\sim32.32\%$，钠长石为 $29.31\%\sim41.83\%$，钙长石为 $8.05\%\sim15.38\%$，紫苏辉石为 $1.17\%\sim8.73\%$，透辉石为 $0\sim11.41\%$，磷灰石为 $0.35\%\sim0.98\%$。绝大多数木乃紫苏花岗岩样品中磁铁矿标准矿物分子的含量高于钛铁矿的，它们的含量分别为 $0.19\%\sim3.16\%$ 和 $0.70\%\sim1.60\%$。另外，几乎所有木乃紫苏花岗岩样品中均不含刚玉和赤铁矿标准矿物分子。

表5-3 木乃紫苏花岗岩和龙亚拉花岗岩全岩主量(质量分数,%)和微量(质量分数,10^{-6})元素地球化学组成

岩体		木乃紫苏花岗岩										
	样品	M-1	M-2	M-3	M-4	M-5	M-7	M-8	M-9-2	M-11	M-13	M-14
主量元素	SiO_2	64.54	63.90	63.10	65.51	64.87	69.36	65.33	65.28	68.76	60.68	61.47
	TiO_2	0.67	0.67	0.73	0.63	0.62	0.37	0.65	0.67	0.53	0.82	0.69
	Al_2O_3	15.43	15.47	15.43	15.42	15.62	15.03	15.36	15.57	15.08	15.71	15.25
	Fe_2O_3	1.26	3.83	4.49	3.83	3.77	2.54	3.99	1.56	2.42	5.24	4.37
	MnO	0.02	0.05	0.04	0.05	0.06	0.04	0.06	0.03	0.04	0.06	0.05
	MgO	2.57	2.47	2.46	2.11	2.12	1.11	2.04	1.79	0.87	3.43	2.54
	CaO	5.43	3.48	3.22	3.26	3.51	2.13	3.24	4.08	2.30	5.19	3.75
	Na_2O	3.84	3.62	4.56	3.71	3.71	3.42	3.45	3.56	4.88	3.99	3.74
	K_2O	4.95	5.10	4.07	4.80	4.58	4.85	4.80	5.36	3.82	3.90	4.28
	P_2O_5	0.34	0.29	0.32	0.29	0.28	0.19	0.28	0.28	0.15	0.42	0.32
	LOI	0.73	0.92	1.55	0.26	0.41	0.51	0.65	1.41	1.09	0.36	3.60
	总量	99.78	99.80	99.97	99.87	99.55	99.55	99.85	99.59	99.94	99.80	100.06
相关指数	A/CNK	0.72	0.87	0.87	0.89	0.90	1.02	0.92	0.82	0.92	0.78	0.87
	$Mg^\#$	80.09	56.02	52.04	52.17	52.69	46.47	50.37	69.50	41.46	56.44	53.51
	$w(K_2O)/w(Na_2O)$	1.29	1.41	0.89	1.29	1.23	1.41	1.39	1.51	0.78	0.98	1.15
微量元素	Li	28.3	72.5	48.2	49.8	50.8	70.4	94.3	40.8	23.7	24.5	28.6
	Be	3.92	4.14	5.02	4.46	4.88	7.64	5.45	5.73	6.15	3.43	4.81
	Sc	9.19	19.4	17.4	7.16	16.3	8.68	13.8	11.5	7.39	12.4	14.1
	V	46.9	54.1	52.1	60.9	43.8	25.9	40.9	32.4	29.0	70.5	40.5
	Cr	31.1	40.5	45.6	42.9	36.3	42.5	41.7	50.1	30.6	43.7	56.6
	Co	2.92	9.39	12.3	10.0	10.7	6.57	11.2	4.73	7.61	11.8	11.6
	Ni	14.8	26.6	30.1	31.8	28.4	13.0	25.6	21.7	14.1	27.4	35.9
	Cu	5.28	6.36	10.0	11.6	16.2	6.39	15.0	5.38	7.37	8.61	11.1
	Zn	21.9	83.5	58.8	58.3	88.1	58.8	86.3	48.7	60.2	52.3	66.7
	Ga	17.2	19.4	19.0	16.2	19.5	17.7	19.2	19.8	22.0	18.1	19.4
	Rb	174	300	245	197	289	295	277	241	196	148	218
	Sr	800	1 742	1 177	798	1 670	770	1 361	861	817	1 414	1 293
	Y	18.1	25.0	24.7	34.1	24.3	19.7	22.5	22.8	21.5	19.2	21.7
	Zr	299	303	322	283	269	144	279	340	386	293	267
	Nb	16.5	18.9	19.3	31.7	17.8	25.1	20.1	18.5	24.5	14.9	21.0

表 5-3（续）

	岩体	木乃紫苏花岗岩										
	样品	M-1	M-2	M-3	M-4	M-5	M-7	M-8	M-9-2	M-11	M-13	M-14
微量元素	Mo	0.37	0.80	1.09	1.66	1.97	1.60	1.17	0.55	1.96	0.97	0.84
	Sn	2.51	2.68	2.41	4.70	4.59	8.43	4.83	3.94	6.50	3.35	2.68
	Cs	23.5	17.0	19.7	29.3	30.1	23.8	30.5	17.1	21.3	14.8	15.1
	Ba	1 259	1 545	1 134	1 093	1 267	802	1 207	1 236	1 175	1 449	1 228
	La	54.0	121	109	75.3	104	56.6	84.3	74.8	93.1	70.6	90.6
	Ce	123	237	212	142	212	110	177	148	180	145	176
	Pr	10.4	21.5	20.1	16.0	20.3	11.6	17.8	12.1	9.1	9.6	16.4
	Nd	55.9	80.4	74.5	57.0	74.2	40.0	63.1	60.5	66.6	64.8	65.7
	Sm	8.23	11.4	10.7	8.24	10.5	6.08	9.19	8.85	9.35	9.85	9.29
	Eu	2.07	2.93	2.48	1.94	2.61	1.57	2.32	2.25	2.06	2.69	2.32
	Gd	8.27	11.3	10.5	6.8	10.4	6.08	9.16	8.36	9.05	9.50	9.10
	Tb	1.00	1.27	1.19	0.86	1.20	0.79	1.05	1.02	1.04	1.14	1.05
	Dy	3.93	5.08	4.85	4.11	4.85	3.65	4.42	4.38	4.29	4.32	4.23
	Ho	0.71	0.90	0.86	0.77	0.85	0.63	0.78	0.79	0.75	0.75	0.75
	Er	2.47	2.95	2.80	2.31	2.77	1.94	2.54	2.55	2.49	2.64	2.44
	Tm	0.29	0.35	0.34	0.32	0.34	0.25	0.32	0.33	0.31	0.30	0.30
	Yb	1.95	2.35	2.31	2.11	2.26	1.69	2.14	2.21	2.12	2.00	2.03
	Lu	0.30	0.36	0.36	0.33	0.34	0.26	0.33	0.34	0.33	0.30	0.31
	Hf	7.59	7.64	7.99	8.45	6.91	4.05	7.12	8.35	10.5	7.46	6.59
	Ta	1.56	1.55	1.53	1.94	1.67	2.17	1.71	1.74	2.65	1.29	1.47
	W	1.19	1.92	4.19	4.03	3.22	3.82	3.89	4.14	6.08	1.92	1.97
	Pb	16.0	30.9	21.2	28.9	31.5	36.5	31.1	19.9	32.2	25.1	24.4
	Bi	0.18	0.34	0.28	0.66	0.41	0.58	0.57	0.24	0.52	0.24	0.27
	Th	29.6	32.7	37.7	27.5	40.5	32.3	37.4	33.9	36.5	23.9	32.6
	U	4.09	8.75	7.12	8.80	12.9	13.9	8.13	4.88	11.3	4.97	6.74
相关指标	$\omega(Sr)/\omega(Y)$	44.2	69.7	47.6	23.4	68.6	39.2	60.5	37.8	38.0	73.6	59.4
	$\omega(La)/\omega(Yb)$	27.7	51.3	47.3	35.7	46.1	33.4	39.5	33.9	43.9	35.4	44.6
	δEu	0.75	0.78	0.71	0.77	0.75	0.78	0.76	0.79	0.68	0.84	0.76
	$T_{Zr}/℃$	772	804	808	805	800	770	807	809	845	775	790

表 5-3（续）

	样品	木乃紫苏花岗岩						岩浆包体	龙亚拉花岗岩			
		M-15	M-16	M-17	M-18	M-19	M-20	M-9	LY-1	LY-6	LY-8	LY-9
主量元素	SiO$_2$	63.75	60.64	59.79	59.73	63.14	63.84	57.3	71.69	68.40	76.41	73.50
	TiO$_2$	0.71	0.82	0.83	0.83	0.73	0.66	0.86	0.42	0.65	0.21	0.23
	Al$_2$O$_3$	15.58	15.69	15.72	15.71	15.56	15.11	16.9	13.93	14.38	12.27	13.76
	Fe$_2$O$_3$	3.83	5.31	5.40	5.17	4.44	2.74	5.53	2.51	3.42	1.32	1.55
	MnO	0.05	0.07	0.08	0.08	0.06	0.04	0.08	0.04	0.04	0.01	0.01
	MgO	2.46	3.71	3.79	3.85	2.68	2.46	3.92	0.62	1.40	0.28	0.44
	CaO	3.84	5.09	5.30	5.19	3.72	4.93	6.66	1.85	2.44	0.68	1.50
	Na$_2$O	4.14	3.46	3.48	3.52	3.73	3.63	4.25	3.65	3.52	3.23	3.39
	K$_2$O	4.49	4.39	4.10	4.14	4.53	5.04	2.89	4.68	4.55	4.88	4.93
	P$_2$O$_5$	0.33	0.41	0.39	0.38	0.33	0.33	0.67	0.10	0.19	0.03	0.06
	LOI	0.72	0.44	0.79	0.91	0.93	1.15	0.66	0.35	0.56	0.48	0.36
	总量	99.90	100.03	99.67	99.51	99.85	99.93	99.72	99.84	99.55	99.80	99.73
相关指数	A/CNK	0.83	0.80	0.79	0.80	0.87	0.74	0.76	0.96	0.95	1.04	1.01
	Mg$^\#$	55.95	58.04	58.15	59.56	54.48	63.99	58.4	32.79	44.79	29.73	36.02
	$w(\mathrm{K_2O})/w(\mathrm{Na_2O})$	1.08	1.27	1.18	1.17	1.21	1.39	0.68	1.28	1.29	1.51	1.45
微量元素	Li	34.1	17.9	35.7	37.4	39.7	32.6	23.2	15.7	40.1	10.5	14.3
	Be	4.98	3.05	3.93	4.00	4.98	4.48	4.53	3.33	2.70	3.27	3.64
	Sc	17.7	12.3	18.5	17.1	18.9	8.96	13.8	5.01	7.11	2.64	2.69
	V	49.7	48.5	50.2	49.3	60.8	38.6	81.8	28.3	42.9	11.3	17.9
	Cr	51.0	46.8	97.0	99.1	39.7	36.7	35.7	15.4	15.5	5.19	36.5
	Co	8.19	15.9	15.5	12.8	12.8	6.18	13.6	3.97	7.57	1.60	2.89
	Ni	29.8	66.9	58.2	47.3	31.4	32.5	41.1	10.4	11.6	2.65	51.4
	Cu	8.15	10.4	10.6	13.5	16.7	4.39	20.7	3.27	4.95	1.97	2.51
	Zn	56.9	69.6	95.6	72.9	75.0	30.7	103	24.1	27.6	22.4	23.8
	Ga	20.3	17.8	19.9	19.5	20.1	17.3	19.7	15.5	15.5	14.3	14.7
	Rb	244	161	184	165	271	193	115	190	158	228	210
	Sr	1 532	1 272	1 783	1 648	1 887	842	1 080	261	462	92.4	327
	Y	25.4	23.4	23.0	21.7	25.4	31.4	26.4	24.2	36.1	24.3	17.2
	Zr	305	273	225	246	323	336	97.2	231	311	144	120
	Nb	17.2	27.3	27.8	31.4	18.1	34.6	30.3	28.3	38.0	30.6	19.0

表 5-3（续）

岩体 样品		木乃紫苏花岗岩						岩浆包体	龙亚拉花岗岩			
		M-15	M-16	M-17	M-18	M-19	M-20	M-9	LY-1	LY-6	LY-8	LY-9
微量元素	Mo	0.73	1.51	1.79	1.05	0.77	0.40	1.90	0.30	0.45	1.03	0.44
	Sn	2.37	2.95	3.31	2.68	3.85	3.36	3.90	2.94	6.12	1.49	1.35
	Cs	20.1	21.1	21.0	15.4	26.9	11.3	20.2	13.68	9.17	7.85	6.94
	Ba	1 413	1 494	1 622	1 603	1 467	1 214	696	683	875	271	607
	La	115	76.7	95.3	85.0	121	69.6	104	68.5	74.7	53.7	56.9
	Ce	223	147	188	164	248	143	214	119	150	101	80.0
	Pr	12.3	17.2	13.9	16.4	17.3	16.6	26.9	12.4	17.1	10.8	7.05
	Nd	80.6	64.8	74.9	68.6	87.6	61.3	101	41.7	60.7	35.5	20.1
	Sm	11.4	9.50	10.7	9.86	12.1	9.00	14.5	6.16	8.78	5.59	2.48
	Eu	2.74	2.55	2.88	2.70	2.96	2.11	2.86	1.05	1.75	0.53	0.64
	Gd	11.2	8.40	10.3	9.37	12.1	7.88	12.2	6.06	7.87	5.45	2.76
	Tb	1.29	1.00	1.17	1.07	1.32	0.96	1.40	0.83	1.06	0.79	0.31
	Dy	5.12	4.30	4.56	4.28	5.20	4.35	5.55	4.35	5.43	4.29	1.51
	Ho	0.89	0.77	0.79	0.74	0.91	0.78	0.95	0.86	1.06	0.86	0.31
	Er	2.93	2.40	2.60	2.41	3.01	2.42	3.03	2.69	3.32	2.77	1.05
	Tm	0.35	0.30	0.30	0.29	0.37	0.33	0.36	0.39	0.47	0.42	0.16
	Yb	2.39	2.00	2.04	1.94	2.45	2.17	2.32	2.64	3.14	2.86	1.19
	Lu	0.37	0.31	0.31	0.30	0.38	0.34	0.36	0.42	0.49	0.44	0.21
	Hf	7.65	7.11	5.70	6.26	8.14	8.97	3.04	6.91	9.01	4.71	4.41
	Ta	1.60	1.25	1.20	1.22	1.73	1.81	1.34	1.42	1.98	1.87	1.09
	W	2.05	2.92	3.30	2.27	2.97	2.18	4.45	0.87	1.13	0.65	0.22
	Pb	26.7	26.8	26.2	20.4	31.6	18.9	30.5	20.3	19.3	14.1	17.8
	Bi	0.35	0.23	0.26	0.16	0.31	0.20	0.45	0.10	1.31	0.04	0.02
	Th	39.7	19.6	28.8	24.9	44.5	28.5	21.2	36.8	52.6	51.8	34.6
	U	8.43	6.20	8.76	4.97	6.39	4.75	4.20	3.19	6.95	3.94	5.50
相关指标	$\omega(Sr)/\omega(Y)$	60.3	54.4	77.5	76.1	74.4	26.8	40.9	10.81	12.8	3.80	19.0
	$\omega(La)/\omega(Yb)$	48.0	38.4	46.7	43.7	49.2	32.1	44.8	26.0	23.8	18.8	47.7
	δEu	0.73	0.86	0.83	0.85	0.74	0.75	0.64	0.30	0.45	1.03	0.44
	$T_{Zr}/℃$	797	773	755	763	809	788	773	809	829	782	759

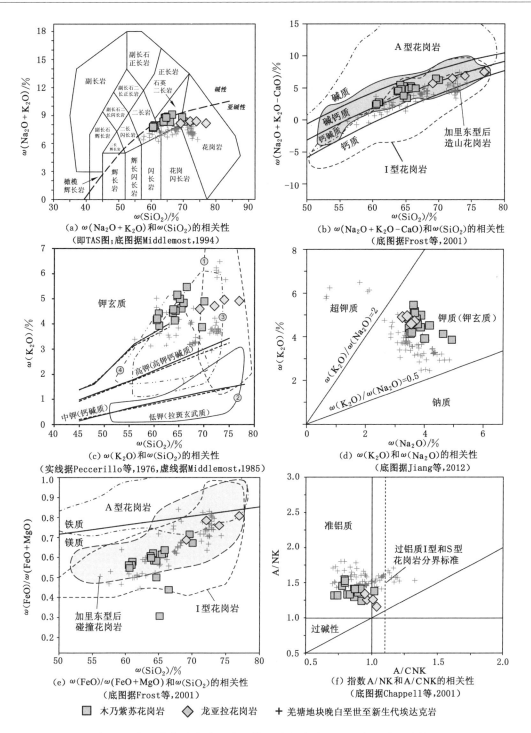

图 5-5　木乃紫苏花岗岩和龙亚拉花岗岩全岩主量元素地球化学特征

［图(c)中，①—④ 为不同成分玄武岩在不同压力条件下的部分熔融产物(据 Xiong 等，2011)：① 为中酸性岩浆岩，熔融条件为 0.3～3.2 GPa；② 为低钾拉斑玄武岩，熔融条件为 1～3.2 GPa；③ 为中钾玄武岩，熔融条件为 1～3.2 GPa；④ 为高钾玄武岩，熔融条件为 1～2.5 GPa。

图(f)中，羌塘地块晚白垩世至新生代埃达克岩数据来源于 Wang 等(2008b)、Long 等(2015)及 H. R. Zhang 等(2015)］

表 5-4 木乃紫苏花岗岩和龙亚拉花岗岩 CIPW 标准矿物计算结果

岩体	木乃紫苏花岗岩																	龙亚拉花岗岩			
样品	M-1	M-2	M-3	M-4	M-5	M-7	M-8	M-9-2	M-11	M-13	M-14	M-15	M-16	M-17	M-18	M-19	M-20	LY-1	LY-6	LY-8	LY-9
石英(Q)	11.98	13.63	11.82	16.39	16.13	25.06	17.66	15.36	20.52	8.64	13.12	12.49	9.27	8.85	8.57	13.39	12.70	27.90	23.74	37.26	31.20
钙长石(An)	10.34	11.07	9.81	11.28	12.59	9.41	12.39	10.86	8.05	13.54	12.66	10.79	14.43	15.38	15.08	12.52	10.19	7.85	10.12	3.21	7.09
钠长石(Ab)	32.86	31.03	39.30	31.62	31.73	29.31	29.47	30.74	41.83	34.09	32.88	35.40	29.47	29.88	30.34	31.98	31.17	31.07	30.13	27.53	28.92
正长石(Or)	29.55	30.54	24.49	28.55	27.34	28.96	28.67	32.32	22.88	23.25	26.31	26.79	26.16	24.60	24.90	27.11	30.19	27.87	27.21	29.04	29.33
刚玉(C)	0	0	0	0	0	0.75	0	0	0	0	0	0	0	0	0	0	0	0	0	0.52	0.27
透辉石(Di)	11.41	3.55	3.48	2.44	2.52	0	1.62	6.17	1.99	7.70	3.57	4.99	6.59	6.92	6.82	3.20	9.77	0.61	0.70	0	0
紫苏辉石(Hy)	1.17	5.73	6.06	5.44	5.50	3.76	5.82	1.68	1.78	7.12	6.56	5.00	8.42	8.68	8.73	6.87	2.19	2.07	4.26	1.13	1.61
钛铁矿(Il)	1.29	1.30	1.42	1.21	1.19	0.70	1.25	1.30	1.01	1.58	1.36	1.35	1.56	1.60	1.60	1.41	1.28	0.80	1.25	0.40	0.45
磁铁矿(Mt)	0.19	2.45	2.87	2.40	2.34	1.61	2.48	0.67	1.57	3.11	2.77	2.42	3.14	3.16	3.06	2.75	1.75	1.60	2.13	0.84	0.99
赤铁矿(Hm)	0.43	0	0	0	0	0	0	0.24	0	0	0	0	0	0	0	0	0	0	0	0	0
磷灰石(Ap)	0.80	0.69	0.74	0.68	0.65	0.45	0.65	0.65	0.35	0.98	0.77	0.78	0.96	0.92	0.89	0.77	0.76	0.23	0.45	0.07	0.14
合计	100.02	99.99	99.99	100.01	99.99	100.01	100.01	99.99	99.98	100.01	100	100.01	100	99.99	99.99	100	100	100	99.99	100	100
分异指数(DI)	74.39	75.20	75.61	76.56	75.20	83.33	75.80	78.42	85.23	65.98	72.31	74.68	64.90	63.33	63.81	72.48	74.06	86.84	81.08	93.83	89.45
A/CNK	0.72	0.87	0.87	0.90	0.90	1.02	0.92	0.82	0.92	0.78	0.87	0.84	0.80	0.79	0.80	0.87	0.74	0.97	0.95	1.04	1.01
SI	20.45	16.66	16.05	14.83	15.19	9.46	14.55	14.68	7.30	21.10	17.30	16.72	22.40	23.03	23.50	17.74	17.93	5.46	11.03	2.92	4.30
AR	2.46	2.70	2.72	2.68	2.53	2.86	2.59	2.67	3.01	2.21	2.46	2.60	2.21	2.13	2.16	2.50	2.53	3.24	2.84	4.34	3.40
R1	1 745	1 688	1 530	1 821	1 844	2 222	1 909	1 807	1 905	1 573	1 703	1 631	1 642	1 655	1 636	1 717	1 723	2 326	2 167	2 785	2 512
R2	1 022	809	784	760	795	584	758	847	592	1 043	859	848	1 044	1 079	1 072	848	959	506	620	330	455
A/MF	1.90	1.39	1.29	1.51	1.54	2.48	1.50	2.39	2.86	1.02	1.27	1.40	0.97	0.95	0.96	1.25	1.55	2.92	1.82	5.12	4.46
C/MF	1.22	0.57	0.49	0.58	0.63	0.64	0.57	1.14	0.79	0.61	0.57	0.63	0.57	0.58	0.58	0.54	0.92	0.71	0.56	0.52	0.88

注:CIPW 标准矿物由 Kurt Hollocher 设计的 Excel 表格计算,计算过程用 le Maitre(1976)的方法按侵入岩调整氧化铁。分异指数 $DI=\omega(Qz+Or+Ab+Ne+Lc+Kp)$;固结指数
$SI=\omega(MgO)\times100/\omega(MgO+FeO+Fe_2O_3+Na_2O+K_2O)$;碱度率 $AR=\omega[Al_2O_3+CaO+(Na_2O+K_2O)]/\omega[Al_2O_3+CaO-(Na_2O+K_2O)]$[当 $\omega(SiO_2)>50\%$ 并且 $2.5>$
$\omega(K_2O)/\omega(Na_2O)>1$ 时,$\omega(Na_2O+K_2O)=2\times\omega(Na_2O)$];$R1=4\times m(Si)-11\times m(Na+K)-2\times m(Fe+Ti)$;$R2=6\times m(Ca)+2\times m(Mg)+m(Al)$;$A/MF=m(Al_2O_3)/m(FeO+MgO)$;
$C/MF=m(CaO)/m(FeO+MgO)$。

木乃紫苏花岗岩样品具有相对均一的微量元素组成,具有相似的球粒陨石标准化稀土元素配分模式和原始地幔标准化微量元素配分模式(图 5-6)。总稀土含量为 $2.41 \times 10^{-4} \sim 5.14 \times 10^{-4}$。相对重稀土元素(HREEs),轻稀土元素(LREEs)强烈富集,$[\omega(La)/\omega(Yb)]_N = 19.84 \sim 36.81$,平均值为 16.91。反映在球粒陨石标准化稀土元素配分模式图上[图 5-6(a)],木乃紫苏花岗岩样品整体表现为向右倾斜的配分模型,具有轻微至中等的 Eu 负异常,$Eu/Eu^* = 0.68 \sim 0.86$,平均值为 0.77。在原始地幔标准化微量元素配分模式图中[图 5-6(b)],大离子亲石元素(LILEs)相对高场强元素(HFSEs)富集,整体表现为向右倾斜的配分模型,并且具有明显的 Nb、Ta、P 和 Ti 元素的负异常以及 Rb、Th、U 和 Pb 元素的正异常。

木乃紫苏花岗岩样品中元素 Sr 和 Ba 的含量较高,分别为 $7.7 \times 10^{-4} \sim 1.887 \times 10^{-3}$(均值为 1.274×10^{-3})和 $8.02 \times 10^{-4} \sim 1.622 \times 10^{-3}$(均值为 1.306×10^{-3}),并且具有较高的 $\omega(Sr)/\omega(Y)$($23.40 \sim 77.48$,多数大于 40,均值为 54.02)和 $\omega(La)/\omega(Yb)$($27.67 \sim$

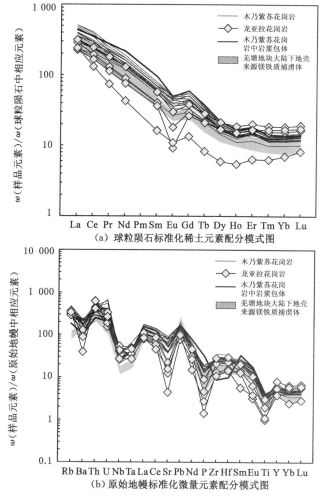

图 5-6　木乃紫苏花岗岩和龙亚拉花岗岩微量元素配分模式图

[稀土元素和微量元素标准化数据来源于 Sun 等(1989);
羌塘地块大陆下地壳镁铁质捕房体数据来源于 Lai 等(2011)]

51.31,多数大于 30,均值为 41.20),类似于埃达克岩的地球化学属性(Defant et al.,1990;Drummond et al.,1990)。然而,相比典型的埃达克岩,木乃紫苏花岗岩样品具有较高含量的 Y 和 Yb,含量分布范围分别为 $1.808 \times 10^{-5} \sim 3.409 \times 10^{-5}$ 和 $1.69 \times 10^{-6} \sim 2.45 \times 10^{-6}$。

表现在哈克图解中(图 5-7),木乃紫苏花岗岩样品中主量元素氧化物 CaO、Fe_2O_3、MgO、P_2O_5、TiO_2 含量与 SiO_2 含量之间呈现明显的负相关关系,而 Al_2O_3、Na_2O、K_2O 含量则保持稳定。对于微量元素而言,随着 SiO_2 含量的增加,Th、U 的含量逐渐升高,而 Sr、Ba、Eu 的含量则逐渐降低。

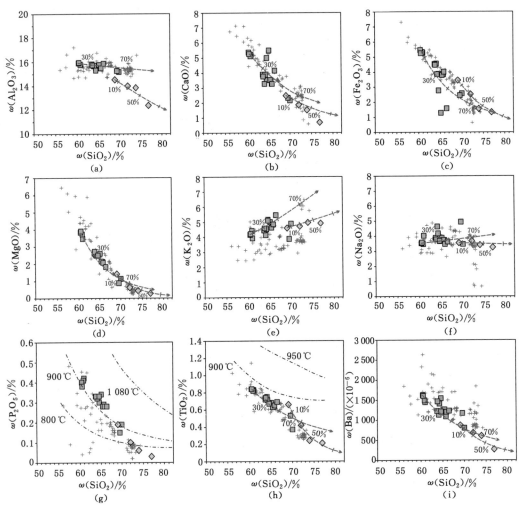

图 5-7　木乃紫苏花岗岩和龙亚拉花岗岩主量元素和微量元素哈克图解

[羌塘地块晚白垩世至新生代埃达克岩的数据来源于 Wang 等(2008b)、Long 等(2015)及 H. R. Zhang 等(2015)。
图 5-7(g)中磷灰石饱和地质温度等值线据 Harrison 等(1984)。图 5-7(h)中 Fe-Ti 氧化物饱和
地质温度等值线据 Green 等(1986)。图中带有箭头和标尺的虚线为结晶分异模拟曲线。从模拟结果来看,
木乃紫苏花岗岩结晶分异矿物组分:10%斜方辉石+15%单斜辉石+2.5%角闪石+10%黑云母+45%斜长石+
15%碱性长石+1.5%磁铁矿+1%钛铁矿;龙亚拉花岗岩结晶分异矿物组分:15%角闪石+15%黑云母+50%
斜长石+15%碱性长石+3%磁铁矿+2%钛铁矿。模拟中,微量元素在矿物和熔体之间的分配系数据
Rollison(1993),而主量元素在矿物和熔体之间的分配系数根据本书所获取的矿物和对应的全岩成分进行计算]

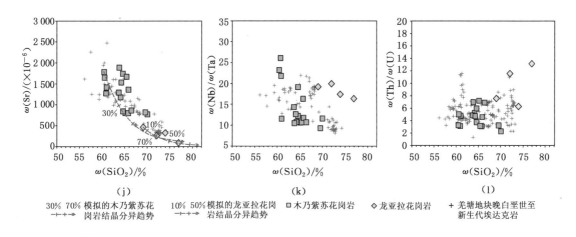

图 5-7（续）

相对木乃紫苏花岗岩，同生岩浆包体（M-9）具有较低含量的 SiO_2（57.87%）、K_2O（2.91%）和较高含量的 TiO_2（0.87%）、Al_2O_3（17.02%）、Fe_2O_3（5.58%）、MgO（3.96%）、CaO（6.73%）及 P_2O_5（0.68%）。不同于寄主木乃紫苏花岗岩的富钾特征，包体样品呈现富钠特征［$\omega(Na_2O)/\omega(K_2O)=1.47$］。另外，同生岩浆包体的稀土元素和微量元素配分模式与木乃紫苏花岗岩样品的非常相似，但稀土元素含量较高，并且具有明显的 Zr 和 Hf 负异常特征（图 5-6）。

5.3　龙亚拉花岗岩全岩地球化学特征

从野外采集的岩石样品中选择 4 件龙亚拉花岗岩样品进行全岩主量和微量元素地球化学成分分析。所有分析数据列于表 5-3，详细分析阐述如下。

龙亚拉花岗岩样品中 SiO_2 含量为 68.40%～76.41%（均值为 72.50%），属于典型的酸性岩浆岩系列。K_2O、Na_2O、CaO、Al_2O_3、Fe_2O_3 及 TiO_2 的含量分别为 4.55%～4.93%、3.23%～3.65%、0.68%～2.44%、12.27%～14.38%、1.32%～3.42% 及 0.21%～0.65%（表 5-3）。样品中 MgO 含量均较低，为 0.28%～1.40%，$Mg^{\#}$ 为 29.73～44.79。$\omega(FeO)/\omega(FeO+MgO)$ 为 0.76～0.81，指示龙亚拉花岗岩属于镁质系列岩石［图 5-5（e）］。在 TAS 图中［图 5-5（a）］，所有样品投点于狭义花岗岩区域，并且属于亚碱性系列岩石。A/CNK 为 0.95～1.04，对应准铝质至弱过铝质范畴［图 5-5（f）］。另外，样品具有高钾钙碱质地球化学特征［图 5-5（c）］，K_2O 含量高于 Na_2O，$\omega(K_2O)/\omega(Na_2O)$ 为 1.28～1.51 ［图 5-5（d）］。在 $\omega(Na_2O+K_2O-CaO)$ 和 $\omega(SiO_2)$ 的相关性图中［图 5-5（b）］，样品对应钙质到钙碱质范围。

样品标准矿物计算结果表明（表 5-4），龙亚拉花岗岩样品中标准矿物分子石英的含量为 23.74%～37.26%，正长石的含量为 27.21%～29.33%，钠长石的含量为 27.53%～31.07%，钙长石的含量为 3.21%～10.12%，紫苏辉石的含量为 1.13%～4.26%，透辉石的含量为 0～0.70%，磷灰石的含量为 0.07%～0.45%。所有样品中磁铁矿标准矿物分子的含量高于钛铁矿，其含量分别为 0.84%～2.13% 和 0.40%～1.25%。刚玉标准矿物分子的含量很低，为 0～0.52%。另外，所有样品中不含赤铁矿标准矿物分子。

　　龙亚拉花岗岩样品中稀土总量变化较大,为 $1.75 \times 10^{-4} \sim 3.36 \times 10^{-4}$。球粒陨石标准化稀土元素配分整体表现为相似的右倾模式[图 5-6(a)],具有明显的轻稀土元素富集和 Eu 元素负异常特征,相关指数$[\omega(\mathrm{La})/\omega(\mathrm{Yb})]_N = 13.45 \sim 34.23$,$\mathrm{Eu}/\mathrm{Eu}^* = 0.29 \sim 0.74$。原始地幔标准化微量元素配分表现为整体一致的右倾模式[图 5-6(b)],具有明显的大离子亲石元素富集和高场强元素亏损特征。另外,元素 Sr、Ba、P 及高场强元素(如 Nb、Ta、Ti)负异常特征明显,元素 Rb、Th、U、La、Ce 及 Pb 明显具正异常特征。与木乃紫苏花岗岩相比,龙亚拉花岗岩具有与之相似的球粒陨石标准化稀土元素配分模式和微量元素原始地幔标准化配分模式,但表现出明显的 Sr、Ba、P、Ti 元素亏损特征(图 5-6)。

　　在哈克图解中,龙亚拉花岗岩和木乃紫苏花岗岩的主量元素和微量元素的含量与 SiO_2 含量之间的协变关系呈现出线性连续演化的特征(图 5-7)。龙亚拉花岗岩中 CaO、$\mathrm{Al}_2\mathrm{O}_3$、$\mathrm{Fe}_2\mathrm{O}_3$、MgO、$\mathrm{P}_2\mathrm{O}_5$、$\mathrm{TiO}_2$、Sr、Ba、Eu、V、Cr、Ni 的含量明显低于木乃紫苏花岗岩的,而 $\mathrm{K}_2\mathrm{O}$、$\mathrm{Na}_2\mathrm{O}$、Rb、Th、U 的含量则与之相当。另外,龙亚拉花岗岩的 $\omega(\mathrm{Sr})/\omega(\mathrm{Y})$ 明显低于木乃紫苏花岗岩的,而其 $\omega(\mathrm{La})/\omega(\mathrm{Yb})$、$\omega(\mathrm{Y})$、$\omega(\mathrm{Yb})$ 整体与木乃紫苏花岗岩的相当,且数值变化不大。

第 6 章 锆石 U-Pb 年代学和稀土元素特征

6.1 唐古拉花岗岩锆石 U-Pb 年代学和稀土元素特征

本章选择 4 件样品进行锆石 U-Pb 定年和稀土元素分析,其中包括 3 件花岗岩样品(样品编号分别为 GR-6、DM-10、GR-17)和 1 件变质沉积岩捕虏体样品(GR-B)。分析结果列于表 6-1 和表 6-2。

6.1.1 花岗岩中锆石特征

花岗岩样品中的锆石矿物整体呈自形至半自形棱柱状,其晶体长度为 60~300 μm,长宽比为 2:1~3:1。锆石长宽比整体相对较小,说明大多数锆石在形成过程中具有缓慢的结晶速度(Hoskin et al.,2003;Corfu et al.,2003)。根据内部结构特征,来自花岗岩样品中的锆石可划分为两组:一组为同生岩浆锆石,伴随着花岗岩浆的结晶从熔体中析出;另一组为年龄相对较老的完整继承锆石晶体或含有继承锆石核的锆石矿物(图 6-1)。前一组锆石在透射光下多呈无色透明或略带粉红色,在阴极发光下显示典型震荡环带,具有典型岩浆成因的基本特征。个别锆石在阴极发光下显示弱发光性,不具内部环带,这可能是由于其中 U 和 Th 含量较高(Corfu et al.,2003)。后一组锆石具有明显的核-幔结构,核部形态不规则,在透射光下多呈浅褐色或浅棕色,而在阴极发光下显示其发光性且内部环带具多样性;幔部具有岩浆锆石的基本特征。岩浆岩结晶年龄的计算采用前一组锆石和后一组锆石幔部的同位素测试数据。由于它们均为岩浆成因,此处将这两部分统一称为"同生岩浆锆石"。

考虑花岗岩中普遍存在老的继承锆石核,在测试点选择的过程中,应特别注意将锆石核与周围岩浆增生的幔部进行区别,避免在选点时跨越两者的边界,造成无效混合年龄的出现。继承锆石核的识别主要依据两个方面的证据(Corfu et al.,2003):① 锆石核的内部环带与外部岩浆增生锆极不协调。② 由于沉积物搬运过程中的侵蚀作用以及岩浆熔体形成过程中的熔蚀作用,老的继承锆石核一般具不规则边部特征,即不规则边截切锆石核的内部环带,并将其与外部岩浆增生锆截然分开。基于这两个鉴别标准,在花岗岩锆石中共识别出 10 个老的继承锆石核(样品编号分别为 GR-6-7、GR-6-9、GR-6-24、GR-17-1、GR-17-2、GR-17-3、GR-17-21、DM-10-6、DM-10-10 及 DM-10-11)和 8 个完整的继承锆石矿物(样品编号分别为 GR-6-2、GR-6-12、GR-6-19、GR-6-22、GR-17-14、GR-17-16、GR-17-17 及 GR-17-24)(图 6-1)。

继承锆石的 Th 含量为 $3.44 \times 10^{-5} \sim 1.004 \times 10^{-3}$,U 含量为 $1.34 \times 10^{-4} \sim 1.37 \times 10^{-3}$,对应的 $\omega(\mathrm{Th})/\omega(\mathrm{U})$ 为 0.12~1.53(表 6-2)。球粒陨石标准化稀土元素配分模式多数具典型岩浆锆石的基本特征,少量样品表现出异常模式特征(图 6-2)(Hoskin et al.,2003)。

表 6-1　唐古拉山中生代花岗岩锆石 U-Pb 定年结果

样品	ω(Th) /(×10⁻⁶)	ω(U) /(×10⁻⁶)	ω(Pb*) /(×10⁻⁶)	ω(Th)/ω(U)	同位素比值(±1σ)						同位素年龄(±1σ)/Ma					
					$\omega(^{207}Pb)/\omega(^{206}Pb)$	1σ	$\omega(^{207}Pb)/\omega(^{235}U)$	1σ	$\omega(^{206}Pb)/\omega(^{238}U)$	1σ	$^{207}Pb-^{206}Pb$	1σ	$^{207}Pb-^{235}U$	1σ	$^{206}Pb-^{238}U$	1σ
GR-6-1	209	417	18.7	0.50	0.050 78	0.001 39	0.253 56	0.005 40	0.036 22	0.000 46	231	27	229	4	229	3
GR-6-3	301	767	32.2	0.39	0.052 13	0.001 26	0.261 24	0.004 47	0.036 35	0.000 44	291	19	236	4	230	3
GR-6-4	185	862	34.9	0.21	0.050 54	0.001 19	0.247 39	0.004 05	0.035 50	0.000 42	220	18	224	3	225	3
GR-6-5	**16**	**355**	**15.3**	**0.04**	**0.048 35**	**0.001 44**	**0.263 08**	**0.006 35**	**0.039 46**	**0.000 52**	**116**	**33**	**237**	**5**	**249**	**3**
GR-6-6	189	708	31.4	0.27	0.050 28	0.001 24	0.263 35	0.004 70	0.037 99	0.000 46	208	21	237	4	240	3
GR-6-8	**218**	**841**	**34.5**	**0.26**	**0.053 54**	**0.001 38**	**0.259 87**	**0.004 99**	**0.035 20**	**0.000 43**	**352**	**23**	**235**	**4**	**223**	**3**
GR-6-10	1 500	1 099	57.1	1.37	0.051 99	0.001 22	0.247 91	0.004 02	0.034 58	0.000 41	285	18	225	3	219	3
GR-6-11	135	743	28.9	0.18	0.050 39	0.001 21	0.237 45	0.004 00	0.034 18	0.000 41	213	19	216	3	217	3
GR-6-13	175	708	32.8	0.25	0.051 16	0.001 35	0.277 81	0.006 53	0.039 38	0.000 47	248	62	249	5	249	3
GR-6-14	145	430	18.6	0.34	0.050 34	0.001 38	0.251 92	0.005 33	0.036 29	0.000 45	211	27	228	4	230	3
GR-6-15	312	1 009	42.7	0.31	0.050 54	0.001 19	0.250 19	0.004 03	0.035 90	0.000 42	220	18	227	3	227	3
GR-6-16	**145**	**216**	**10.0**	**0.67**	**0.055 29**	**0.001 76**	**0.267 87**	**0.007 00**	**0.035 13**	**0.000 48**	**424**	**34**	**241**	**6**	**223**	**3**
GR-6-17	416	1 287	52.4	0.32	0.050 30	0.001 16	0.238 60	0.003 74	0.034 40	0.000 40	209	17	217	3	218	2
GR-6-18	61	497	19.3	0.12	0.050 47	0.001 45	0.239 99	0.005 45	0.034 48	0.000 44	217	30	218	4	219	3
GR-6-20	179	836	32.9	0.21	0.050 36	0.001 19	0.237 06	0.003 83	0.034 14	0.000 40	212	18	216	3	216	2
GR-6-21	68	523	20.6	0.13	0.050 43	0.001 31	0.243 31	0.004 67	0.034 99	0.000 43	215	23	221	4	222	3
GR-6-23	280	800	32.3	0.35	0.051 79	0.001 38	0.242 42	0.004 88	0.033 94	0.000 42	276	25	220	4	215	3
GR-17-4	117	420	17.1	0.28	0.051 05	0.001 45	0.245 67	0.005 48	0.034 90	0.000 45	243	28	223	4	221	3
GR-17-5	132	368	15.5	0.36	0.051 16	0.001 79	0.247 70	0.008 07	0.035 11	0.000 45	248	82	225	7	222	3
GR-17-6	**153**	**301**	**13.9**	**0.51**	**0.054 83**	**0.001 58**	**0.278 80**	**0.006 35**	**0.036 88**	**0.000 48**	**405**	**28**	**250**	**5**	**233**	**3**
GR-17-7	175	457	19.6	0.38	0.050 51	0.001 37	0.249 43	0.005 20	0.035 82	0.000 45	219	26	226	4	227	3

唐古拉花岗岩中样品同生岩浆锆石

表 6-1（续）

样品	$\omega(\mathrm{Th})$	$\omega(\mathrm{U})$ /(×10⁻⁶)	$\omega(\mathrm{Pb}^*)$	$\omega(\mathrm{Th})/\omega(\mathrm{U})$	同位素比值（±1σ） $\omega(^{207}\mathrm{Pb})/\omega(^{206}\mathrm{Pb})$	1σ	$\omega(^{207}\mathrm{Pb})/\omega(^{235}\mathrm{U})$	1σ	$\omega(^{206}\mathrm{Pb})/\omega(^{238}\mathrm{U})$	1σ	同位素年龄（±1σ）/Ma $^{207}\mathrm{Pb}\text{-}^{206}\mathrm{Pb}$	1σ	$^{207}\mathrm{Pb}\text{-}^{235}\mathrm{U}$	1σ	$^{206}\mathrm{Pb}\text{-}^{238}\mathrm{U}$	1σ
GR-17-8	106	529	23.0	0.20	0.051 42	0.001 30	0.266 46	0.004 95	0.037 58	0.000 46	260	22	240	4	238	3
GR-17-9	74	273	12.0	0.27	0.051 19	0.001 57	0.266 43	0.006 67	0.037 75	0.000 50	249	34	240	5	239	3
GR-17-10	146	418	17.1	0.35	0.051 19	0.001 38	0.241 72	0.004 99	0.034 25	0.000 43	249	26	220	4	217	3
GR-17-11	207	374	16.5	0.55	0.052 12	0.001 44	0.251 84	0.005 37	0.035 04	0.000 44	291	27	228	4	222	3
GR-17-12	140	253	11.4	0.55	0.051 14	0.001 58	0.252 88	0.006 37	0.035 86	0.000 48	247	34	229	5	227	3
GR-17-13	215	470	19.6	0.46	0.050 46	0.001 38	0.237 56	0.005 00	0.034 14	0.000 43	216	26	216	4	216	3
GR-17-15	68	658	25.5	0.10	0.051 94	0.001 28	0.251 75	0.004 47	0.035 15	0.000 42	283	20	228	4	223	3
GR-17-18	105	392	14.6	0.27	0.050 75	0.001 94	0.225 65	0.007 46	0.032 25	0.000 49	229	48	207	6	205	3
GR-17-19	102	461	18.0	0.22	0.055 82	0.001 53	0.259 11	0.005 50	0.033 67	0.000 43	445	26	234	4	213	3
GR-17-20	143	287	12.1	0.50	0.048 32	0.001 68	0.230 73	0.006 82	0.034 63	0.000 49	115	43	211	6	219	3
GR-17-22	115	293	12.5	0.39	0.050 69	0.001 56	0.249 05	0.006 24	0.035 63	0.000 47	227	34	226	5	226	3
GR-17-23	199	377	16.6	0.53	0.050 96	0.001 09	0.249 13	0.005 33	0.035 46	0.000 45	239	27	226	4	225	3
DM-10-1	145	353	15.9	0.41	0.048 23	0.001 41	0.243 42	0.005 65	0.036 61	0.000 46	111	32	221	5	232	3
DM-10-2	**142**	**231**	**11.8**	**0.61**	**0.053 49**	**0.001 57**	**0.288 63**	**0.006 73**	**0.039 13**	**0.000 51**	**350**	**30**	**257**	**5**	**247**	**3**
DM-10-3	**406**	**877**	**42.3**	**0.46**	**0.058 40**	**0.001 38**	**0.299 60**	**0.004 85**	**0.037 21**	**0.000 44**	**545**	**17**	**266**	**4**	**236**	**3**
DM-10-4	99	228	10.5	0.44	0.050 29	0.001 71	0.256 94	0.007 33	0.037 05	0.000 51	208	41	232	6	235	3
DM-10-5	277	696	30.8	0.40	0.050 41	0.001 28	0.248 31	0.004 62	0.035 72	0.000 43	214	22	225	4	226	3
DM-10-7	947	3 004	131.0	0.32	0.052 14	0.001 09	0.258 99	0.003 21	0.036 03	0.000 40	292	13	234	3	228	2
DM-10-8	**258**	**508**	**23.3**	**0.51**	**0.050 77**	**0.001 28**	**0.250 12**	**0.004 56**	**0.035 73**	**0.000 43**	**230**	**21**	**227**	**4**	**226**	**3**
DM-10-9	269	723	31.8	0.37	0.052 46	0.001 27	0.258 36	0.004 38	0.035 72	0.000 42	306	19	233	4	226	3
DM-10-12	110	260	11.5	0.42	0.051 34	0.002 16	0.250 97	0.009 99	0.035 46	0.000 48	256	99	227	8	225	3

注：唐古拉花岗岩中样品中同生岩浆锆石

表 6-1（续）

| 样品 | ω(Th) | ω(U) | ω(Pb*) | ω(Th)/ω(U) | 同位素比值（±1σ） | | | | | | 同位素年龄（±1σ）/Ma | | | | | |
		/(×10⁻⁶)			ω(²⁰⁷Pb)/ω(²⁰⁶Pb)	1σ	ω(²⁰⁷Pb)/ω(²³⁵U)	1σ	ω(²⁰⁶Pb)/ω(²³⁸U)	1σ	²⁰⁷Pb-²⁰⁶Pb	1σ	²⁰⁷Pb-²³⁵U	1σ	²⁰⁶Pb-²³⁸U	1σ
DM-10-13	143	327	14.9	0.44	0.050 49	0.001 46	0.253 28	0.005 78	0.036 38	0.000 46	218	30	229	5	230	3
DM-10-14	116	189	8.9	0.61	0.051 12	0.001 74	0.257 15	0.007 36	0.036 48	0.000 50	246	41	232	6	231	3
DM-10-15	125	292	12.3	0.43	0.050 19	0.001 52	0.240 79	0.005 89	0.034 79	0.000 45	204	33	219	5	220	3
DM-10-16	97	264	11.5	0.37	0.050 74	0.001 56	0.249 64	0.006 26	0.035 68	0.000 47	229	34	226	5	226	3
DM-10-17	117	257	11.4	0.46	0.051 57	0.001 68	0.251 57	0.006 82	0.035 38	0.000 48	266	38	228	6	224	3
DM-10-18	116	314	14.1	0.37	0.050 67	0.001 49	0.256 78	0.006 02	0.036 75	0.000 47	226	31	232	5	233	3
DM-10-19	141	431	18.6	0.33	0.053 01	0.001 38	0.257 65	0.005 02	0.035 25	0.000 43	329	23	233	4	223	3
DM-10-20	214	683	28.6	0.31	0.051 50	0.001 25	0.251 63	0.004 29	0.035 43	0.000 42	263	19	228	3	224	3
DM-10-21	184	297	13.8	0.62	0.051 86	0.001 55	0.252 89	0.006 06	0.035 36	0.000 46	279	32	229	5	224	3
DM-10-22	**88**	**200**	**9.0**	**0.44**	**0.052 62**	**0.002 71**	**0.246 23**	**0.012 19**	**0.033 94**	**0.000 49**	**312**	**120**	**224**	**10**	**215**	**3**
DM-10-23	105	300	13.4	0.35	0.050 83	0.001 47	0.259 45	0.005 95	0.037 02	0.000 47	233	30	234	5	234	3
DM-10-24	121	351	15.5	0.35	0.049 20	0.001 50	0.249 48	0.006 13	0.036 77	0.000 48	157	34	226	5	233	3
GR-6-2	79	287	42.5	0.28	0.065 42	0.001 71	1.131 77	0.022 38	0.125 47	0.001 63	788	21	769	11	762	9
GR-6-7	106	239	44.0	0.44	0.069 31	0.001 58	1.432 23	0.022 09	0.149 86	0.001 80	908	15	902	9	900	10
GR-6-9	346	549	52.2	0.63	0.056 31	0.001 28	0.574 39	0.008 69	0.073 98	0.000 87	465	16	461	6	460	5
GR-6-12	218	638	117.0	0.34	0.075 24	0.001 64	1.566 76	0.021 62	0.151 02	0.001 77	1 075	12	957	9	907	10
GR-6-19	186	781	58.3	0.24	0.058 06	0.001 33	0.507 46	0.007 73	0.063 39	0.000 74	532	16	417	5	396	4
GR-6-22	113	772	43.3	0.15	0.051 70	0.001 36	0.330 99	0.007 79	0.046 43	0.000 54	272	62	290	6	293	3
GR-6-24	34	293	44.0	0.12	0.069 95	0.001 70	1.275 05	0.021 87	0.132 18	0.001 63	927	17	835	10	800	9
GR-17-1	92	252	35.7	0.37	0.063 28	0.001 46	1.025 95	0.016 01	0.117 59	0.001 40	718	15	717	8	717	8
GR-17-2	54	156	27.1	0.35	0.070 52	0.001 68	1.384 05	0.022 98	0.142 34	0.001 75	944	16	882	10	858	10

行分组标注：DM-10-13～DM-10-24 为"唐古拉花岗岩中样品同生岩浆锆石"；GR-6-2～GR-17-2 为"唐古拉花岗岩中样品继承锆石"。

表 6-1（续）

样品		ω(Th)	ω(U)	ω(Pb*)	ω(Th)/ω(U)	同位素比值（±1σ）						同位素年龄（±1σ）/Ma					
			/(×10⁻⁶)			$\omega(^{207}Pb)/\omega(^{206}Pb)$	1σ	$\omega(^{207}Pb)/\omega(^{235}U)$	1σ	$\omega(^{206}Pb)/\omega(^{238}U)$	1σ	$^{207}Pb-^{206}Pb$	1σ	$^{207}Pb-^{235}U$	1σ	$^{206}Pb-^{238}U$	1σ
唐古拉花岗岩中样品中继承锆石	GR-17-3	112	324	128.0	0.35	0.110 68	0.002 30	4.884 98	0.060 51	0.320 09	0.003 71	1 811	10	1 800	10	1 790	18
	GR-17-14	454	537	51.7	0.85	0.059 52	0.001 40	0.535 22	0.008 68	0.065 22	0.000 78	586	17	435	6	407	5
	GR-17-16	192	410	41.3	0.47	0.062 15	0.001 48	0.678 58	0.011 26	0.079 19	0.000 96	679	17	526	7	491	6
	GR-17-17	411	566	300.0	0.73	0.142 20	0.003 31	7.129 58	0.140 21	0.363 62	0.004 51	2 254	41	2 128	18	1 999	21
	GR-17-21	87	417	72.6	0.21	0.071 05	0.001 53	1.480 25	0.020 28	0.151 09	0.001 76	959	13	922	8	907	10
	GR-17-24	70	134	18.9	0.52	0.067 37	0.001 99	1.043 98	0.024 77	0.112 39	0.001 57	849	27	726	12	687	9
	DM-10-6	**81**	**486**	**31.1**	**0.17**	**0.099 42**	**0.001 95**	**0.717 42**	**0.011 37**	**0.052 33**	**0.000 60**	**1 613**	**37**	**549**	**7**	**329**	**4**
	DM-10-10	598	389	92.4	1.53	0.071 68	0.001 55	1.495 40	0.020 19	0.151 30	0.001 74	977	12	929	8	908	10
	DM-10-11	1 001	1 370	412.0	0.73	0.083 81	0.001 70	2.559 65	0.029 24	0.221 51	0.002 45	1 288	10	1 289	8	1 290	13
唐古拉花岗岩中变质沉积岩捕虏体内的碎屑锆石	GR-B-1	3	161	6.20	0.02	0.049 11	0.001 73	0.244 75	0.007 34	0.036 14	0.000 51	153	44	222	6	229	3
	GR-B-2	202	1 047	105.0	0.19	0.058 52	0.001 19	0.703 72	0.011 83	0.087 22	0.000 99	549	45	541	7	539	6
	GR-B-3	231	2 127	121.0	0.11	0.062 65	0.001 26	0.421 44	0.006 99	0.048 79	0.000 55	696	44	357	5	307	3
	GR-B-4	239	371	63.2	0.64	0.066 68	0.001 47	1.248 94	0.017 95	0.135 85	0.001 60	828	14	823	8	821	9
	GR-B-5	62	701	71.6	0.09	0.068 50	0.001 25	0.996 07	0.014 26	0.105 46	0.001 20	884	39	702	7	646	7
	GR-B-6	104	255	30.5	0.41	0.061 63	0.001 58	0.860 54	0.016 27	0.101 27	0.001 28	661	20	630	9	622	7
	GR-B-7	52	144	108.0	0.36	0.106 03	0.002 84	3.635 12	0.084 15	0.248 66	0.003 36	1 732	50	1 557	18	1 432	17
	GR-B-8	72	641	73.8	0.11	0.068 20	0.001 26	0.959 12	0.013 96	0.102 00	0.001 15	875	39	683	7	626	7
	GR-B-9	41	476	85.8	0.09	0.082 73	0.001 53	1.706 10	0.024 87	0.149 57	0.001 69	1 263	37	1 011	9	899	9
	GR-B-10	133	477	95.3	0.28	0.073 01	0.001 53	1.662 28	0.021 11	0.165 13	0.001 89	1 014	11	994	8	985	10
	GR-B-11	64	74	13.9	0.88	0.069 86	0.001 98	1.366 32	0.030 39	0.141 85	0.001 95	924	24	875	13	855	11
	GR-B-12	142	195	218.0	0.73	0.304 25	0.005 75	27.671 94	0.394 43	0.659 64	0.008 18	3 492	30	3 408	14	3 266	32

表 6-1(续)

	样品	ω(Th)	ω(U) /(×10⁻⁶)	ω(Pb*)	ω(Th)/ω(U)	同位素比值（±1σ）						同位素年龄（±1σ）/Ma					
						$\omega(^{207}Pb)/\omega(^{206}Pb)$	1σ	$\omega(^{207}Pb)/\omega(^{235}U)$	1σ	$\omega(^{206}Pb)/\omega(^{238}U)$	1σ	$^{207}Pb-^{206}Pb$	1σ	$^{207}Pb-^{235}U$	1σ	$^{206}Pb-^{238}U$	1σ
唐古拉花岗岩体中变质沉积岩捕虏体内的碎屑锆石	GR-B-13	79	394	78.8	0.20	0.074 57	0.001 60	1.813 51	0.024 25	0.176 38	0.002 05	1 057	12	1 050	9	1 047	11
	GR-B-14	383	980	434.0	0.39	0.127 93	0.002 58	6.202 95	0.070 92	0.351 66	0.003 96	2 070	9	2 005	10	1 943	19
	GR-B-15	191	419	153.0	0.46	0.149 70	0.002 93	5.717 52	0.088 93	0.277 00	0.003 29	2 343	34	1 934	13	1 576	17
	GR-B-16	166	380	116.0	0.44	0.089 86	0.001 87	3.070 36	0.038 24	0.247 79	0.002 85	1 423	11	1 425	10	1 427	15
	GR-B-17	467	938	97.1	0.50	0.077 03	0.001 64	0.850 38	0.011 10	0.080 06	0.000 92	1 122	12	625	6	496	5
	GR-B-18	113	113	25.4	1.00	0.070 71	0.001 74	1.548 28	0.027 61	0.158 80	0.002 01	949	18	950	11	950	11
	GR-B-19	59	1 125	221.0	0.05	0.151 19	0.003 06	3.449 16	0.039 76	0.165 46	0.001 87	2 359	9	1 516	9	987	10
	GR-B-20	943	1 048	240.0	0.90	0.074 73	0.001 54	1.682 46	0.020 35	0.163 28	0.001 85	1 061	11	1 002	8	975	10
	GR-B-21	497	711	98.1	0.70	0.062 56	0.001 33	0.906 70	0.011 98	0.105 12	0.001 21	693	13	655	6	644	7
	GR-B-22	48	437	34.8	0.11	0.058 64	0.001 32	0.545 15	0.010 51	0.067 43	0.000 80	554	50	442	7	421	5
	GR-B-23	58	585	73.3	0.10	0.065 98	0.001 20	1.003 80	0.014 33	0.110 33	0.001 24	806	39	706	7	675	7
	GR-B-24	68	786	101.0	0.09	0.068 13	0.001 19	1.063 26	0.014 29	0.113 18	0.001 26	873	37	735	7	691	7
木乃紫苏花岗岩中同生岩浆锆石	M-13-1	292	1 402	16.9	0.21	0.047 45	0.001 03	0.069 06	0.001 34	0.010 56	0.000 08	72	32	68	1	67.7	0.5
	M-13-2	529	799	13.1	0.66	0.100 76	0.001 97	0.154 85	0.002 54	0.011 15	0.000 10	72	32	68	1	67.7	0.5
	M-13-3	1 921	2 096	31.1	0.92	0.048 47	0.000 89	0.072 37	0.001 14	0.010 83	0.000 08	122	23	71	1	69.4	0.5
	M-13-4	890	1 417	19.9	0.63	0.060 67	0.001 44	0.087 62	0.001 86	0.010 48	0.000 09	628	31	85	2	67.2	0.6
	M-13-5	946	1 347	18.8	0.70	0.058 67	0.001 13	0.084 02	0.001 39	0.010 39	0.000 08	555	23	82	1	66.6	0.5
	M-13-6	241	822	9.9	0.29	0.047 43	0.001 4	0.066 89	0.001 82	0.010 23	0.000 10	71	45	66	2	65.6	0.6
	M-13-7	433	1 355	17.8	0.32	0.047 54	0.001 25	0.071 61	0.001 72	0.010 93	0.000 93	76	40	70	2	70.1	0.6
	M-13-8	1 232	1 769	26.4	0.70	0.056 49	0.001 15	0.086 76	0.001 53	0.011 14	0.000 09	472	25	84	1	71.4	0.6
	M-13-9	860	770	12.6	1.12	0.048 72	0.002 11	0.076 14	0.003 10	0.011 33	0.000 15	134	70	75	3	72.6	1.0
	M-13-10	261	625	9.0	0.42	0.048 14	0.001 74	0.078 44	0.002 74	0.011 82	0.000 11	106	83	77	3	75.7	0.7
	M-13-11	477	1 281	16.6	0.37	0.048 03	0.001 33	0.071 54	0.001 82	0.010 80	0.000 10	101	43	70	2	69.2	0.6
	M-13-12	762	1 544	20.7	0.49	0.048 46	0.001 15	0.071 72	0.001 53	0.010 74	0.000 09	122	34	70	1	68.9	0.6
	M-13-13	6 167	4 538	71.2	1.36	0.048 37	0.000 72	0.068 94	0.000 82	0.010 34	0.000 07	117	16	68	1	66.3	0.4

表 6-1(续)

样品	ω(Th) /(×10⁻⁶)	ω(U) /(×10⁻⁶)	ω(Pb*) /(×10⁻⁶)	ω(Th)/ω(U)	同位素比值(±1σ)						同位素年龄(±1σ)/Ma					
					$\omega(^{207}Pb)/\omega(^{206}Pb)$	1σ	$\omega(^{207}Pb)/\omega(^{235}U)$	1σ	$\omega(^{206}Pb)/\omega(^{238}U)$	1σ	$^{207}Pb/^{206}Pb$	1σ	$^{207}Pb/^{235}U$	1σ	$^{206}Pb/^{238}U$	1σ
M-13-14	616	811	11.7	0.76	0.047 22	0.001 48	0.071 44	0.002 08	0.010 97	0.000 11	60	47	70	2	70.3	0.7
M-13-15	1 717	1 851	27.4	0.93	0.046 35	0.001 07	0.068 21	0.001 41	0.010 67	0.000 09	16	29	67	1	68.4	0.6
M-13-16	2 012	2 332	33.3	0.86	0.047 00	0.001 58	0.064 43	0.002 10	0.009 94	0.000 08	49	73	63	2	63.8	0.5
M-13-17	1 438	1 566	23.1	0.92	0.050 44	0.001 14	0.073 98	0.001 49	0.010 64	0.000 09	215	31	72	1	68.2	0.6
M-13-18	**3 773**	**3 676**	**58.7**	**1.03**	**0.050 47**	**0.000 75**	**0.076 55**	**0.000 90**	**0.011 00**	**0.000 07**	**217**	**16**	**75**	**1**	**70.5**	**0.4**
M-13-19	**1 225**	**1 546**	**21.2**	**0.79**	**0.052 01**	**0.001 13**	**0.071 77**	**0.001 38**	**0.010 01**	**0.000 08**	**286**	**29**	**70**	**1**	**64.2**	**0.5**
M-13-20	**2 914**	**2 982**	**46.2**	**0.98**	**0.052 51**	**0.000 94**	**0.078 85**	**0.001 19**	**0.010 89**	**0.000 08**	**308**	**21**	**77**	**1**	**69.8**	**0.5**
M-13-21	1 032	2 706	35.8	0.38	0.048 89	0.001 19	0.073 43	0.001 70	0.010 89	0.000 08	142	58	72	2	69.8	0.5
M-13-22	7 237	4 282	77.7	1.69	0.047 42	0.000 77	0.071 77	0.000 96	0.010 98	0.000 07	70	20	70	1	70.4	0.4
M-13-23	4 389	3 443	56.1	1.27	0.047 62	0.000 78	0.072 17	0.000 98	0.010 99	0.000 07	80	20	71	1	70.5	0.4
M-13-24	1 360	1 823	26.1	0.75	0.046 69	0.001 54	0.068 22	0.002 18	0.010 60	0.000 09	33	70	67	2	67.9	0.6
M-13-25	**1 508**	**2 070**	**29.0**	**0.73**	**0.051 46**	**0.001 53**	**0.073 84**	**0.002 14**	**0.010 41**	**0.000 07**	**261**	**70**	**72**	**2**	**66.8**	**0.5**
M-13-26	**611**	**966**	**13.2**	**0.63**	**0.050 24**	**0.001 30**	**0.072 06**	**0.001 7**	**0.010 40**	**0.000 09**	**206**	**39**	**71**	**2**	**66.7**	**0.6**
M-13-27	752	1 606	20.8	0.47	0.049 66	0.001 08	0.071 62	0.001 38	0.010 46	0.000 08	179	31	70	1	67.1	0.5
M-13-28	878	1 302	16.8	0.67	0.046 65	0.001 18	0.063 65	0.001 46	0.009 89	0.000 09	31	35	63	1	63.4	0.6
M-13-29	**625**	**1 074**	**14.8**	**0.58**	**0.054 89**	**0.001 26**	**0.080 73**	**0.001 65**	**0.010 67**	**0.000 09**	**408**	**31**	**79**	**2**	**68.4**	**0.6**
M-13-30	693	1 276	17.7	0.54	0.049 57	0.001 13	0.073 73	0.001 49	0.010 79	0.000 09	175	32	72	1	69.2	0.6
M-13-31	**1 209**	**1 469**	**20.1**	**0.82**	**0.054 44**	**0.001 13**	**0.074 62**	**0.001 36**	**0.009 94**	**0.000 08**	**389**	**26**	**73**	**1**	**63.8**	**0.5**
M-13-32	2 545	2 043	35.3	1.25	0.047 20	0.001 15	0.073 59	0.001 62	0.011 31	0.000 10	59	36	72	2	72.5	0.6
M-13-33	520	915	12.2	0.57	0.047 27	0.001 76	0.064 97	0.002 34	0.009 97	0.000 09	63	82	64	2	63.9	0.6
M-13-34	1 674	1 671	24.5	1.00	0.047 13	0.000 96	0.066 73	0.001 20	0.010 27	0.000 08	56	28	66	1	65.9	0.5
M-13-35	779	1 587	21.2	0.49	0.048 16	0.000 99	0.069 90	0.001 26	0.010 52	0.000 08	107	28	69	1	67.5	0.5
M-13-36	632	1 291	17.2	0.49	0.047 50	0.001 52	0.067 29	0.002 09	0.010 27	0.000 08	75	72	66	2	65.9	0.5
M-13-37	**4 371**	**3 724**	**56.3**	**1.17**	**0.051 97**	**0.001 94**	**0.069 24**	**0.002 53**	**0.009 66**	**0.000 08**	**284**	**88**	**68**	**2**	**62.0**	**0.5**
M-13-38	383	849	11.9	0.45	0.049 75	0.001 48	0.074 99	0.002 05	0.010 93	0.000 11	183	45	73	2	70.1	0.7
M-13-39	**2 841**	**2 548**	**38.2**	**1.12**	**0.050 39**	**0.001 83**	**0.067 76**	**0.002 40**	**0.009 75**	**0.000 08**	**213**	**86**	**67**	**2**	**62.6**	**0.5**
M-13-40	1 350	1 286	18.5	1.05	0.047 82	0.001 35	0.065 99	0.001 35	0.010 01	0.000 09	90	44	65	2	64.2	0.6
M-13-41	**925**	**2 204**	**26.1**	**0.42**	**0.050 11**	**0.001 31**	**0.066 02**	**0.001 57**	**0.009 55**	**0.000 09**	**200**	**38**	**65**	**1**	**61.3**	**0.6**
M-13-42	454	1 244	15.3	0.36	0.051 98	0.001 15	0.070 88	0.001 39	0.009 89	0.000 08	285	30	70	1	63.4	0.5

木乃紫苏花岗岩中同生岩浆锆石

表 6-1（续）

样品	ω(Th) /(×10⁻⁶)	ω(U) /(×10⁻⁶)	ω(Pb*) /(×10⁻⁶)	$\dfrac{\omega(\text{Th})}{\omega(\text{U})}$	同位素比值（±1σ）						同位素年龄（±1σ）/Ma					
					$\dfrac{\omega(^{207}\text{Pb})}{\omega(^{206}\text{Pb})}$	1σ	$\dfrac{\omega(^{207}\text{Pb})}{\omega(^{235}\text{U})}$	1σ	$\dfrac{\omega(^{206}\text{Pb})}{\omega(^{238}\text{U})}$	1σ	$^{207}\text{Pb-}^{206}\text{Pb}$	1σ	$^{207}\text{Pb-}^{235}\text{U}$	1σ	$^{206}\text{Pb-}^{238}\text{U}$	1σ
LY-11-1	616	916	13.5	0.67	0.048 20	0.001 70	0.072 21	0.002 16	0.010 87	0.000 15	109	45	71	2	69.7	1
LY-11-2	849	1 099	16.3	0.77	0.047 20	0.001 92	0.070 05	0.002 72	0.010 76	0.000 13	59	89	69	3	69.0	1
LY-11-3	230	378	5.3	0.61	0.048 11	0.002 24	0.074 13	0.003 11	0.011 17	0.000 18	105	67	73	3	72.0	1
LY-11-4	301	357	5.3	0.84	0.046 25	0.002 08	0.070 54	0.002 84	0.011 06	0.000 18	11	55	69	3	71.0	1
LY-11-5	410	465	7.32	0.88	0.049 66	0.001 92	0.076 93	0.002 60	0.011 24	0.000 16	179	52	75	2	72.0	1
LY-11-6	374	461	6.80	0.81	0.049 65	0.002 01	0.075 87	0.002 70	0.011 08	0.000 17	179	54	74	3	71.0	1
LY-11-7	460	644	9.78	0.72	0.049 33	0.001 77	0.079 73	0.002 44	0.011 72	0.000 17	164	45	78	2	75.0	1
LY-11-8	250	330	4.98	0.76	0.050 24	0.002 20	0.078 24	0.003 05	0.011 29	0.000 18	206	61	76	3	72.0	1
LY-11-9	**211**	**209**	**3.48**	**1.01**	**0.045 38**	**0.002 36**	**0.071 16**	**0.003 39**	**0.011 37**	**0.000 19**		**69**	**70**	**3**	**73.0**	**1**
LY-11-10	**259**	**323**	**4.79**	**0.80**	**0.044 23**	**0.002 08**	**0.067 19**	**0.002 86**	**0.011 02**	**0.000 17**	**−59**	**61**	**66**	**3**	**71.0**	**1**
LY-11-11	346	481	7.19	0.72	0.048 46	0.001 85	0.075 54	0.002 50	0.011 31	0.000 16	122	51	74	2	72.0	1
LY-11-12	**402**	**501**	**7.05**	**0.80**	**0.045 73**	**0.001 79**	**0.066 67**	**0.002 27**	**0.010 57**	**0.000 15**	**−16**	**44**	**66**	**2**	**67.8**	**1**
LY-11-13	315	408	6.16	0.77	0.048 87	0.002 01	0.076 00	0.002 75	0.011 28	0.000 17	142	57	74	3	72.0	1
LY-11-14	354	367	5.58	0.96	0.049 27	0.002 17	0.074 40	0.002 92	0.010 95	0.000 17	161	63	73	3	70.0	1
LY-11-15	113	202	2.96	0.56	0.047 74	0.003 22	0.065 26	0.004 11	0.009 91	0.000 21	86	100	64	4	64.0	1
LY-11-16	276	339	5.08	0.82	0.050 36	0.002 14	0.076 54	0.002 87	0.011 02	0.000 17	212	58	75	3	71.0	1
LY-11-17	**705**	**608**	**9.48**	**1.16**	**0.052 38**	**0.002 07**	**0.073 05**	**0.002 51**	**0.010 11**	**0.000 15**	**302**	**51**	**72**	**2**	**64.8**	**1**
LY-11-18	454	440	6.94	1.03	0.050 61	0.002 09	0.078 44	0.002 84	0.011 24	0.000 17	223	56	77	3	72.0	1
LY-11-19	683	1 135	15.2	0.60	0.047 88	0.001 42	0.070 13	0.001 65	0.010 62	0.000 13	93	33	69	2	68.1	1
LY-11-20	447	562	8.28	0.80	0.049 44	0.001 68	0.072 71	0.002 06	0.010 67	0.000 14	169	42	71	2	68.4	1
LY-11-21	394	759	9.67	0.52	0.048 82	0.001 68	0.069 48	0.002 00	0.010 32	0.000 14	139	42	68	2	66.2	1
LY-11-22	312	385	5.57	0.81	0.049 40	0.002 15	0.074 45	0.002 88	0.010 93	0.000 17	167	61	73	3	70.0	1
LY-11-23	902	775	11.4	1.16	0.049 39	0.001 81	0.067 64	0.002 11	0.009 93	0.000 14	166	47	66	2	63.7	1
LY-11-24	278	249	4.08	1.12	0.050 72	0.002 43	0.077 56	0.003 34	0.011 09	0.000 18	228	69	76	3	71.0	1

龙亚拉花岗岩中同生岩浆锆石

注：$\omega(\text{Pb}^*) = 0.241 \times \omega(^{206}\text{Pb}) + 0.221 \times \omega(^{207}\text{Pb}) + 0.524 \times \omega(^{208}\text{Pb})$（据 Andersen，2002）。其中，加粗数据因锆石年龄测试结果的协和度较差而未参与年龄计算与讨论。

表 6-2　唐古拉山中生代花岗岩锆石微量元素组成

样品	Ti	Y	Nb	La	Ce	Pr	Nd	Sm	Eu	Gd	Tb	Dy	Ho	Er	Tm	Yb	Lu	Hf	Ta	锆石 Ti 温度/℃	标准偏差
							微量元素含量/(×10⁻⁶)														
GR-6-1	8.55	1 647	2.94	0.04	2.81	0.09	1.86	4.93	0.19	31.2	12.8	152.0	55.6	231	49.8	470	72.0	8 744	1.38	799	21
GR-6-3	29.70	900	2.60	1.34	6.90	0.62	3.58	3.23	0.36	13.1	5.66	73.0	29.6	142	34.6	353	57.3	9 803	1.85	946	25
GR-6-4	7.73	1 209	2.39	0.11	6.54	0.11	1.60	3.52	0.47	18.6	7.46	98.6	40.1	189	45.7	461	75.6	9 775	1.95	789	21
GR-6-5	**2.33**	**397**	**2.29**	**0.04**	**0.99**	**0.03**	**0.29**	**0.92**	**0.16**	**6.7**	**2.82**	**35.6**	**12.6**	**50**	**10.0**	**88**	**13.6**	**11 230**	**2.75**	**679**	**18**
GR-6-6	2.69	845	2.47	0.45	9.01	0.17	1.60	2.24	0.23	12.1	5.21	69.0	28.2	135	31.5	326	53.6	9 531	1.65	691	18
GR-6-8	**2.73**	**1 067**	**3.07**	**0.15**	**7.16**	**0.10**	**1.24**	**2.74**	**0.24**	**15.1**	**6.36**	**85.5**	**34.6**	**165**	**39.0**	**394**	**63.7**	**10 601**	**2.27**	**692**	**18**
GR-6-10	7.35	1 455	7.27	0.24	71.2	0.38	4.72	8.38	1.59	35.1	11.90	135.0	48.7	211	45.4	430	71.7	8 582	2.51	783	21
GR-6-11	3.02	959	1.73	57.6	104	10.7	38.5	8.31	0.22	25.5	9.73	99.2	30.5	122	26.2	243	37.3	11 518	1.21	701	18
GR-6-13	3.68	1 140	2.72	0.04	4.48	0.04	0.81	2.44	0.15	15.9	7.24	95.8	37.5	172	39.3	389	64.9	11 042	1.89	718	19
GR-6-14	7.01	1 070	1.74	0.04	2.47	0.05	0.97	2.72	0.08	17.7	7.01	89.8	35.6	161	34.8	338	58.2	10 099	1.03	779	21
GR-6-15	2.49	1 062	3.83	0.15	14.4	0.09	1.03	2.34	0.22	14.5	6.20	83.8	34.6	166	38.6	385	68.7	10 606	2.55	684	18
GR-6-16	**25.8**	**1 577**	**1.54**	**8.00**	**26.0**	**2.87**	**16.7**	**9.85**	**0.47**	**40.8**	**13.5**	**151.0**	**53.1**	**216**	**44.6**	**399**	**64.1**	**9 974**	**0.79**	**928**	**25**
GR-6-17	2.17	1 203	3.96	0.04	13.3	0.04	0.94	2.86	0.22	17.3	7.23	95.4	39.3	185	41.6	411	74.8	11 229	2.72	673	18
GR-6-18	1.87	1 004	1.15	0.11	3.72	0.06	0.33	1.30	0.12	13.3	6.80	91.4	32.0	120	21.5	181	28.8	12 246	0.87	661	17
GR-6-20	2.26	1 006	2.85	0.05	40.6	3.61	13.1	3.32	0.23	13.1	5.64	76.9	32.5	159	36.7	370	67.4	11 355	2.10	676	18
GR-6-21	3.41	1 009	1.31	0.70	2.75	0.30	1.85	2.02	0.08	14.0	6.77	88.2	32.4	135	27.2	243	41.1	12 083	0.84	711	19
GR-6-23	2.82	1 195	3.46	0.15	11.8	0.08	1.14	2.57	0.36	16.5	7.13	93.6	38.2	183	41.8	408	76.1	12 017	2.28	695	18
GR-17-4	7.47	2 236	1.76	0.04	2.57	0.07	1.31	5.05	0.24	34.7	14.70	193.0	74.4	335	74.3	715	113.0	9 877	1.06	785	21
GR-17-5	12.30	1 295	1.63	0.05	2.80	0.08	1.66	4.29	0.20	24.9	9.33	115.0	44.1	195	43.2	422	66.9	8 730	0.94	838	22
GR-17-6	**13.20**	**1 369**	**1.49**	**0.03**	**4.92**	**0.14**	**2.75**	**6.12**	**0.48**	**30.1**	**11.10**	**130.0**	**46.8**	**200**	**42.8**	**406**	**63.9**	**8 301**	**0.79**	**846**	**22**
GR-17-7	13.60	2 374	2.07	0.15	4.42	0.18	2.69	7.75	0.34	45.1	17.70	217.0	80.6	348	75.2	705	109.0	9 183	1.07	849	23
GR-17-8	7.75	1 334	2.52	0.37	4.40	0.14	1.59	3.63	0.18	23.2	9.39	119.0	45.3	203	46.9	479	78.8	10 426	2.47	789	21
GR-17-9	8.36	896	0.97	0.05	1.64	0.03	0.80	2.35	0.09	14.8	6.30	80.4	30.7	132	28.9	274	43.7	9 621	0.60	797	21
GR-17-10	9.13	1 387	1.53	0.06	2.91	0.08	1.55	4.66	0.20	26.6	10.30	127.0	47.5	206	45.2	430	66.6	9 208	0.90	806	21
GR-17-11	18.80	2 300	1.42	0.21	4.48	0.25	4.45	9.74	0.32	52.7	18.90	219.0	78.7	329	68.7	631	98.5	9 382	0.71	887	24
GR-17-12	13.10	1 380	1.09	0.06	4.38	0.17	2.69	6.07	0.44	30.7	11.20	129.0	47.1	196	41.6	388	62.5	8 941	0.66	845	22
GR-17-13	12.00	1 663	2.32	0.03	6.05	0.11	2.50	5.50	0.33	34.1	12.50	150.0	56.7	243	52.4	492	80.0	9 200	1.17	835	22
GR-17-15	4.23	1 470	1.23	0.05	1.05	0.03	0.81	2.12	0.12	18.4	8.42	120.0	48.6	228	52.0	505	84.8	11 147	1.01	730	19
GR-17-18	7.37	1 542	1.30	0.03	2.13	0.07	1.05	3.69	0.17	24.6	10.30	131.0	51.4	230	51.4	493	80.4	11 619	0.90	784	21
GR-17-19	**7.11**	**1 685**	**1.57**	**0.07**	**1.92**	**0.10**	**1.32**	**3.46**	**0.18**	**24.0**	**10.80**	**141.0**	**55.7**	**257**	**56.7**	**542**	**91.7**	**11 166**	**1.07**	**780**	**21**

唐古拉山花岗岩中样品中同生岩浆锆石

表6-2（续）

样品	微量元素含量/(×10⁻⁶)																			锆石Ti温度/℃	标准偏差
	Ti	Y	Nb	La	Ce	Pr	Nd	Sm	Eu	Gd	Tb	Dy	Ho	Er	Tm	Yb	Lu	Hf	Ta		
GR-17-20	11.50	1 773	1.41	0.03	5.09	0.17	2.78	6.04	0.29	35.3	13.80	162.0	60.8	257	54.2	499	82.8	10 450	0.80	831	22
GR-17-22	11.30	1 339	1.19	0.05	2.43	0.07	1.53	4.02	0.17	24.5	9.50	118.0	44.8	198	41.5	383	66.7	10 205	0.69	829	22
GR-17-23	12.10	2 489	1.35	0.04	3.87	0.21	3.23	8.15	0.30	48.2	18.30	222.0	83.4	361	73.9	664	113	10 804	0.74	836	22
DM-10-1	6.82	1 037	1.42	0.04	7.56	0.07	1.73	3.72	0.67	21.2	7.91	96.2	35.9	153	33.0	320	49.8	7 692	0.83	776	20
DM-10-2	8.30	833	1.86	0.03	13.10	0.06	1.08	2.80	0.40	16.4	6.06	76.1	28.4	124	28.3	275	41.5	8 204	1.07	796	21
DM-10-3	4.85	1 627	2.63	0.02	14.3	0.17	3.11	7.51	0.71	36.6	13.20	155.0	56.1	235	49.9	468	70.6	8 228	1.63	743	20
DM-10-4	14.50	849	0.89	0.04	1.82	0.10	2.00	4.30	0.21	21.2	7.11	83.7	29.6	124	26.6	254	38.8	7 497	0.50	857	23
DM-10-5	7.00	1 118	2.29	0.03	9.21	0.07	1.89	4.18	0.38	23.8	8.42	101.0	38.0	163	35.2	337	52.1	8 453	1.41	779	20
DM-10-7	10.90	2 886	11.60	1.00	19.2	0.81	6.11	8.93	0.59	47.5	20.20	263.0	100.0	439	98.6	954	140.0	9 464	5.98	824	22
DM-10-8	11.40	1 508	2.22	0.11	6.24	0.14	2.61	6.08	0.27	31.6	11.70	145.0	51.7	219	46.8	443	66.0	8 516	1.19	830	22
DM-10-9	16.80	1 222	9.11	0.43	11.20	0.24	2.26	4.33	0.29	23.8	9.20	112.0	42.2	181	39.8	382	58.5	9 042	2.06	874	23
DM-10-12	9.45	962	1.31	0.02	3.67	0.07	1.05	3.29	0.24	19.7	7.26	87.1	32.8	143	31.3	299	47.3	9 072	0.74	809	21
DM-10-13	5.70	1 001	1.86	0.09	7.98	0.08	1.32	2.95	0.34	18.9	7.16	88.7	34.2	151	33.1	318	51.7	8 973	1.01	758	20
DM-10-14	8.72	878	1.49	0.03	10.4	0.04	0.98	2.79	0.38	16.3	6.12	77.5	29.2	130	28.8	275	44.1	8 344	0.81	801	21
DM-10-15	14.10	833	2.16	0.05	2.59	0.13	1.94	3.65	0.22	17.9	6.61	76.8	28.0	121	25.8	250	39.6	8 550	0.72	853	23
DM-10-16	9.82	965	1.26	0.05	1.82	0.06	1.15	3.31	0.18	18.8	7.12	86.8	32.7	144	31.1	298	48.9	8 662	0.77	814	21
DM-10-17	13.90	1 028	1.19	0.04	2.46	0.12	2.45	4.90	0.33	24.6	8.68	97.7	35.1	148	31.1	292	47.1	7 961	0.55	852	23
DM-10-18	11.00	1 015	1.43	0.03	2.20	0.08	1.52	3.67	0.16	21.3	7.61	92.4	34.5	150	32.5	313	51.3	8 447	0.81	825	22
DM-10-19	19.70	1 368	1.31	0.67	3.91	0.30	3.18	5.81	0.24	29.3	10.60	127.0	46.4	200	42.7	402	64.1	9 172	0.87	894	24
DM-10-20	6.35	1 146	3.53	0.09	5.33	0.22	2.28	3.60	0.17	19.5	7.96	99.8	38.0	172	38.3	371	61.3	10 180	1.90	769	20
DM-10-21	6.23	971	2.28	0.04	17.4	0.04	0.86	2.60	0.24	16.6	6.59	85.2	32.6	146	32.0	300	49.1	9 436	1.30	767	20
DM-10-22	40.30	724	2.14	0.26	2.42	0.12	1.56	2.94	0.12	14.6	5.59	65.6	24.7	108	22.9	219	36.9	8 167	0.59	989	27
DM-10-23	14.20	1 039	0.94	0.06	2.09	0.10	2.31	4.50	0.32	23.8	8.42	96.5	35.4	152	31.9	303	50.1	8 574	0.64	854	23
DM-10-24	9.72	970	1.37	0.05	2.07	0.05	1.09	2.96	0.14	17.8	6.78	85.8	32.5	144	30.9	295	50.8	9 519	0.78	812	21

唐古拉花岗岩样品中同生岩浆锆石

表 6-2（续）

类别	样品	Ti	Y	Nb	La	Ce	Pr	Nd	Sm	Eu	微量元素含量/（×10⁻⁶） Gd	Tb	Dy	Ho	Er	Tm	Yb	Lu	Hf	Ta	锆石 Ti 温度/℃	标准偏差
唐古拉花岗岩中样品继承锆石	GR-6-2	5.06	524	1.15	0.07	3.37	0.06	0.85	1.32	0.55	6.4	2.25	31.6	15.5	86	23.8	280	56.7	6 138	0.69	747	20
	GR-6-7	55.50	360	0.93	0.10	1.59	0.16	2.70	6.32	0.10	22.4	6.46	51.1	12.3	37	6	47	6.7	9 244	0.34	1 037	28
	GR-6-9	14.00	1 195	3.22	0.43	13.9	0.24	1.89	3.18	0.15	17.7	7.49	98.5	39.9	183	41.7	398	65.2	9 879	1.85	853	23
	GR-6-12	5.23	681	2.26	0.07	7.85	0.04	0.89	1.83	0.18	12.5	4.89	59.7	23.1	103	22.7	217	37.6	10 226	1.37	750	20
	GR-6-19	9.11	1 276	6.47	0.72	4.56	0.19	1.04	2.26	0.12	16.6	7.72	103.0	43.0	199	43.1	408	74.3	11 755	3.93	806	21
	GR-6-22	4.26	1 248	2.10	0.16	3.97	0.11	0.88	1.99	0.37	12.2	6.36	93.0	39.1	189	44.1	444	84.5	11 425	1.56	731	19
	GR-6-24	4.93	153	0.39	0.06	0.58	0.03	0.67	2.18	0.17	11.4	3.00	21.8	5.21	16	2.7	22	3.6	11 543	0.28	745	20
	GR-17-1	4.88	699	2.37	1.36	11.6	0.48	3.60	3.68	0.53	17.2	5.93	69.5	25.1	104	22.9	227	35.7	9 100	1.33	744	20
	GR-17-2	6.60	1 287	1.86	0.05	8.11	0.21	4.57	7.95	0.94	37.4	12.20	133.0	46.4	186	38.1	350	51.9	7 233	0.62	773	20
	GR-17-3	7.74	637	2.32	0.06	7.06	0.04	0.49	1.57	0.06	9.6	4.08	53.8	21.7	100	23.2	229	36.9	9 105	1.64	789	21
	GR-17-14	5.36	826	3.23	0.03	18.0	0.04	0.52	1.99	0.34	13.9	5.59	69.4	25.9	115	25.8	265	49.1	10 974	1.00	752	20
	GR-17-16	9.95	727	2.51	0.04	10.40	0.07	1.28	2.56	0.24	13.5	4.94	61.0	23.8	111	25.8	265	47.4	9 438	1.45	815	22
	GR-17-17	10.30	895	5.06	0.18	37.00	0.59	7.83	8.75	2.48	32.4	9.07	90.0	30.2	122	25.7	247	43.6	9 008	2.49	819	22
	GR-17-21	6.09	1 474	0.77	0.05	1.45	0.08	1.66	4.11	0.12	25.7	11.10	133.0	48.5	207	43.3	396	67.9	10 683	0.56	765	20
	GR-17-24	6.25	624	2.36	0.06	6.16	0.08	1.45	2.83	0.26	13.4	4.83	57.1	21.5	92	19.9	188	34.9	9 156	1.35	767	20
	DM-10-6	**13.90**	**855**	**3.02**	**0.32**	**3.19**	**0.15**	**1.33**	**2.47**	**0.30**	**14.3**	**5.40**	**70.9**	**28.3**	**143**	**38.7**	**444**	**72.5**	**9 209**	**2.21**	**852**	**23**
	DM-10-10	4.21	433	3.24	0.12	37.60	0.11	1.44	2.85	1.13	12.0	3.93	42.0	14.6	60	13.1	132	20.5	7 918	0.80	730	19
	DM-10-11	20.60	3 769	9.02	0.60	28.60	0.68	8.75	14.70	0.28	77.4	27.90	343.0	131.0	566	119.0	1 080	165.0	9 023	3.80	899	24
唐古拉花岗岩中变质沉积岩捕房体内的碎屑锆石	GR-B-1	4.28	732	0.11	0.02	1.37	0.01	0.23	1.30	0.91	5.0	1.01	8.06	2.4	8	1.4	11	1.5	8 318	0.02	731	19
	GR-B-2	3.12	340	2.57	0.32	26.00	0.33	2.39	2.11	0.48	7.00	2.61	30.2	10.9	52	13.6	162	27.3	10 450	2.22	703	18
	GR-B-3	20.40	1 546	2.64	25.80	64.20	8.96	43.90	17.60	1.54	35.1	11.70	140.0	50.5	237	62.1	695	108.0	11 121	3.37	898	24
	GR-B-4	11.20	1 554	2.53	0.22	9.67	0.46	6.99	10.90	0.23	45.8	14.90	163.0	55.6	224	46.2	418	58.1	8 025	1.13	828	22
	GR-B-5	3.33	438	27.6	0.02	4.63	0.02	0.13	0.35	0.05	3.2	1.68	28.8	14.0	83	26.9	358	65.3	14 346	38.8	709	19
	GR-B-6	8.29	866	2.94	23.40	102.00	15.2	86.60	32.70	4.91	48.9	12.40	108.0	31.1	113	22.5	209	29.8	8 028	1.12	796	21
	GR-B-7	10.20	559	1.06	0.06	3.61	0.02	0.49	1.32	0.15	9.1	3.67	48.7	19.6	88	20.3	203	31.8	8 475	0.59	818	22
	GR-B-8	39.30	479	1.93	0.07	2.99	0.07	1.09	2.16	0.17	11.0	4.17	48.5	16.1	66	14.3	144	23.0	10 722	2.24	985	27
	GR-B-9	6.80	692	8.12	0.02	8.81	0.04	0.69	1.49	0.31	9.5	3.86	53.7	22.3	113	28.9	326	54.5	7 801	5.72	776	20
	GR-B-10	3.92	583	1.82	0.02	6.23	0.06	1.07	2.40	0.28	12.5	4.42	54.7	20.1	90	20.2	203	33.2	8 091	0.83	724	19
	GR-B-11	10.70	646	2.25	11.20	43.20	3.35	15.60	6.56	0.88	17.2	5.40	63.0	23.0	101	23.1	233	36.6	7 681	0.73	822	22

表 6-2（续）

样品		Ti	Y	Nb	La	Ce	Pr	Nd	Sm	Eu	Gd	Tb	Dy	Ho	Er	Tm	Yb	Lu	Hf	Ta	锆石 Ti 温度/℃	标准偏差
微量元素含量/（×10⁻⁶）																						
唐古拉花岗岩体中变质沉积岩捕房体内的碎屑锆石	GR-B-12	4.00	654	1.85	0.07	19.30	0.09	1.27	2.59	0.77	12.7	4.40	53.5	21.3	98	23.4	248	44.4	7 417	0.72	725	19
	GR-B-13	12.30	2 284	0.59	0.02	0.60	0.05	0.93	3.85	0.06	29.6	13.60	192.0	76.6	353	79.3	775	118.0	9 845	0.41	838	22
	GR-B-14	7.60	1 630	12.7	50.90	158.0	19.3	90.60	22.80	0.52	44.9	13.90	158.0	58.0	245	51.2	466	67.1	8 658	5.06	787	21
	GR-B-15	**17.40**	**455**	**2.61**	**0.26**	**12.8**	**0.21**	**2.77**	**6.49**	**1.38**	**26.4**	**7.01**	**60.7**	**16.1**	**53**	**9.4**	**79**	**10.7**	**10 759**	**0.61**	**878**	**23**
	GR-B-16	21.50	799	2.03	0.07	9.1	0.10	1.49	2.95	0.22	15.5	5.69	71.7	27.2	122	27.7	277	45.6	9 656	0.97	904	24
	GR-B-17	6.98	1 687	2.46	9.10	53.6	4.63	25.60	16.20	4.18	38.0	13.60	155.0	56.2	273	72.3	842	151.0	10 196	1.05	778	20
	GR-B-18	15.10	924	1.29	0.03	8.4	0.12	2.58	4.51	0.43	21.0	7.45	88.7	32.3	140	30.3	289	45.3	9 441	0.62	861	23
	GR-B-19	**5.53**	**1 040**	**3.86**	**0.16**	**3.1**	**0.17**	**1.68**	**2.25**	**0.48**	**11.7**	**5.39**	**77.9**	**32.9**	**165**	**43.5**	**494**	**91.5**	**10 855**	**3.68**	**755**	**20**
	GR-B-20	27.90	2 420	3.23	0.08	13.8	0.64	10.60	18.00	1.30	75.6	23.00	246.0	83.8	338	68.8	620	96.9	9 455	1.51	938	25
	GR-B-21	3.10	1 453	5.36	0.36	31.4	0.32	2.68	4.21	0.94	22.6	8.85	114.0	46.0	220	51.6	540	97.3	9 011	2.57	703	18
	GR-B-22	3.07	904	1.33	0.03	3.0	0.04	0.47	1.35	0.13	9.5	4.67	67.6	28.7	150	38.5	429	77.3	11 213	1.07	702	18
	GR-B-23	6.84	222	0.80	0.02	0.3	0.03	0.56	3.68	0.16	21.7	6.03	40.4	7.3	18	2.6	19	2.5	11 039	0.50	776	20
	GR-B-24	3.83	606	0.70	0.03	0.7	0.04	0.71	2.99	0.09	19.0	7.13	69.4	19.4	67	12.8	111	16.4	10 794	0.77	721	19
木乃紫苏花岗岩中同生岩浆锆石	M-13-1	8.37	628	3.66	<0.03	29.3	0.18	2.38	3.80	0.37	14.7	4.43	49.9	19.5	95	23.7	259	45.7	8 032	3.25	797	22
	M-13-2	**14.50**	**906**	**2.03**	**0.54**	**36.1**	**0.45**	**6.25**	**8.63**	**0.79**	**28.9**	**8.07**	**85.2**	**30.0**	**1 281**	**29.3**	**292**	**47.6**	**7 336**	**1.31**	**857**	**24**
	M-13-3	111.00	1 879	3.00	0.08	51.5	0.84	12.0	14.80	1.60	54.5	16.90	1 772	60.1	2 521	55.4	536	82.6	7 946	2.36	826	23
	M-13-4	**11.40**	**713**	**3.53**	**0.49**	**49.6**	**0.34**	**3.87**	**5.58**	**0.55**	**17.6**	**5.56**	**59.0**	**21.0**	**94**	**23.3**	**236**	**38.5**	**7 971**	**2.59**	**830**	**23**
	M-13-5	**14.60**	**1 224**	**3.06**	**1.45**	**54.7**	**0.79**	**9.12**	**10.70**	**0.87**	**39.4**	**11.40**	**120.0**	**40.2**	**167**	**36.9**	**358**	**55.1**	**7 683**	**2.04**	**857**	**24**
	M-13-6	8.95	414	1.94	0.04	26.8	0.11	1.67	2.87	0.27	10.2	3.23	36.3	13.1	60	14.1	150	25.1	8 565	1.98	804	22
	M-13-7	6.76	649	2.61	0.05	28.7	0.20	2.65	4.22	0.42	15.2	4.80	54.6	20.3	98	23.6	256	44.0	8 120	2.57	775	22
	M-13-8	**21.90**	**853**	**4.11**	**0.14**	**49.5**	**0.25**	**3.35**	**5.67**	**0.49**	**20.1**	**6.66**	**74.0**	**26.7**	**118**	**26.8**	**265**	**41.6**	**7 806**	**2.53**	**906**	**26**
	M-13-9	12.30	1 141	2.36	0.29	48.0	0.62	8.02	10.90	0.96	39.6	10.70	113.0	37.6	152	33.2	309	49.8	6 932	1.21	838	24
	M-13-10	4.62	342	1.43	<0.05	18.6	0.12	1.95	2.36	0.23	8.2	2.44	27.1	9.9	46	11.6	125	21.0	8 186	1.14	739	21
	M-13-11	7.41	673	1.97	0.08	32.3	0.23	3.17	4.88	0.40	17.9	5.60	59.4	20.9	94	21.7	222	38.2	8 198	1.80	784	22
	M-13-12	7.40	1 117	3.24	<0.05	37.4	0.28	4.22	6.70	0.71	25.1	7.63	87.0	32.6	152	36.4	371	63.2	8 568	2.61	784	22

表 6-2（续）

样品	Ti	Y	Nb	La	Ce	Pr	Nd	Sm	Eu	Gd	Tb	Dy	Ho	Er	Tm	Yb	Lu	Hf	Ta	锆石 Ti 温度/℃	标准偏差
							微量元素含量/(×10^{-6})														
M-13-13	18.8	3 918	9.43	0.60	160.0	2.06	27.40	37.50	2.96	134.0	38.10	385.0	127.0	510	106.0	971	149.0	7 555	3.96	888	25
M-13-14	16.3	1 194	2.17	4.73	50.6	1.51	11.90	11.70	1.26	42.2	11.80	119.0	39.2	162	33.4	325	53.1	7 057	1.29	870	25
M-13-15	11.9	1 860	2.90	0.07	56.4	0.79	11.70	15.30	1.19	53.6	16.40	172.0	57.3	238	52.1	487	75.0	8 579	2.05	835	23
M-13-16	16.0	1 302	6.44	0.43	73.4	0.54	7.22	10.20	0.85	36.5	11.00	118.0	40.4	170	37.8	363	55.6	8 535	4.61	868	24
M-13-17	12.9	1 240	4.05	0.55	65.9	0.58	7.58	10.70	1.06	35.9	10.50	110.0	36.5	156	35.1	349	57.1	8 543	2.63	844	24
M-13-18	20.9	1 750	10.3	0.54	108.0	0.86	9.62	11.40	0.91	42.5	13.60	152.0	55.0	244	55.5	548	89.9	7 972	5.11	901	26
M-13-19	14.7	1 689	2.62	0.09	68.9	0.77	11.50	16.00	1.01	52.5	15.10	161.0	54.0	223	47.7	453	72.3	8 179	1.97	859	24
M-13-20	10.8	2 657	4.43	0.29	76.1	1.08	14.80	20.20	1.87	74.7	22.70	238.0	82.7	343	73.7	695	111.0	8 750	2.64	824	23
M-13-21	9.63	1 198	3.40	0.07	40.2	0.30	4.07	6.84	0.70	27.5	9.27	103.0	37.2	164	37.5	367	60.0	10 375	2.54	811	23
M-13-22	14.1	573	2.70	2.64	44.6	3.14	23.30	10.70	0.72	20.3	4.83	51.0	18.2	83	20.4	209	37.7	8 211	2.99	854	24
M-13-23	13.7	2 696	7.26	0.17	114.0	1.17	16.60	21.40	1.79	77.5	23.20	243.0	82.7	344	74.5	699	111.0	8 488	3.99	850	24
M-13-24	13.6	1 198	3.75	1.14	62.1	0.68	8.29	10.50	0.82	34.0	10.00	106.0	36.0	155	34.3	332	54.4	8 943	2.59	849	24
M-13-25	13.4	1 546	2.89	0.21	56.8	0.55	8.02	10.90	1.15	40.5	12.30	135.0	46.5	201	45.4	439	72.3	8 742	2.15	848	24
M-13-26	10.0	928	2.27	0.08	38.3	0.43	5.88	7.92	0.69	28.8	8.18	87.0	30.2	128	28.2	278	47.8	7 587	1.71	815	23
M-13-27	7.2	894	2.69	0.08	41.0	0.33	4.51	6.79	0.48	24.4	7.28	80.0	27.9	122	27.8	279	47.8	8 343	2.24	781	22
M-13-28	11.4	759	3.34	<0.05	58.5	0.27	4.04	5.39	0.47	20.3	6.19	66.0	23.7	104	23.7	243	41.7	8 146	2.22	830	23
M-13-29	12.2	880	2.76	0.31	42.3	0.36	5.01	6.85	0.51	24.8	7.22	79.0	28.0	123	28.8	294	51.1	8 860	2.23	837	24
M-13-30	9.9	608	2.22	0.27	28.6	0.22	3.09	4.31	0.37	15.2	4.87	53.0	19.0	85	20.1	206	35.4	9 878	1.56	814	23
M-13-31	11.7	1 453	3.01	0.48	59.2	0.65	9.48	12.30	0.95	45.5	13.40	137.0	46.8	195	41.8	403	66.4	7 678	2.11	832	23
M-13-32	12.1	2 163	4.29	0.36	80.6	1.09	13.00	18.30	1.41	67.4	19.50	203.0	67.2	275	59.0	557	90.9	8 540	2.40	836	23
M-13-33	11.2	776	2.30	0.21	36.9	0.32	4.57	7.3	0.60	23.5	6.71	72.6	25.0	110	24.7	248	42.4	7 784	1.80	827	23
M-13-34	15.50	1 096	4.78	<0.05	84.0	0.36	5.57	8.45	0.60	29.3	8.92	94.9	32.3	139	30.7	299	48.5	8 955	2.73	864	24
M-13-35	10.20	1 052	3.16	0.19	47.4	0.43	5.84	8.41	0.65	31.4	9.21	97.7	33.7	144	32.2	322	53.7	8 551	2.65	818	23
M-13-36	11.30	708	3.35	0.62	49.4	0.28	3.28	4.25	0.34	17.8	5.61	63.1	22.6	103	23.7	239	41.9	7 772	2.58	829	23
M-13-37	14.70	1 389	6.56	1.16	79.6	1.18	11.00	10.40	0.95	37.7	10.90	121.0	42.2	185	42.5	431	71.1	9 906	3.74	859	24
M-13-38	6.06	403	1.69	<0.03	20.6	0.07	0.79	1.95	0.16	8.2	2.74	31.4	12.2	58	14.3	157	29.2	9 628	1.47	764	21
M-13-39	15.00	1 856	4.28	0.70	65.3	1.14	13.60	15.10	1.26	56.3	16.50	174.0	59.6	250	53.6	507	82.8	7 913	2.71	861	24
M-13-40	15.90	1 898	3.47	0.12	74.6	0.92	12.50	17.30	1.41	63.9	18.40	186.0	62.4	253	52.5	483	79.8	7 280	1.84	868	24
M-13-41	7.90	1 043	4.75	0.12	46.6	0.35	4.51	6.36	0.55	25.1	7.72	87.3	31.8	146	35.1	372	66.5	8 350	4.43	791	22
M-13-42	9.60	558	2.54	0.17	39.4	0.23	2.97	4.33	0.35	14.8	4.70	50.0	17.7	78	18.4	193	31.8	8 023	1.81	811	23

木乃紫苏花岗岩中同生岩浆锆石

表6-2(续)

样品	Ti	Y	微量元素含量(×10⁻⁶)																Hf	Ta	锆石Ti温度/℃	标准偏差
			Nb	La	Ce	Pr	Nd	Sm	Eu	Gd	Tb	Dy	Ho	Er	Tm	Yb	Lu				
LY-11-1	4.63	755	4.84	1.30	57.1	0.38	2.12	2.36	0.62	10.9	3.86	52.7	22.3	116	32.0	374	67.0	8 214	1.41	739	21
LY-11-2	11.00	541	7.79	0.59	51.3	0.25	1.54	1.71	0.66	7.3	2.55	33.7	15.0	83	24.3	313	61.0	8 788	1.09	826	23
LY-11-3	2.70	562	2.54	<0.02	29.3	0.04	0.64	1.64	0.49	7.7	2.94	40.2	17.0	87	23.4	266	48.4	8 424	0.90	691	19
LY-11-4	5.11	782	3.46	<0.02	46.6	0.07	1.45	2.99	0.92	13.3	5.11	63.5	25.3	119	28.5	296	48.9	7 678	1.22	748	21
LY-11-5	3.90	871	2.26	0.52	45.4	0.22	2.65	4.42	1.33	17.7	5.90	71.7	27.3	128	31.3	339	58.8	8 023	0.78	723	20
LY-11-6	4.32	679	3.26	0.01	45.3	0.08	1.01	1.96	0.75	11.8	4.28	53.5	22.1	104	25.5	271	46.0	7 929	1.17	732	20
LY-11-7	3.68	896	4.47	2.45	55.3	0.62	3.60	3.05	0.81	12.9	4.73	62.2	26.5	136	36.6	421	78.2	8 293	1.30	718	20
LY-11-8	5.86	933	4.60	0.91	50.9	0.26	2.26	3.48	1.06	15.9	5.95	74.5	30.1	143	34.6	360	60.5	7 321	1.44	761	21
LY-11-9	**6.24**	**682**	**2.64**	**0.02**	**40.2**	**0.09**	**1.36**	**2.79**	**0.99**	**13.6**	**4.80**	**58.4**	**22.7**	**104**	**24.2**	**255**	**42.5**	**7 313**	**1.05**	**767**	**21**
LY-11-10	**5.33**	**842**	**3.83**	**<0.01**	**48.0**	**0.07**	**1.39**	**3.09**	**0.93**	**15.0**	**5.36**	**68.5**	**27.5**	**130**	**31.2**	**319**	**53.8**	**7 930**	**1.42**	**752**	**21**
LY-11-11	3.37	514	2.53	<0.01	37.1	0.04	0.91	1.48	0.57	8.0	2.91	37.1	15.9	79	20.8	232	43.6	8 408	0.87	710	20
LY-11-12	**3.94**	**747**	**3.74**	**2.26**	**51.0**	**0.49**	**2.85**	**2.57**	**0.73**	**12.2**	**4.61**	**57.8**	**23.6**	**114**	**28.1**	**298**	**52.2**	**8 773**	**1.35**	**724**	**20**
LY-11-13	4.90	779	3.65	0.94	45.4	0.27	1.97	2.72	0.67	12.8	4.74	60.8	24.8	119	28.4	303	52.9	8 436	1.31	744	21
LY-11-14	4.67	1 187	2.70	4.94	58.4	1.23	6.43	5.41	1.46	24.3	8.32	100.0	38.9	176	40.3	400	66.8	8 361	1.10	740	21
LY-11-15	13.20	327	3.13	0.10	20.5	0.04	0.23	0.71	0.20	3.6	1.69	22.3	9.9	52	13.7	156	27.6	8 599	0.94	846	24
LY-11-16	6.80	955	4.14	2.90	55.7	0.72	4.05	3.60	1.09	16.8	5.78	73.1	30.1	146	34.8	361	65.0	7 802	1.37	776	22
LY-11-17	**1 376.00**	**1 273**	**12.70**	**1.08**	**64.9**	**0.73**	**6.76**	**6.78**	**2.42**	**27.5**	**9.26**	**109.0**	**41.6**	**187**	**42.2**	**417**	**73.0**	**8 806**	**1.62**	**1 842**	**67**
LY-11-18	4.05	1 403	2.83	1.39	51.9	0.47	4.22	6.11	1.64	27.1	9.64	116.0	45.3	206	46.0	457	77.0	8 475	1.09	726	20
LY-11-19	7.97	889	10.10	0.12	51.7	0.13	1.26	1.66	0.49	8.5	3.63	49.2	23.3	135	38.7	480	103.0	9 926	1.58	792	22
LY-11-20	4.07	1 220	1.76	<0.02	42.8	0.16	2.66	5.17	1.44	22.9	7.65	94.4	37.2	179	43.0	464	90.2	9 266	0.69	727	20
LY-11-21	2.64	817	3.93	1.05	45.8	0.31	2.29	2.28	0.66	11.0	4.24	53.5	23.2	125	33.6	400	86.4	9 958	1.05	689	19
LY-11-22	3.91	804	3.44	0.78	45.1	0.22	1.95	2.39	0.68	12.9	4.78	61.8	25.3	124	29.4	302	54.2	9 082	1.35	723	20
LY-11-23	9.36	1 089	8.60	0.94	54.0	0.37	3.08	3.19	0.93	14.7	5.47	72.1	31.4	165	41.9	470	93.3	9 008	1.48	808	23
LY-11-24	9.32	899	2.81	<0.02	52.7	0.12	2.41	3.86	1.33	18.6	6.31	77.5	29.2	134	29.3	290	51.7	7 844	1.02	808	23

左侧标注：龙亚拉花岗岩中同生岩浆锆石

注：加粗数据因锆石年龄测试结果的协和度较差而未参与讨论。

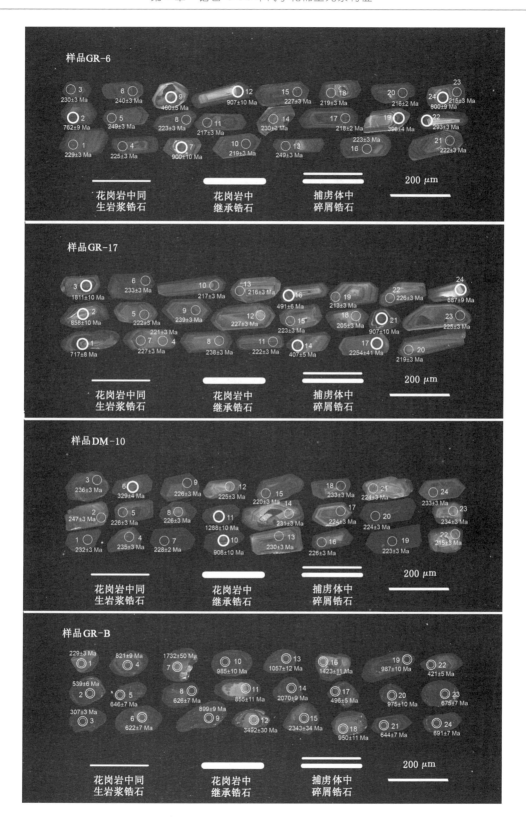

图 6-1　唐古拉花岗岩中代表性锆石的阴极发光(CL)特征、测点位置及年龄结果

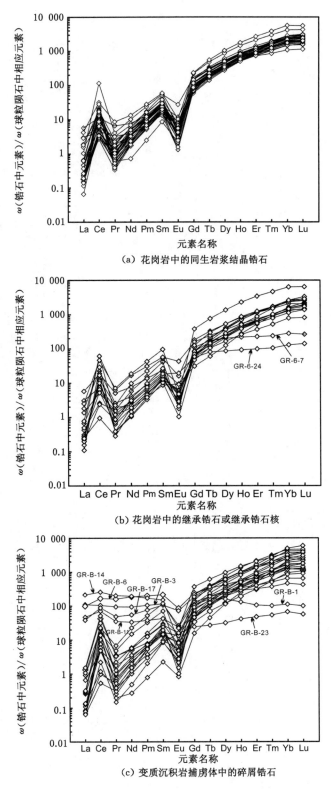

（a）花岗岩中的同生岩浆结晶锆石

（b）花岗岩中的继承锆石或继承锆石核

（c）变质沉积岩捕房体中的碎屑锆石

图 6-2　唐古拉花岗岩中锆石球粒陨石标准化图解

除了测试点 DM-10-6 的分析结果不协和以外,其他继承锆石或锆石核给出的协和年龄变化范围极大,为 2 254～293 Ma(图 6-3,表 6-1)。此处,使用^{207}Pb-^{206}Pb 年龄代表大于 1 000 Ma 锆石的真实年龄,而用^{206}Pb-^{238}U 年龄代表小于 1 000 Ma 锆石的真实年龄。花岗岩中继承锆石的广泛存在与下文基于地球化学成分特征将其划归 S 型花岗岩的论点相一致。

从 CL 特征图来看(图 6-1),测试点 GR-17-7、DM-10-19 及 DM-10-20 似乎位于继承锆石核的内部,然而其分析结果给出的年龄值与其他位于同生岩浆锆石中的分析点相似,这说明它们并非真正的继承锆石核,而是被改造的同生岩浆锆石。这些所谓的继承锆石核的内部环带与外围部分相平行,明显不同于典型继承锆石核的特征,尤其是测试点 DM-10-20。另外,这些所谓的继承锆石核显示典型的岩浆结晶锆石的稀土组成特征,具有较高的 $\omega(\text{Th})/\omega(\text{U})$ 和明显左倾式 REE 稀土配分模式特征(表 6-2,图 6-2)(Hoskin et al.,2003)。

测试点 GR-6-17 似乎跨越同一锆石的核部和幔部位置(图 6-1)。为了确认该点测试结果是否可靠,笔者核实了 LA-ICP-MS 分析过程中获得的同位素比值变化曲线[如 $\omega(^{206}\text{Pb})/\omega(^{238}\text{U})$],发现随着检测时间的变化(60 s),同位素比值整体保持不变。这一现象说明,分析点所在位置在成分上是均一的,并未跨越内部的核幔边界,因此该分析点非真正的继承锆石核。

花岗岩样品中同生岩浆锆石的 Th 含量为 6.06×10^{-5}～1.5×10^{-3},U 含量为 1.89×10^{-4}～3.004×10^{-3},对应的 $\omega(\text{Th})/\omega(\text{U})$ 为 0.10～1.37(均值为 0.39),大体与岩浆结晶锆石的 $\omega(\text{Th})/\omega(\text{U})$ 一致(表 6-2)(Hoskin et al.,2003)。另外,同生岩浆锆石的稀土元素总含量($\sum$LREEs)为 5.0×10^{-4}～2.099×10^{-3}(LREEs:4.18×10^{-6}～8.65×10^{-5};HREEs:4.94×10^{-4}～2.062×10^{-3}),表现出左倾式稀土元素配分模式特征(图 6-2),并且具有明显的 Eu 负异常和 Ce 正异常特征,为典型岩浆结晶锆石的稀土元素组成特征(Hoskin et al.,2003)。

剔除协和度较差的分析点之后,样品 GR-6 中 14 颗同生岩浆锆石给出的^{206}Pb-^{238}U 加权平均年龄为(224.2±5.5)Ma(MSWD＝0.75,MSWD 表示平均标准权重偏差);样品 GR-17 中 14 颗同生岩浆锆石给出的^{206}Pb-^{238}U 加权平均年龄为(223.4±4.9)Ma(MSWD＝0.66);样品 DM-10 中 17 颗同生岩浆锆石给出的^{206}Pb-^{238}U 加权平均年龄为(227.9±2.2)Ma(MSWD＝1.10)(图 6-3)。上述锆石定年数据具有较高的协和度,表明 228～223 Ma 能够有效代表唐古拉花岗岩的结晶年龄。

6.1.2　变质沉积岩捕虏体中锆石特征

由于单个样品体积较小,在研究过程中将变质沉积岩捕虏体的样品 GR-4、GR-7、GR-9、GR-12 和 GR-22 进行混合,统一做锆石单矿物挑选和分析。因此,本节以 GR-B 代指混合的捕虏体样品。变质沉积岩捕虏体(GR-B)中的锆石颗粒整体为粗短棱柱状或椭圆状,透射光下呈浅粉色至深棕色,具明显核-边结构(图 6-1)。其中,核部具明显震荡环带或弱分带,中等发光,并且多数在边缘位置具蚀变晕特征;边部无分带,弱发光,从而表明捕虏体中的锆石在后期变质作用过程中发生变质增生。

变质沉积岩捕虏体中的碎屑锆石具有不同的 Th 和 U 含量以及 $\omega(\text{Th})/\omega(\text{U})$ 特征,其中 Th 含量为 3.28×10^{-6}～9.43×10^{-4},U 含量为 7.345×10^{-5}～2.127×10^{-3},$\omega(\text{Th})/\omega(\text{U})$ 为 0.02～1.00(表 6-2)。在球粒陨石标准化图解(图 6-2)中,这些老的锆石核

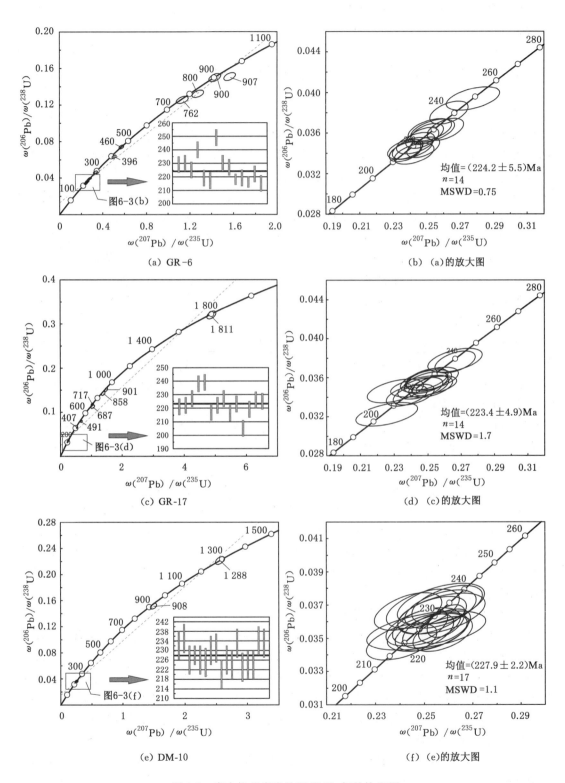

图 6-3　唐古拉花岗岩锆石 U-Pb 年龄协和图

及碎屑锆石多数具有典型岩浆成因锆石的稀土元素配分模式,而少量锆石则明显具有不同的配分模式特征(图 6-2)。剔除无效数据后,U-Pb 年龄分析给出的年龄范围为 3 492～229 Ma(表 6-1)。

6.2　木乃紫苏花岗岩锆石 U-Pb 年代学及稀土元素特征

本节选择 1 件代表性样品(M-13)进行木乃紫苏花岗岩锆石 U-Pb 定年及稀土元素分析。分析数据列于表 6-1 和表 6-2。

从 CL 特征图来看(图 6-4),锆石多为半自形状,晶面发育整体较差,往往表现为沿 C 轴的长边发育而短边不规则的形态特征。锆石在透射光下为无色透明或略带粉红色。锆石在阴极发光下为弱发光,内部环带较宽或呈弱分带特征,与辉长岩中锆石的内部结构相似,这表明锆石结晶时岩浆的温度相对较高。个别锆石的内部结构则呈面状或不规则分带特征。除此之外,沿锆石边缘普遍发育明显的蚀变晕,有些蚀变晕穿插到锆石晶体内部,在阴极发光下这些蚀变晕呈亮白色,具强发光特征。蚀变晕的存在表明锆石结晶之后曾经历较强的热液流体的蚀变作用。样品中未发现老的继承锆石核。

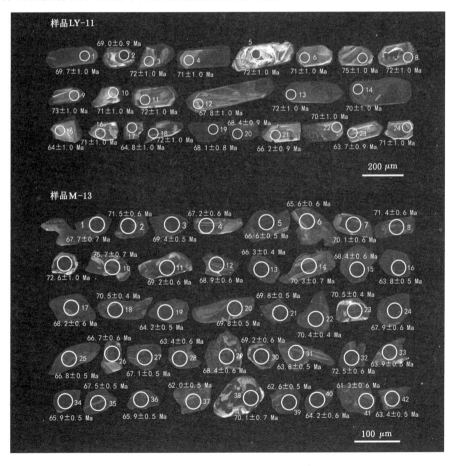

图 6-4　木乃紫苏花岗岩和龙亚拉花岗岩中代表性锆石的
阴极发光(CL)特征、测点位置及年龄

锆石总 Th 含量为 $2.41 \times 10^{-4} \sim 6.167 \times 10^{-3}$，U 为 $6.25 \times 10^{-4} \sim 4.538 \times 10^{-3}$，$\omega(Th)/\omega(U)$ 为 $0.20 \sim 1.69$，多数大于 0.4。稀土元素配分图具有左倾模式特征，并且具有明显负 Eu 和正 Ce 异常特征［图 6-5(b)］。这些特征表明样品为典型的岩浆成因锆石（Hoskin et al.，2003）。剔除无效点（置信度大于 105% 或小于 95%）之后，样品中 27 颗结晶锆石的 ^{206}Pb-^{238}U 年龄为 $63.4 \sim 75.7$ Ma，^{206}Pb-^{238}U 加权平均年龄为 (68.1 ± 1.1) Ma（MSWD$=1.30$）［图 6-5(a)］。上述锆石定年数据具有较高的协和度，表明该年龄值能够有效地代表木乃紫苏花岗岩的结晶年龄。另外，前人曾对木乃紫苏花岗岩进行初步研究，并给出 (67.1 ± 2.0) Ma 的年龄值（段志明等，2005a，2005b）。因此，结合前人研究和本书的定年数据，木乃紫苏花岗岩的结晶年龄被限定为 $68 \sim 67$ Ma，为白垩纪末期岩浆作用产物。

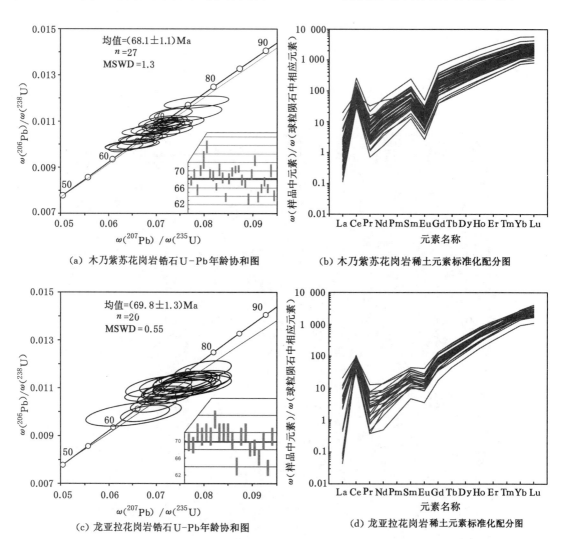

（a）木乃紫苏花岗岩锆石 U-Pb 年龄协和图　　　　（b）木乃紫苏花岗岩稀土元素标准化配分图

（c）龙亚拉花岗岩锆石 U-Pb 年龄协和图　　　　（d）龙亚拉花岗岩稀土元素标准化配分图

图 6-5　木乃紫苏花岗岩和龙亚拉花岗岩锆石 U-Pb 年龄协和图与稀土元素标准化配分图

6.3　龙亚拉花岗岩锆石 U-Pb 年代学及稀土元素特征

本节选择 1 件代表性样品(LY-11)进行龙亚拉花岗岩锆石 U-Pb 定年及稀土元素分析。分析数据列于表 6-1 和表 6-2。

龙亚拉花岗岩中的锆石颗粒为棱柱状,其长度为 $100\sim400~\mu m$,长宽比变化于 1∶1 和 4∶1 之间(图 6-4)。锆石在透射光下是无色透明的,在 CL 图中呈现典型的震荡环带特征(图 6-4)。Th 和 U 含量分别为 $1.13\times10^{-4}\sim9.02\times10^{-4}$ 和 $2.02\times10^{-4}\sim1.135\times10^{-3}$,$\omega(\mathrm{Th})/\omega(\mathrm{U})$ 为 $0.52\sim1.16$,这与典型岩浆锆石的 $\omega(\mathrm{Th})/\omega(\mathrm{U})$(大于 0.4;Hoskin et al.,2003)相一致。稀土元素配分为左倾模式,并且具有明显的负 Eu 和正 Ce 异常特征[图 6-5(d)]。这些特征表明,龙亚拉花岗岩中的锆石同样为典型的岩浆成因锆石(Hoskin et al.,2003)。另外,与木乃紫苏花岗岩一样,龙亚拉花岗岩内部同样不存在继承锆石。

剔除无效数据点(置信度大于 105% 或小于 95%)之后,20 个可用数据显示协和年龄范围为 $(63.7\pm0.9)\sim(75\pm1)~\mathrm{Ma}$,加权平均年龄为 $(69.8\pm1.3)~\mathrm{Ma}(\mathrm{MSWD}=0.55)$[图 6-5(c)]。所选锆石均呈现震荡环带发育且晶形较好特征,为典型的岩浆成因锆石,并且分析点均选择在靠近锆石边部的位置,因此上述年龄可准确代表花岗岩的岩浆结晶年龄。另外,前人曾对龙亚拉花岗岩进行初步研究,并给出 $(69.8\pm2.0)~\mathrm{Ma}$ 的年龄值(段志明等,2005b)。因此,结合前人研究和本书定年数据,龙亚拉花岗岩的结晶年龄被限定为约 70 Ma,属白垩纪末期岩浆作用的产物,为木乃紫苏花岗岩的同期岩浆产物。

第7章 Sr-Nd-Hf 同位素特征

7.1 唐古拉花岗岩 Sr-Nd-Hf 同位素特征

唐古拉花岗岩中的同生岩浆锆石具有非常富集的 Hf 同位素组成和较老的 Hf 亏损地幔模式年龄，$\omega(^{176}\mathrm{Hf})/\omega(^{177}\mathrm{Hf})$ 为 0.282 188~0.282 486，$\omega(^{176}\mathrm{Lu})/\omega(^{177}\mathrm{Hf})$ 为 0.000 272~0.001 499，$\varepsilon_{\mathrm{Hf}}(t)=-16\sim-5.1(t=220~\mathrm{Ma})$，$T_{\mathrm{DM2}}(\mathrm{Hf})=1.58\sim2.26~\mathrm{Ga}$ [表 7-1，图 7-1(a)，图 7-1(b)]。所有锆石 $\omega(^{176}\mathrm{Lu})/\omega(^{177}\mathrm{Hf})$ 均小于 0.002，表明锆石在形成以后没有放射性成因 Hf 的积累，并且没有受后期岩浆热事件的影响，所测样品的 $\omega(^{176}\mathrm{Lu})/\omega(^{177}\mathrm{Hf})$ 可代表其形成时的 Hf 同位素比值特征(Iizuka et al.，2005)。另外，同生岩浆锆石的 $\varepsilon_{\mathrm{Hf}}(t)$ 值较为均一，并且全部为负值，这表明唐古拉花岗岩来源于古老地壳物质的部分熔融。

全岩 Sr-Nd 同位素分析结果(表 7-2)表明，唐古拉花岗岩样品具有较高的 $[\omega(^{87}\mathrm{Sr})/\omega(^{86}\mathrm{Sr})]_i$(0.716 849~0.730 577)和较低的 $\varepsilon_{\mathrm{Nd}}(t)$ 值(−10.95~−9.60)[图 7-1(c)]。全岩 Nd 亏损地幔模式年龄 $T_{\mathrm{DM2}}(\mathrm{Nd})$ 为 1.77~1.88 Ga，整体与锆石 Hf 同位素二阶段亏损地幔模式年龄 $T_{\mathrm{DM2}}(\mathrm{Hf})$(1.58~2.26 Ga)相一致。变质沉积岩捕房体样品(GR-4)具有较高的 $[\omega(^{87}\mathrm{Sr})/\omega(^{86}\mathrm{Sr})]_i$(0.722 100)和较低的 $\varepsilon_{\mathrm{Nd}}(t)$ 值(−13.18)，近似于花岗岩的 Sr-Nd 同位素组成。

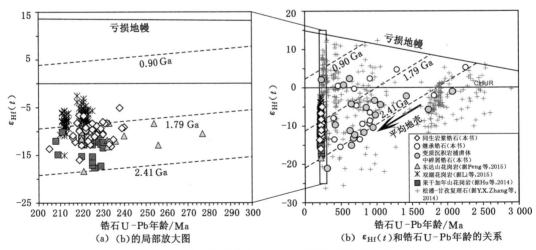

图 7-1　唐古拉花岗岩 Sr-Nd-Hf 同位素组成特征

[其中，松潘-甘孜三叠纪复理石的数据来源于 Zhang 等(2007，2012b)、Chen 等(2009)、
She 等(2006)和 Harris 等(1988)；羌塘中部变质沉积岩的数据来源于 Zhang 等(2007)；
东羌塘二叠纪沉积岩的数据来源于 Harris 等(1988)]

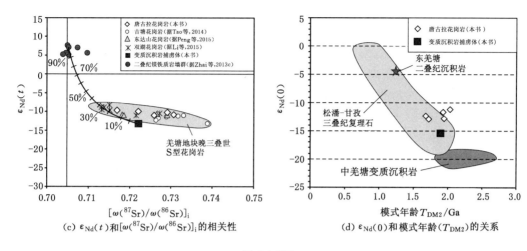

(c) $\varepsilon_{Nd}(t)$ 和 $[\omega(^{87}Sr)/\omega(^{86}Sr)]_i$ 的相关性

(d) $\varepsilon_{Nd}(0)$ 和模式年龄 (T_{DM2}) 的关系

图 7-1(续)

7.2 木乃紫苏花岗岩 Sr-Nd-Hf 同位素特征

木乃紫苏花岗岩同生岩浆锆石具有相对均一的 Hf 同位素组成,$\omega(^{176}Hf)/\omega(^{177}Hf)$ 和 $\omega(^{176}Lu)/\omega(^{177}Hf)$ 分别为 0.282 739~0.282 860 和 0.000 629~0.001 889,$\varepsilon_{Hf}(t)$ 相对较高,为 0.3~4.5[表 7-2,图 7-2(c)]。锆石 Hf 同位素亏损地幔模式年龄 T_{DM1}(Hf) 为 0.55~0.74 Ga,T_{DM2}(Hf) 为 0.84~1.12 Ga,近似于下文全岩 Nd 同位素亏损地幔模式年龄(表 7-2)。$\omega(^{176}Lu)/\omega(^{177}Hf)$ 小于 0.002 表明,锆石结晶后没有放射性成因 Hf 同位素的积累,且 $\omega(^{176}Hf)/\omega(^{177}Hf)$ 能够代表锆石形成时所在岩浆系统的 Hf 同位素的成分特征(Iizuka et al.,2005)。

木乃紫苏花岗岩的 Sr-Nd 同位素组成非常均一。其中,$\omega(^{87}Sr)/\omega(^{86}Sr)$ 相对较低,为 0.706 017~0.706 520,$[\omega(^{87}Sr)/\omega(^{86}Sr)]_i$ 为 0.705 616~0.705 877,$\varepsilon_{Nd}(t)$ 相对较高,为 −0.92~−0.66(t=68 Ma)[表 7-2,图 7-2(a),图 7-2(b)]。Nd 同位素亏损地幔模式年龄 T_{DM1}(Nd) 为 0.70~0.74 Ga,T_{DM2}(Nd) 为 0.93~0.95 Ga。

与木乃紫苏花岗岩相比,花岗岩内部岩浆包体(M-9)的 Sr-Nd 同位素组成轻微亏损,尤其是 Nd 同位素[表 7-2,图 7-2(a),图 7-2(b)]。表 7-2 中,$[\omega(^{87}Sr)/\omega(^{86}Sr)]_i$ 为 0.705 808,$[\omega(^{143}Nd)/\omega(^{144}Nd)]_i$ 为 0.512 567,$\varepsilon_{Nd}(t)$ 为 0.33。T_{DM1}(Nd) 和 T_{DM2}(Nd) 分别为 0.66 Ga 和 0.85 Ga,略低于木乃紫苏花岗岩。

7.3 龙亚拉花岗岩 Sr-Nd-Hf 同位素特征

龙亚拉花岗岩同生岩浆锆石具有相对均一的 Hf 同位素组成,其中 $\omega(^{176}Hf)/\omega(^{177}Hf)$ 和 $\omega(^{176}Lu)/\omega(^{177}Hf)$ 分别为 0.282 706~0.282 849 和 0.000 725~0.001 538。$\varepsilon_{Hf}(t)$ 相对较高,为 −0.8~4.2(多数大于 2)[表 7-1,图 7-2(c)]。亏损地幔模式年龄 T_{DM1}(Hf) 为 567~771 Ma,T_{DM2}(Hf) 为 866~1 189 Ma。$\omega(^{176}Lu)/\omega(^{177}Hf)$ 小于 0.002 表明,$\omega(^{176}Hf)/\omega(^{177}Hf)$ 能够代表锆石形成时岩浆系统的 Hf 同位素成分特征(Iizuka et al.,2005)。

表 7-1　样品中锆石 Lu-Hf 同位素组成

样品		年龄/Ma	$\omega(^{176}\mathrm{Yb})/\omega(^{177}\mathrm{Hf})$	2σ	$\omega(^{176}\mathrm{Lu})/\omega(^{177}\mathrm{Hf})$	2σ	$\omega(^{176}\mathrm{Hf})/\omega(^{177}\mathrm{Hf})$	2σ	$\omega(^{176}\mathrm{Hf})/\omega(^{177}\mathrm{Hf})_i$	$\varepsilon_{\mathrm{Hf}}(0)$	$\varepsilon_{\mathrm{Hf}}(t)$	2σ	$T_{\mathrm{DM1}}/\mathrm{Ma}$	$T_{\mathrm{DM2}}/\mathrm{Ma}$	$f_{\mathrm{Lu/Hf}}$
花岗岩样品 DM-10 中同生岩浆锆石	DM-10-1	232	0.036 154	0.000 536	0.001 243	0.000 018	0.282 399	0.000 023	0.282 394	−13.2	−8.3	0.8	1 212	1 782	−0.96
	DM-10-4	235	0.019 643	0.000 262	0.000 688	0.000 008	0.282 298	0.000 021	0.282 295	−16.8	−11.7	0.7	1 335	2 000	−0.98
	DM-10-5	226	0.028 954	0.000 183	0.001 005	0.000 007	0.282 354	0.000 020	0.282 350	−14.8	−10.0	0.7	1 268	1 884	−0.97
	DM-10-7	228	0.039 592	0.001 910	0.001 369	0.000 061	0.282 369	0.000 020	0.282 363	−14.3	−9.5	0.7	1 260	1 854	−0.96
	DM-10-9	226	0.031 864	0.000 542	0.001 117	0.000 017	0.282 372	0.000 020	0.282 367	−14.2	−9.4	0.7	1 247	1 846	−0.97
	DM-10-13	230	0.025 216	0.000 143	0.000 888	0.000 006	0.282 338	0.000 020	0.282 335	−15.3	−10.4	0.7	1 286	1 916	−0.97
	DM-10-14	231	0.023 423	0.000 079	0.000 824	0.000 003	0.282 396	0.000 023	0.282 392	−13.3	−8.4	0.8	1 204	1 787	−0.98
	DM-10-15	220	0.022 388	0.000 174	0.000 777	0.000 005	0.282 273	0.000 020	0.282 270	−17.6	−12.9	0.8	1 373	2 065	−0.98
	DM-10-17	224	0.028 036	0.000 446	0.000 958	0.000 016	0.282 275	0.000 022	0.282 271	−17.6	−12.8	0.8	1 376	2 060	−0.97
	DM-10-18	233	0.030 273	0.000 949	0.001 060	0.000 031	0.282 286	0.000 022	0.282 281	−17.2	−12.2	0.8	1 365	2 032	−0.97
	DM-10-20	224	0.027 099	0.000 677	0.000 922	0.000 021	0.282 315	0.000 020	0.282 311	−16.2	−11.4	0.7	1 320	1 972	−0.97
	DM-10-21	224	0.022 014	0.000 061	0.000 733	0.000 001	0.282 394	0.000 021	0.282 391	−13.4	−8.6	0.8	1 204	1 795	−0.98
	DM-10-23	234	0.030 262	0.000 385	0.000 995	0.000 013	0.282 260	0.000 022	0.282 256	−18.1	−13.1	0.8	1 399	2 089	−0.97
	DM-10-24	233	0.026 843	0.000 317	0.000 902	0.000 009	0.282 273	0.000 022	0.282 269	−17.7	−12.7	0.8	1 378	2 060	−0.97
花岗岩样品 GR-6 中同生岩浆锆石	GR-6-1	229	0.033 465	0.000 295	0.001 199	0.000 009	0.282 368	0.000 019	0.282 363	−14.3	−9.4	0.7	1 254	1 852	−0.96
	GR-6-3	230	0.024 294	0.000 303	0.000 905	0.000 010	0.282 407	0.000 021	0.282 403	−12.9	−8.0	0.7	1 192	1 764	−0.97
	GR-6-4	225	0.021 061	0.000 455	0.000 779	0.000 016	0.282 364	0.000 022	0.282 361	−14.4	−9.6	0.8	1 246	1 860	−0.98
	GR-6-6	240	0.027 229	0.000 287	0.001 015	0.000 012	0.282 369	0.000 022	0.282 365	−14.2	−9.1	0.8	1 247	1 842	−0.97
	GR-6-10	219	0.034 976	0.000 230	0.001 245	0.000 007	0.282 455	0.000 024	0.282 449	−11.2	−6.6	0.8	1 135	1 667	−0.96
	GR-6-11	217	0.008 310	0.000 789	0.000 272	0.000 028	0.282 293	0.000 018	0.282 292	−16.9	−12.2	0.6	1 328	2 019	−0.99
	GR-6-14	230	0.029 316	0.000 223	0.001 058	0.000 007	0.282 334	0.000 020	0.282 329	−15.5	−10.6	0.7	1 298	1 927	−0.97
	GR-6-15	227	0.026 118	0.000 350	0.000 956	0.000 012	0.282 385	0.000 022	0.282 381	−13.7	−8.8	0.8	1 223	1 814	−0.97

表 7-1（续）

样品	年龄/Ma	$\omega(^{176}\text{Yb})/\omega(^{177}\text{Hf})$	2σ	$\omega(^{176}\text{Lu})/\omega(^{177}\text{Hf})$	2σ	$\omega(^{176}\text{Hf})/\omega(^{177}\text{Hf})$	2σ	$\omega(^{176}\text{Hf})/\omega(^{177}\text{Hf})_i$	$\varepsilon_{\text{Hf}}(0)$	$\varepsilon_{\text{Hf}}(t)$	2σ	T_{DM1}/Ma	T_{DM2}/Ma	$f_{\text{Lu/Hf}}$
GR-6-17	218	0.027 805	0.000 232	0.000 993	0.000 007	0.282 408	0.000 020	0.282 404	−12.9	−8.2	0.7	1 193	1 769	−0.97
GR-6-18	219	0.021 397	0.000 189	0.000 727	0.000 006	0.282 188	0.000 022	0.282 185	−20.7	−16.0	0.8	1 489	2 255	−0.98
GR-6-20	216	0.023 302	0.000 443	0.000 838	0.000 014	0.282 320	0.000 023	0.282 317	−16.0	−11.4	0.8	1 310	1 964	−0.97
GR-6-21	222	0.018 641	0.000 298	0.000 625	0.000 010	0.282 358	0.000 019	0.282 356	−14.6	−9.8	0.7	1 250	1 873	−0.98
GR-17-4	221	0.034 459	0.000 484	0.001 241	0.000 018	0.282 449	0.000 043	0.282 444	−11.4	−6.8	1.5	1 143	1 678	−0.96
GR-17-5	222	0.023 481	0.000 338	0.000 873	0.000 012	0.282 377	0.000 049	0.282 373	−14.0	−9.2	1.7	1 232	1 835	−0.97
GR-17-8	238	0.029 875	0.000 597	0.001 184	0.000 017	0.282 486	0.000 045	0.282 481	−10.1	−5.1	1.6	1 088	1 584	−0.96
GR-17-9	239	0.018 787	0.000 733	0.000 696	0.000 028	0.282 363	0.000 045	0.282 360	−14.5	−9.3	1.6	1 246	1 854	−0.98
GR-17-12	227	0.029 174	0.000 390	0.001 015	0.000 011	0.282 334	0.000 020	0.282 330	−15.5	−10.6	0.7	1 296	1 928	−0.97
GR-17-13	216	0.033 276	0.000 549	0.001 171	0.000 018	0.282 334	0.000 020	0.282 330	−15.5	−10.9	0.7	1 301	1 935	−0.96
GR-17-15	223	0.019 008	0.000 461	0.000 681	0.000 016	0.282 297	0.000 018	0.282 294	−16.8	−12.0	0.6	1 337	2 011	−0.98
GR-17-18	205	0.026 158	0.000 527	0.000 921	0.000 017	0.282 263	0.000 019	0.282 259	−18.0	−13.6	0.7	1 393	2 099	−0.97
GR-17-20	219	0.035 613	0.000 569	0.001 207	0.000 018	0.282 361	0.000 027	0.282 356	−14.5	−9.9	1.0	1 266	1 875	−0.96
GR-17-22	226	0.029 938	0.000 241	0.000 996	0.000 008	0.282 322	0.000 020	0.282 318	−15.9	−11.1	0.7	1 312	1 955	−0.97
GR-17-23	225	0.045 100	0.000 594	0.001 499	0.000 017	0.282 403	0.000 023	0.282 397	−13.0	−8.3	0.8	1 215	1 780	−0.95
GR-B-1	229	0.001 570	0.000 016	0.000 045	0	0.282 689	0.000 019	0.282 688	−2.9	2.1	0.7	778	1 125	−1.00
GR-B-2	539	0.018 007	0.000 267	0.000 661	0.000 010	0.282 462	0.000 018	0.282 455	−11.0	0.7	0.6	1 107	1 451	−0.98
GR-B-3	307	0.044 530	0.000 702	0.001 532	0.000 017	0.281 995	0.000 016	0.281 986	−27.5	−21.1	0.6	1 794	2 639	−0.95
GR-B-4	821	0.027 175	0.000 159	0.000 875	0.000 004	0.281 942	0.000 019	0.281 928	−29.4	−11.7	0.7	1 835	2 441	−0.97
GR-B-5	646	0.039 132	0.000 852	0.001 829	0.000 038	0.281 966	0.000 030	0.281 943	−28.5	−15.1	1.1	1 849	2 518	−0.94
GR-B-6	622	0.013 734	0.000 090	0.000 468	0.000 002	0.282 456	0.000 018	0.282 450	−11.2	2.3	0.6	1 110	1 409	−0.99
GR-B-7	1 732	0.016 985	0.000 245	0.000 609	0.000 007	0.281 538	0.000 018	0.281 518	−43.6	−5.8	0.6	2 373	2 762	−0.98
GR-B-8	626	0.022 337	0.000 404	0.000 790	0.000 015	0.282 073	0.000 040	0.282 064	−24.7	−11.3	1.4	1 650	2 265	−0.98
GR-B-9	899	0.026 950	0.000 111	0.000 974	0.000 002	0.281 104	0.000 027	0.281 088	−59.0	−39.8	1.0	2 986	4 223	−0.97
GR-B-10	985	0.022 727	0.000 503	0.000 842	0.000 021	0.281 968	0.000 024	0.281 953	−28.4	−7.2	0.9	1 797	2 283	−0.97

花岗岩样品 GR-6 中同生岩浆锆石

变质沉积岩捕房体 GR-B（即 GR-4、GR-7、GR-9、GR-12 和 GR-22 的混合）的中碎屑锆石

表 7-1(续)

样品	年龄/Ma	$\omega(^{176}\mathrm{Yb})/\omega(^{177}\mathrm{Hf})$	2σ	$\omega(^{176}\mathrm{Lu})/\omega(^{177}\mathrm{Hf})$	2σ	$\omega(^{176}\mathrm{Hf})/\omega(^{177}\mathrm{Hf})$	2σ	$\omega(^{176}\mathrm{Hf})/\omega(^{177}\mathrm{Hf})_i$	$\varepsilon_{\mathrm{Hf}}(0)$	$\varepsilon_{\mathrm{Hf}}(t)$	2σ	$T_{\mathrm{DM1}}/\mathrm{Ma}$	$T_{\mathrm{DM2}}/\mathrm{Ma}$	$f_{\mathrm{Lu/Hf}}$
GR-B-11	855	0.021 769	0.000 044	0.000 790	0.000 002	0.282 103	0.000 017	0.282 090	−23.7	−5.2	0.6	1 610	2 063	−0.98
GR-B-12	3 492	0.029 990	0.000 517	0.001 154	0.000 020	0.280 552	0.000 021	0.280 475	−78.5	−2.2	0.7	3 745	3 893	−0.97
GR-B-13	1 057	0.040 338	0.000 630	0.001 430	0.000 028	0.282 012	0.000 030	0.281 983	−26.9	−4.5	1.1	1 764	2 170	−0.96
GR-B-14	2 070	0.042 750	0.000 840	0.001 377	0.000 020	0.281 489	0.000 041	0.281 435	−45.4	−1.0	1.5	2 489	2 730	−0.96
GR-B-16	1 423	0.022 198	0.000 231	0.000 876	0.000 009	0.281 839	0.000 028	0.281 815	−33.0	−2.2	1.0	1 977	2 308	−0.97
GR-B-18	950	0.026 763	0.000 467	0.000 882	0.000 017	0.281 899	0.000 023	0.281 883	−30.9	−10.4	0.8	1 895	2 458	−0.97
GR-B-20	975	0.028 903	0.000 325	0.000 965	0.000 008	0.282 084	0.000 024	0.282 067	−24.3	−3.4	0.9	1 642	2 038	−0.97
GR-B-21	644	0.041 441	0.000 494	0.001 546	0.000 018	0.282 268	0.000 036	0.282 249	−17.8	−4.3	1.3	1 409	1 843	−0.95
GR-B-22	421	0.027 882	0.000 262	0.001 076	0.000 012	0.282 243	0.000 024	0.282 235	−18.7	−9.7	0.8	1 425	2 016	−0.97
GR-B-23	675	0.001 183	0.000 013	0.000 035	0	0.281 978	0.000 017	0.281 977	−28.1	−13.2	0.6	1 747	2 425	−1.00
GR-B-24	691	0.009 583	0.000 486	0.000 315	0.000 023	0.281 996	0.000 018	0.281 992	−27.4	−12.3	0.6	1 735	2 382	−0.99
DM-10-10	908	0.045 321	0.001 749	0.001 532	0.000 054	0.282 297	0.000 014	0.282 271	−16.8	2.4	0.5	1 367	1 628	−0.95
DM-10-11	1 288	0.052 779	0.003 437	0.001 866	0.000 110	0.282 142	0.000 046	0.282 097	−22.3	4.7	1.6	1 600	1 773	−0.94
GR-6-2	762	0.023 718	0.000 369	0.001 015	0.000 010	0.281 929	0.000 029	0.281 915	−29.8	−13.5	1.0	1 860	2 508	−0.97
GR-6-7	900	0.003 836	0.000 032	0.000 117	0.000 001	0.281 948	0.000 020	0.281 946	−29.2	−9.3	0.7	1 792	2 353	−1.00
GR-6-9	460	0.028 733	0.000 309	0.001 032	0.000 010	0.282 508	0.000 021	0.282 499	−9.3	0.5	0.7	1 053	1 404	−0.97
GR-6-12	907	0.014 755	0.000 198	0.000 543	0.000 007	0.281 970	0.000 024	0.281 960	−28.4	−8.7	0.9	1 782	2 316	−0.98
GR-6-19	396	0.034 412	0.000 411	0.001 205	0.000 013	0.282 309	0.000 026	0.282 300	−16.4	−8.0	0.9	1 338	1 888	−0.96
GR-6-24	800	0.001 185	0.000 055	0.000 035	0.000 003	0.282 005	0.000 023	0.282 004	−27.1	−9.5	0.8	1 711	2 287	−1.00
GR-17-1	717	0.016 892	0.000 625	0.000 612	0.000 022	0.282 200	0.000 020	0.282 191	−20.2	−4.7	0.7	1 468	1 925	−0.98
GR-17-3	1 811	0.013 892	0.000 141	0.000 530	0.000 004	0.281 590	0.000 046	0.281 572	−41.8	−2.1	1.6	2 298	2 595	−0.98
GR-17-14	407	0.019 380	0.000 579	0.000 735	0.000 020	0.282 142	0.000 021	0.282 136	−22.3	−13.5	0.7	1 553	2 244	−0.98
GR-17-16	491	0.018 804	0.000 774	0.000 662	0.000 026	0.282 035	0.000 021	0.282 029	−26.1	−15.5	0.8	1 697	2 428	−0.98
GR-17-17	2 254	0.024 561	0.000 425	0.000 857	0.000 015	0.281 529	0.000 043	0.281 492	−44.0	5.2	1.5	2 401	2 489	−0.97
GR-17-21	907	0.021 951	0.000 327	0.000 721	0.000 013	0.282 033	0.000 021	0.282 021	−26.1	−6.5	0.7	1 703	2 183	−0.98
GR-17-24	687	0.030 916	0.000 236	0.000 991	0.000 008	0.282 348	0.000 026	0.282 335	−15.0	−0.3	0.9	1 277	1 626	−0.97

行标题：变质沉积岩捕房体 GR-B(即 GR-4、GR-7、GR-9、GR-12 和 GR-22 的混合)的中碎屑锆石；花岗岩样品 GR-6、GR-17、DM-10 中继承锆石

表 7-1（续）

样品	年龄/Ma	$\omega(^{176}Yb)/\omega(^{177}Hf)$	2σ	$\omega(^{176}Lu)/\omega(^{177}Hf)$	2σ	$\omega(^{176}Hf)/\omega(^{177}Hf)$	2σ	$\omega(^{176}Hf)/\omega(^{177}Hf)_i$	$\varepsilon_{Hf}(0)$	$\varepsilon_{Hf}(t)$	2σ	T_{DM1}/Ma	T_{DM2}/Ma	$f_{Lu/Hf}$
M-13-1	67.7	0.033 469	0.000 385	0.001 227	0.000 016	0.282 844	0.000 030	0.282 843	2.6	4.0	1.1	0.58	0.88	−0.96
M-13-3	69.4	0.044 383	0.000 377	0.001 522	0.000 015	0.282 845	0.000 024	0.282 843	2.6	4.0	0.8	0.59	0.88	−0.95
M-13-6	65.6	0.019 948	0.000 601	0.000 741	0.000 021	0.282 860	0.000 048	0.282 859	3.1	4.5	1.7	0.55	0.84	−0.98
M-13-10	75.7	0.016 538	0.000 541	0.000 629	0.000 016	0.282 798	0.000 015	0.282 797	0.9	2.6	0.5	0.64	0.98	−0.98
M-13-11	69.2	0.021 948	0.000 629	0.000 771	0.000 019	0.282 783	0.000 015	0.282 782	0.4	1.9	0.5	0.66	1.02	−0.98
M-13-13	66.3	0.054 902	0.002 066	0.001 889	0.000 073	0.282 801	0.000 028	0.282 798	1.0	2.4	1.0	0.66	0.98	−0.94
M-13-14	70.3	0.030 741	0.000 611	0.001 077	0.000 018	0.282 803	0.000 018	0.282 802	1.1	2.6	0.7	0.64	0.97	−0.97
M-13-15	68.4	0.047 083	0.001 315	0.001 575	0.000 045	0.282 739	0.000 036	0.282 737	−1.2	0.3	1.3	0.74	1.12	−0.95
M-13-16	63.8	0.020 386	0.000 078	0.000 719	0.000 005	0.282 838	0.000 017	0.282 837	2.3	3.7	0.6	0.58	0.90	−0.98
M-13-1	67.7	0.033 469	0.000 385	0.001 227	0.000 016	0.282 844	0.000 030	0.282 843	2.6	4.0	1.1	0.58	0.88	−0.96
M-13-3	69.4	0.044 383	0.000 377	0.001 522	0.000 015	0.282 845	0.000 024	0.282 843	2.6	4.0	0.8	0.59	0.88	−0.95
M-13-6	65.6	0.019 948	0.000 601	0.000 741	0.000 021	0.282 860	0.000 048	0.282 859	3.1	4.5	1.7	0.55	0.84	−0.98
M-13-10	75.7	0.016 538	0.000 541	0.000 629	0.000 016	0.282 798	0.000 015	0.282 797	0.9	2.6	0.5	0.64	0.98	−0.98
M-13-11	69.2	0.021 948	0.000 629	0.000 771	0.000 019	0.282 783	0.000 015	0.282 782	0.4	1.9	0.5	0.66	1.02	−0.98
M-13-13	66.3	0.054 902	0.002 066	0.001 889	0.000 073	0.282 801	0.000 018	0.282 803	1.1	2.6	1.0	0.66	0.97	−0.94
M-13-14	70.3	0.030 741	0.000 611	0.001 077	0.000 018	0.282 803	0.000 018	0.282 802	1.1	2.6	0.7	0.64	0.97	−0.97
M-13-15	68.4	0.047 083	0.001 315	0.001 575	0.000 045	0.282 739	0.000 045	0.282 737	−1.2	0.3	1.3	0.74	1.12	−0.95
M-13-16	63.8	0.020 386	0.000 078	0.000 719	0.000 005	0.282 838	0.000 017	0.282 837	2.3	3.7	0.6	0.58	0.90	−0.98
M-13-17	68.2	0.018 222	0.001 129	0.000 666	0.000 037	0.282 804	0.000 018	0.282 803	1.1	2.6	0.7	0.63	0.97	−0.98
M-13-22	70.4	0.017 603	0.000 303	0.000 662	0.000 012	0.282 814	0.000 024	0.282 814	1.5	3.0	0.9	0.62	0.94	−0.98
M-13-27	67.1	0.020 552	0.000 271	0.000 785	0.000 010	0.282 835	0.000 031	0.282 834	2.2	3.7	1.1	0.59	0.90	−0.98
M-13-30	69.2	0.028 924	0.000 649	0.001 049	0.000 024	0.282 780	0.000 022	0.282 779	0.3	1.8	0.8	0.67	1.02	−0.97
M-13-32	72.5	0.030 672	0.000 747	0.001 126	0.000 020	0.282 788	0.000 047	0.282 786	0.6	2.1	1.7	0.66	1.01	−0.97
M-13-33	63.9	0.029 852	0.000 719	0.001 050	0.000 023	0.282 751	0.000 022	0.282 750	−0.7	0.6	0.8	0.71	1.09	−0.97
M-13-35	67.5	0.031 997	0.000 522	0.001 181	0.000 017	0.282 772	0.000 028	0.282 770	0.0	1.4	1.0	0.68	1.04	−0.96
M-13-36	65.9	0.023 003	0.000 503	0.000 845	0.000 014	0.282 791	0.000 038	0.282 790	0.7	2.1	1.3	0.65	1.00	−0.97
M-13-38	70.1	0.031 737	0.000 644	0.001 078	0.000 024	0.282 798	0.000 017	0.282 797	0.9	2.4	0.6	0.64	0.98	−0.97

木乃紫苏花岗岩

表 7-1(续)

样品	年龄/Ma	$\omega(^{176}Yb)/\omega(^{177}Hf)$	2σ	$\omega(^{176}Lu)/\omega(^{177}Hf)$	2σ	$\omega(^{176}Hf)/\omega(^{177}Hf)$	2σ	$[\omega(^{176}Hf)/\omega(^{177}Hf)]_i$	$\varepsilon_{Hf}(0)$	$\varepsilon_{Hf}(t)$	2σ	T_{DM1}/Ma	T_{DM2}/Ma	$f_{Lu/Hf}$
LY-11-1	70	0.027 644	0.000 238	0.001 144	0.000 012	0.282 819	0.000 018	0.282 818	1.7	3.2	0.6	615	935	−0.97
LY-11-3	72	0.020 826	0.000 274	0.000 853	0.000 011	0.282 756	0.000 019	0.282 755	−0.6	1.0	0.7	700	1 076	−0.97
LY-11-4	71	0.026 376	0.000 131	0.000 989	0.000 004	0.282 773	0.000 022	0.282 771	0.0	1.5	0.8	679	1 039	−0.97
LY-11-6	71	0.022 771	0.000 139	0.000 857	0.000 005	0.282 792	0.000 020	0.282 791	0.7	2.2	0.7	649	995	−0.97
LY-11-7	75	0.031 593	0.000 519	0.001 338	0.000 021	0.282 810	0.000 020	0.282 809	1.4	2.9	0.7	632	953	−0.96
LY-11-9	73	0.034 102	0.000 635	0.001 263	0.000 025	0.282 826	0.000 021	0.282 824	1.9	3.4	0.7	609	919	−0.96
LY-11-10	71	0.030 143	0.000 162	0.001 122	0.000 007	0.282 799	0.000 020	0.282 797	0.9	2.5	0.7	644	981	−0.97
LY-11-11	72	0.017 351	0.000 123	0.000 725	0.000 006	0.282 800	0.000 021	0.282 799	1.0	2.5	0.8	636	976	−0.98
LY-11-12	68	0.024 093	0.000 127	0.000 931	0.000 004	0.282 794	0.000 022	0.282 793	0.8	2.2	0.8	648	992	−0.97
LY-11-13	72	0.023 471	0.000 339	0.000 882	0.000 012	0.282 725	0.000 021	0.282 724	−1.7	−0.1	0.7	744	1 145	−0.97
LY-11-14	70	0.027 037	0.000 395	0.001 019	0.000 012	0.282 753	0.000 021	0.282 752	−0.7	0.8	0.7	708	1 084	−0.97
LY-11-15	64	0.022 368	0.000 765	0.000 861	0.000 028	0.282 843	0.000 029	0.282 842	2.5	3.9	1.0	577	884	−0.97
LY-11-16	71	0.023 748	0.000 202	0.000 862	0.000 006	0.282 706	0.000 022	0.282 704	−2.3	−0.8	0.8	771	1 189	−0.95
LY-11-18	72	0.044 924	0.000 945	0.001 538	0.000 028	0.282 824	0.000 023	0.282 822	1.9	3.4	0.8	615	924	−0.95
LY-11-19	68	0.029 633	0.000 357	0.001 224	0.000 013	0.282 810	0.000 022	0.282 808	1.3	2.8	0.8	630	957	−0.96
LY-11-20	68	0.030 766	0.000 424	0.001 203	0.000 016	0.282 843	0.000 025	0.282 841	2.5	3.9	0.9	583	883	−0.96
LY-11-21	66	0.027 339	0.000 547	0.001 043	0.000 017	0.282 797	0.000 017	0.282 796	0.9	2.3	0.9	645	987	−0.97
LY-11-22	70	0.020 179	0.000 412	0.000 728	0.000 013	0.282 849	0.000 023	0.282 848	2.7	4.2	0.8	567	866	−0.98
LY-11-23	64	0.028 579	0.000 490	0.001 074	0.000 018	0.282 811	0.000 028	0.282 810	1.4	2.7	1.0	626	956	−0.97
LY-11-24	71	0.031 673	0.000 432	0.001 083	0.000 015	0.282 781	0.000 027	0.282 779	0.3	1.8	0.9	670	1 021	−0.97

龙亚拉花岗岩

注：$\varepsilon_{Hf}(t)=10\ 000\times\{[(^{176}Hf/^{177}Hf)_{锆石样品}-(^{176}Lu/^{177}Hf)_{锆石样品}\times(e^{\lambda t}-1)]/[(^{176}Hf/^{177}Hf)_{CHUR,0}-(^{176}Lu/^{177}Hf)_{CHUR}\times(e^{\lambda t}-1)]-1\}$。式中，$^{176}Hf/^{177}Hf$ 表示该同位素的质量

分数，下同。

$T_{DM1}(Hf)=1/\lambda\times\ln\{1+[(^{176}Hf/^{177}Hf)_{锆石样品}-(^{176}Hf/^{177}Hf)_{DM}]/[(^{176}Lu/^{177}Hf)_{锆石样品}-(^{176}Lu/^{177}Hf)_{DM}]\}$。

$T_{DM2}(Hf)=T_{DM1}(Hf)-[T_{DM1}(Hf)-t][(f_c-f_s)/(f_c-f_{DM})]$。其中 f_c、f_s 及 f_{DM} 代表大陆地壳、锆石样品及亏损地幔的 $f_{Lu/Hf}$ 比值，$f_c=-0.55$，$f_{DM}=0.157$；$f_s=$ $(^{176}Hf/^{177}Hf)_{锆石样品}/(^{176}Lu/^{177}Hf)_{CHUR}-1$。

$(^{176}Hf/^{177}Hf)_{DM}=0.283\ 25$；$(^{176}Lu/^{177}Hf)_{DM}=0.038\ 4$；$(^{176}Hf/^{177}Hf)_{CHUR,0}=0.282\ 772$；$(^{176}Lu/^{177}Hf)_{CHUR}=0.033\ 2$；$(^{176}Lu/^{177}Hf)c=0.015$。

$\lambda_{Lu-Hf}=1.867\times10^{-11}\ a^{-1}$。$t$ 为锆石结晶年龄。

表 7-2　样品中 Sr-Nd 同位素组成

样品		岩性	$\dfrac{\omega(^{87}Rb)}{\omega(^{86}Sr)}$	$\dfrac{\omega(^{87}Sr)}{\omega(^{86}Sr)}$	$\left[\dfrac{\omega(^{87}Sr)}{\omega(^{86}Sr)}\right]_i$	$\dfrac{\omega(^{147}Sm)}{\omega(^{144}Nd)}$	$\dfrac{\omega(^{143}Nd)}{\omega(^{144}Nd)}$	$\left[\dfrac{\omega(^{143}Nd)}{\omega(^{144}Nd)}\right]_i$	T_{DM1}/Ga	T_{DM2}/Ga	$\varepsilon_{Nd}(t)$	$\varepsilon_{Nd}(0)$	$f_{Sm/Nd}$
唐古拉花岗岩	GR-17	富斜长花岗岩	4.456 300	0.739 859	0.725 916	0.130 700	0.511 982	0.511 794	2.14	1.88	-10.95	-12.80	-0.34
	GR-19	二长花岗岩	6.396 700	0.750 591	0.730 577	0.119 6	0.511 977	0.511 805	1.90	1.87	-10.73	-12.89	-0.39
	GR-20	二长花岗岩	3.578 700	0.740 266	0.729 069	0.119 8	0.512 006	0.511 833	1.85	1.82	-10.17	-12.33	-0.39
	DM-5	正长花岗岩	12.441 600	0.760 955	0.722 027	0.134 8	0.512 041	0.511 847	2.14	1.80	-9.91	-11.65	-0.31
	DM-8	正长花岗岩	16.546 000	0.768 620	0.716 849	0.140 4	0.512 065	0.511 863	2.25	1.77	-9.60	-11.18	-0.29
	GR-4	变质沉积岩捕虏体	7.650 900	0.746 039	0.722 100	0.117 7	0.511 849	0.511 679	2.06	2.07	-13.18	-15.39	-0.40
木乃紫苏花岗岩	M-16	紫苏花岗岩	0.365 630	0.706 057	0.705 704	0.088 6	0.512 543	0.512 504	0.74	0.95	-0.92	-1.85	-0.55
	M-17	紫苏花岗岩	0.298 518	0.706 087	0.705 799	0.086 5	0.512 546	0.512 508	0.72	0.94	-0.84	-1.79	-0.56
	M-18	紫苏花岗岩	0.290 371	0.706 092	0.705 811	0.087 0	0.512 542	0.512 503	0.95	0.95	-0.92	-1.87	-0.56
	M-19	紫苏花岗岩	0.415 145	0.706 017	0.705 616	0.083 8	0.512 554	0.512 517	0.70	0.93	-0.66	-1.64	-0.57
	M-20	紫苏花岗岩	0.665 174	0.706 520	0.705 877	0.088 8	0.512 555	0.512 516	0.73	0.93	-0.68	-1.62	-0.55
	M-9	岩浆包体	0.307 480	0.706 105	0.705 808	0.086 9	0.512 606	0.512 567	0.66	0.85	0.33	-0.63	-0.56
龙亚拉花岗岩	LY-1	二长花岗岩	2.107 883	0.708 874	0.706 838	0.089 3	0.512 512	0.512 472	0.78	1.00	-1.52	-2.46	-0.55
	LY-6	二长花岗岩	1.135 068	0.708 005	0.706 908	0.087 5	0.512 468	0.512 429	0.82	1.07	-2.37	-3.32	-0.56
	LY-8	正长花岗岩	7.142 953	0.713 913	0.707 013	0.095 2	0.512 518	0.512 476	0.81	0.99	-1.45	-2.33	-0.52
	LY-9	二长花岗岩	1.863 582	0.708 719	0.706 919	0.074 7	0.512 468	0.512 435	0.75	1.06	-2.25	-3.31	-0.62

注：$(^{87}Sr/^{86}Sr)_i = (^{87}Sr/^{86}Sr)_{样品} - (^{87}Rb/^{86}Sr)_{样品} \times (e^{\lambda t} - 1)$；$\lambda_{Rb\text{-}Sr} = 0.014\,2\ \text{Ga}^{-1}$。式中，$^{87}Sr$ 代表该同位素的质量分数。下同；$(*)_i$ 代表 $*$ 的初始值。

$\varepsilon_{Nd}(t) = 10\,000 \times \{[(^{143}Nd/^{144}Nd)_{样品} - (^{147}Sm/^{144}Nd)_{样品} \times (e^{\lambda t} - 1)]/[(^{143}Nd/^{144}Nd)_{CHUR,0} - (^{147}Sm/^{144}Nd)_{CHUR} \times (e^{\lambda t} - 1)] - 1\}$。

$(^{143}Nd/^{144}Nd)_i = (^{143}Nd/^{144}Nd)_{样品} - (^{147}Sm/^{144}Nd)_{样品} \times (e^{\lambda t} - 1)$。

$T_{DM1} = \ln\{1 + [(^{143}Nd/^{144}Nd)_{样品} - (^{143}Nd/^{144}Nd)_{DM}]/[(^{147}Sm/^{144}Nd)_{样品} - (^{147}Sm/^{144}Nd)_{DM}]\}/\lambda$。

$T_{DM2} = T_{DM} - (T_{DM} - t) \times (f_c - f_s)/(f_c - f_{DM})$。$f_{Sm/Nd} = (^{147}Sm/^{144}Nd)_{样品}/(^{147}Sm/^{144}Nd)_{CHUR} - 1$。其中 f_c、f_s 及 f_{DM} 代表大陆地壳、样品及亏损地幔的 $f_{Sm/Nd}$ 值；$f_c = -0.4$，$f_{DM} = 0.085\,92$；t 为结晶年龄。

$(^{147}Sm/^{144}Nd)_{样品}$ 和 $(^{143}Nd/^{144}Nd)_{样品}$ 代表分析样品的同位素质量分数的比值；$(^{147}Sm/^{144}Nd)_{CHUR} = 0.196\,7$；$(^{143}Nd/^{144}Nd)_{CHUR,0} = 0.512\,638$；$(^{147}Sm/^{144}Nd)_{DM} = 0.213\,6$；

$(^{143}Nd/^{144}Nd)_{DM} = 0.513\,15$；$(^{147}Sm/^{144}Nd)_c = 0.118$；$\lambda_{Sm\text{-}Nd} = 0.006\,54\ \text{Ga}^{-1}$。

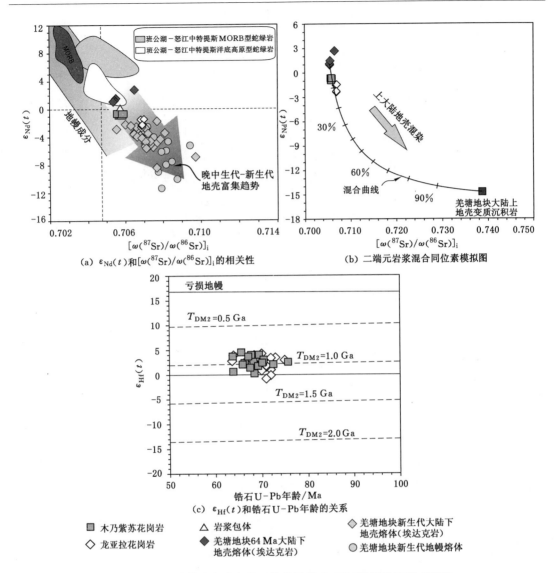

图 7-2　木乃紫苏花岗岩和龙亚拉花岗岩 Sr-Nd-Hf 同位素组成特征

[图(a)中,班公湖中特提斯洋 MORB 和洋底高原玄武岩数据分别据 Q. T. Huang 等(2015)和 Y. X. Zhang 等(2014)
及其所引文献;羌塘地块新生代地幔熔岩数据据 Guo 等(2006);约 64 Ma 的埃达克岩数据来自 H. R. Zhang 等(2015);
新生代(小于 45 Ma)埃达克岩数据据 Wang 等(2008a)和 Long 等(2015)。羌塘地块内部出露的约 64 Ma 和
新生代(小于 45 Ma)埃达克岩可大致约束白垩纪晚期和新生代羌塘大陆下地壳的同位素组成特征。
图(b)中,大陆上地壳变质沉积岩同位素数据引自 Lu 等(2017)]

　　龙亚拉花岗岩的 Sr-Nd 同位素组成均一。其中,$\omega(^{87}Sr)/\omega(^{86}Sr)$ 相对较低,为 0.708 005～
0.713 913,$[\omega(^{87}Sr)/\omega(^{86}Sr)]_i$ 为 0.706 838～0.707 013,$\varepsilon_{Nd}(t)$ 相对较高,为 −2.37～
−1.45($t=68$ Ma)[表 7-2,图 7-2(a),图 7-2(b)]。Nd 同位素亏损地幔模式年龄 T_{DM1}(Nd)为
0.75～0.82 Ga,T_{DM2}(Nd)为 0.99～1.07 Ga。

　　整体而言,龙亚拉花岗岩的锆石 Hf 同位素组成以及由此推算的 Hf 模式年龄与木乃紫苏
花岗岩的非常一致[图 7-2(c)]。然而,前者的 Sr-Nd 同位素组成相较后者则轻微富集
[图 7-2(a),图 7-2(b)]。

第 8 章 唐古拉花岗岩成因分析及构造意义

8.1 岩浆温压条件估计

花岗岩岩浆温压条件的估计对于花岗岩成因的解释具有重要意义,借此可以了解花岗岩的源区特征、壳幔相互作用、熔融与侵位深度等有关花岗岩成因的重要因素(Bergemann et al.,2014)。例如,异常高的花岗质岩浆温度往往指示岩浆在形成过程中有幔源热流或热物质的加入,因为一般的地壳加厚作用造成的地壳升温作用是相对有限的(Patiño Douce, 1999)。然而,由于花岗岩中通常缺乏适合于温压计算的矿物组合,因此与变质岩相比,对花岗岩形成温压条件的估计较难。

在花岗岩研究中,CIPW 标准矿物 Qz-Ab-Or 体系常被用于估算花岗质岩浆形成的压力条件(Anderson et al.,1989;Becker et al.,1998)。在标准矿物 Qz-Ab-Or 体系演化图中(Long et al.,1986;Anderson et al,1989),经历过明显岩浆演化的唐古拉花岗岩样品大致对应压力值为 2~4 kbar(1 kbar=0.1 MPa)且饱和的水的范围,而代表相对原始岩浆的样品则投点于压力值大于 10 kbar 的区域,这说明岩浆的起源压力相对较大[图 8-1(a)]。以平均大陆地壳密度 2.8×10^3 kg/m³ 为标准进行计算,唐古拉花岗岩的岩浆起源深度可限定为大于 36 km,而最终侵位结晶的深度则大致为 7~14 km。

利用 Watson 等(1983)的全岩锆石饱和地质温度计计算得出的唐古拉花岗岩的岩浆温度为 753~916 ℃,均值为(809±40)℃[图 8-1(b),表 5-1]。样品中存在老的继承锆石,这说明花岗岩的原始岩浆已达到锆石的饱和,进而说明上述温度计算结果可近似代表岩浆熔体形成时的温度特征(Miller et al.,2003)。Ferry 等(2007)的锆石 Ti 含量地质温度计同样被用于花岗岩岩浆温度的估算,其计算结果可近似代表岩浆的液相线温度。根据 Watson 等(2005)与 Ferry 等(2007)的研究,唐古拉花岗岩样品中不存在金红石,因此,将该温度计中用于计算的 TiO_2 活度(αTiO_2)和 SiO_2 活度(αSiO_2)分别设定为 0.5 和 1。计算结果表明,唐古拉花岗岩浆的温度为 661~946 ℃,均值为(793±65)℃(表 6-2),这一温度范围与上述全岩锆石饱和地质温度计的计算结果以及 Harrison 等(1984)的磷灰石饱和地质温度计、Green 等(1986)的 Fe-Ti 氧化物饱和地质温度计所指示的温度值相一致。

过铝质花岗岩中的 $\omega(Al_2O_3)/\omega(TiO_2)$ 可以有效地指示岩浆源区部分熔融的温度(Sylvester,1998)。一般而言,较高的 $\omega(Al_2O_3)/\omega(TiO_2)$(大于 100)对应较低的部分熔融温度(小于875 ℃),而较低的 $\omega(Al_2O_3)/\omega(TiO_2)$(小于 100)则对应较高的部分熔融温度(大于 875 ℃)(Sylvester,1998)。唐古拉花岗岩样品中的 $\omega(Al_2O_3)/\omega(TiO_2)$ 变化于 10~80 之间,表明岩浆源区部分熔融的温度大于875 ℃。因此,综合以上计算结果,唐古拉花岗岩的岩浆初始温度较高,大致可限定在 900~1 000 ℃的范围内。

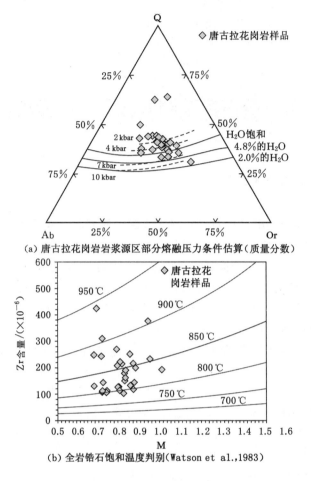

(a) 唐古拉花岗岩岩浆源区部分熔融压力条件估算（质量分数）

(b) 全岩锆石饱和温度判别（Watson et al.,1983）

图 8-1　唐古拉花岗岩岩浆温压条件估算

[图(a) 利用标准矿物 Q-Ab-Or 体系对唐古拉花岗岩岩浆源区部分熔融压力条件进行估算
（据 Long 等,1986；Anderson 等,1989）。图(b)中,$M=(Na+K+2\times Ca)/(Al\times Si)$,其中 Ca、Na、K、Si 及
Al 为通过对全岩主量元素 Si、Al、Fe、Mg、Ca、Na、K 及 P 的原子数进行归一化后计算得出的原子分数]

8.2　花岗岩岩浆源区特征

如上所述,唐古拉花岗岩具有强过铝质的地球化学特征,A/CNK 多数大于 1.1。除此之外,样品具有高 $\omega(^{87}Sr)/\omega(^{86}Sr)$ 与低 $\varepsilon_{Hf}(t)$ 和 $\varepsilon_{Nd}(t)$ 值,并且富铝硅酸盐矿物（如黑云母）富集。这些化学特征表明,唐古拉花岗岩属于 S 型系列花岗岩,主体为变质泥岩和(或)变质杂砂岩部分熔融的产物（Sylvester,1998）。相比由变质泥岩熔融形成的过铝质花岗岩岩浆,由变质杂砂岩熔融形成的过铝质花岗岩岩浆通常含有更高的 $\omega(CaO)/\omega(Na_2O)$（大于 0.3）（Sylvester,1998）,这是因为花岗岩岩浆中的 $\omega(CaO)/\omega(Na_2O)$ 一般由岩浆源岩中斜长石和黏土矿物的相对含量所控制。唐古拉花岗岩样品含有相对较高的 $\omega(CaO)/\omega(Na_2O)$（0.09~1.10,多数大于 0.3,平均 0.46）,因此其源岩主要为变质杂砂岩,其次混有少量的变质泥岩（Sylvester,1998）[图 8-2(a)]。$\omega(Rb)/\omega(Ba)$ 和 $\omega(Rb)/\omega(Sr)$ 同样可以用来判别花岗岩的源岩类型。唐古拉花

岗岩中,多数岩石含有低的 $\omega(Rb)/\omega(Ba)$ 和 $\omega(Rb)/\omega(Sr)$,类似于由纯变质杂砂岩熔融形成的岩浆,而少量岩石含有高的 $\omega(Rb)/\omega(Ba)$ 和 $\omega(Rb)/\omega(Sr)$,类似于由变质泥岩熔融形成的岩浆[图 8-2(b)](Sylvester,1998)。与实验岩石学中不同类型变质沉积物熔融形成的熔体成分相比(Patiño Douce,1999),唐古拉花岗岩的成分大致相当于杂砂岩熔体,尽管它们具有不同程度的镁铁质组分和钛的富集特征(图 8-3)。

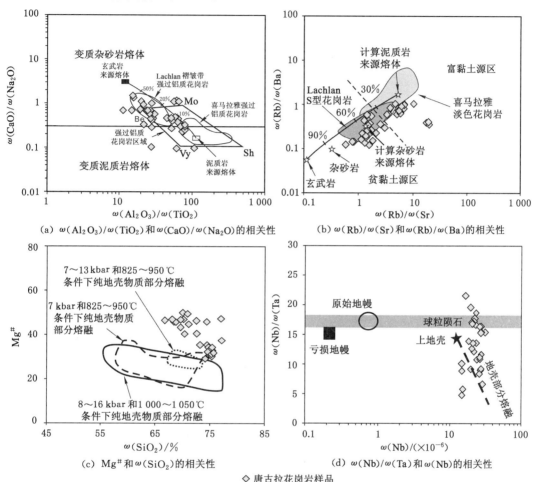

图 8-2 唐古拉花岗岩源岩特征判别图

[图(a)中,不同造山带过铝质花岗岩成分数据据 Sylvester(1998)、Inger 等(1993)。

图(b)中,喜马拉雅淡色花岗岩成分数据据 Searle 等(1986)、Inger 等(1993)及

Ayres 等(1997);拉克兰(Lachlan)造山带中 S 型花岗岩成分数据据 Chappell

(1984)、Healy 等(2004);泥岩和玄武岩熔体的二端元模拟混合曲线据

Patiño Douce(1998)、Sylvester(1998)。图(c)中,不同温压条件下的纯地壳的熔体数据据

Jiang 等(2013)。(d) 图据 Barth 等(2000)]

地球化学证据表明,在唐古拉花岗岩的形成过程中有地幔物质的加入。首先,唐古拉花岗岩具有相对较高的镁铁质组分和钛含量特征,$Mg^{\#}$ 为 29.10～49.81,$\omega(TiO_2+FeO+MgO)>2.50\%$(此处的百分含量指质量分数,下同)[图 5-1(f)]。$Mg^{\#}$ 明显高于完全由地壳物质熔融形成的岩浆中的 $Mg^{\#}$,这说明岩浆中混入了一定含量的地幔物质[图 8-2(c)]

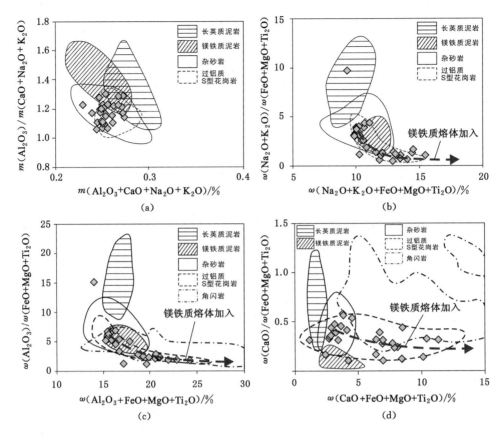

图 8-3　唐古拉花岗岩源岩特征判别图（底图据 Patiño Douce,1999）

（Jiang et al.,2013）。花岗岩样品中 $\omega(\mathrm{Nb})/\omega(\mathrm{Ta})$ 变化较大,部分样品高于地壳来源熔体,并且接近甚至超过原始地幔和球粒陨石的代表值[图 8-3(d)]。其次,在花岗岩 CIPW 标准矿物计算结果中,紫苏辉石标准矿物分子含量较高,为 $0.41\%\sim10.7\%$,平均值为 4.38%,这表明唐古拉花岗岩的岩浆具有镁铁质组分富集特征,从而进一步指示其岩浆有幔源物质的加入（Bora et al.,2015）。再者,上文指出唐古拉花岗岩的岩浆初始温度为 $900\sim1\,000\,^{\circ}\mathrm{C}$,如此高的温度在没有外来热源的情况下很难仅仅通过大陆地壳的加厚来实现（Patiño Douce,1999；Miller et al.,2003）。以往研究成果普遍表明,如此高的温度往往得益于热的幔源物质的底侵或混入（Patiño Douce,1999）。事实上,地球上很多过铝质 S 型花岗岩的形成均为地壳物质与地幔来源熔体的相互作用或物质混合的产物（Patiño Douce,1999）。

　　总结而言,唐古拉花岗岩岩浆来源于上地壳变质沉积岩的部分熔融,其中变质沉积岩以变质杂砂岩为主,同时混有少量的变质泥岩。另外,岩浆中存在幔源物质的混入,从而使得唐古拉花岗岩具有高的岩浆初始温度以及相对富集的镁-铁-钛以及一些高场强元素。

　　唐古拉花岗岩岩体中包含大量的变质沉积岩捕房体,这些捕房体与花岗岩样品具有相同的稀土元素和微量元素配分模式,同时具有非常相近的全岩 Sr-Nd 同位素组成[图 5-3,图 7-1(c)和图 7-1(d)]。另外,花岗岩中继承锆石的年龄谱和 Hf 同位素组成与变质沉积岩捕房体中的碎屑锆石的相似[图 7-1(b)]。因此,本书认为唐古拉花岗岩中的变质沉积岩捕房体可代表岩浆源区变质沉积岩的熔融残余。

　　变质沉积岩捕房体中碎屑锆石的 U-Pb 年龄和 Hf 同位素组成可有效提供有关花岗岩岩浆源岩的信息,从而进一步约束花岗岩岩浆的具体源岩类型[图 7-1(b),图 8-4]。变质沉积岩捕房体中的碎屑锆石与花岗岩中继承锆石具有相似的年龄谱,它们分别拥有极年轻的锆石年龄 229 Ma 和 293 Ma[图 8-4(a)和图 8-4(b)]。碎屑锆石与继承锆石的最小年龄值表明,二叠纪至中三叠世沉积的硅质碎屑沉积岩最有可能为唐古拉花岗岩的岩浆源岩。区域地质表明,在羌塘地块内部,尤其是唐古拉花岗岩周边地区,普遍缺失三叠纪硅质碎屑沉积岩,而在羌塘地块以北的松潘-甘孜地块则大量堆积三叠纪的复理石沉积岩。通过对唐古拉花岗岩、变质沉积岩捕房体以及松潘-甘孜地块三叠纪复理石进行系统对比,本书认为松潘-

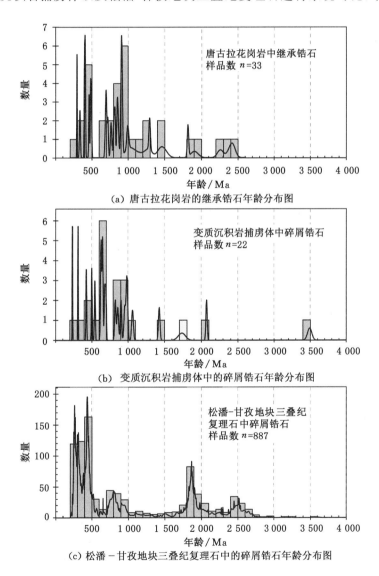

(a) 唐古拉花岗岩的继承锆石年龄分布图

(b) 变质沉积岩捕房体中的碎屑锆石年龄分布图

(c) 松潘-甘孜地块三叠纪复理石中的碎屑锆石年龄分布图

图 8-4　唐古拉花岗岩锆石年龄分布特征及其对比

[图(a)的部分数据引自关俊雷等(2016)。图(c)据 Ding 等,2013;Zhang 等,2015b;Bruguier 等,1997;Weislogel 等,2006。
图(d)据 Gehrels 等,2011。图(e)据 Gehrels 等,2011;Pullen 等,2008,2011。图(f)据 Kapp 等,2003;Zhao 等,2014。
概率曲线和直方图使用 Isoplot/Ex 软件绘制(Ludwig,2003),直方图中的组距为 100 Ma]

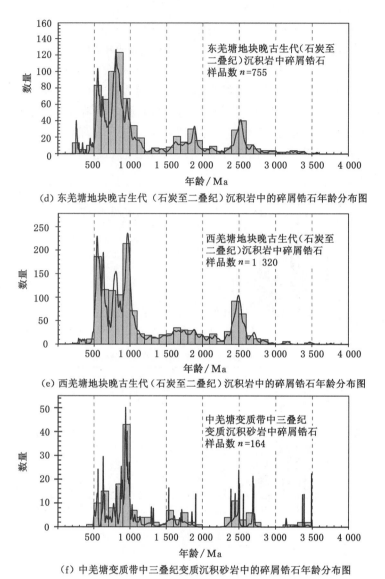

(d) 东羌塘地块晚古生代（石炭至二叠纪）沉积岩中的碎屑锆石年龄分布图

(e) 西羌塘地块晚古生代（石炭至二叠纪）沉积岩中的碎屑锆石年龄分布图

(f) 中羌塘变质带中三叠纪变质沉积砂岩中的碎屑锆石年龄分布图

图 8-4（续）

　　甘孜三叠纪复理石沉积岩最有可能为唐古拉花岗岩的岩浆源岩。例如，变质沉积岩捕虏体中的碎屑锆石与花岗岩中继承锆石的年龄分布和 Hf 同位素组成特征跟沉积于约 228 Ma 以前的松潘-甘孜地块复理石沉积岩相同［图 7-1(b)，图 8-4(a)，图 8-4(b)，图 8-4(c)］。

　　全岩 Sr-Nd 同位素及微量元素组成同样可以用于判别花岗岩的岩浆源岩特征。唐古拉花岗岩样品和其中具代表性的变质沉积岩捕虏体的 Nd 同位素组成与松潘-甘孜复理石沉积岩的相同或相近。表现在 T_{DM2} 和 $\varepsilon_{Nd}(0)$ 的关系图中，花岗岩样品和具代表性的变质沉积岩捕虏体样品与松潘-甘孜地块复理石沉积岩的成分区域重叠［图 7-1(d)］。另外，在稀土元素球粒陨石标准化模式图和微量元素亏损地幔标准化模式图中，花岗岩样品和具代表性的变质沉积岩捕虏体样品与松潘-甘孜地块复理石沉积岩具有同样的元素含量和配分模式

（图 5-3）。

除了三叠纪松潘-甘孜地块复理石沉积岩以外，对于唐古拉花岗岩的形成，还有其他几种可能源岩的存在。首先是羌塘地块二叠纪沉积岩。区域地质表明，研究区内唐古拉山以北地区出露少量以石炭至二叠纪为代表的晚古生代地层，这些沉积地层很可能在深埋之后发生部分熔融而形成花岗岩岩浆。在空间分布上，这些晚古生代地层同样满足成为唐古拉花岗岩岩浆源岩的要求。另一个可能源岩是类似于在中羌塘变质带位置出露的三叠纪变质沉积砂岩。Kapp 等（2000，2003）认为中羌塘变质带的变质沉积岩整体可能代表了通过金沙江古特提斯大洋岩石圈俯冲的方式从北侧松潘-甘孜地块带来的复理石沉积岩。然而，Zhang 等（2007）通过 Nd 同位素比较表明，中羌塘变质带位置出露的三叠纪变质沉积砂岩与松潘-甘孜地块复理石明显不同［图 7-1（d）］。本书通过对地球化学、Sr-Nd-Hf 同位素以及锆石年龄分布特征的比较，认为上述羌塘地块二叠纪沉积岩以及中羌塘变质带位置的三叠纪变质沉积岩均不可能为唐古拉花岗岩的岩浆源岩［图 7-1（d），图 8-4］。例如，对锆石年龄分布的研究表明，花岗岩中的继承锆石以及变质沉积岩捕虏体中的碎屑锆石的年龄谱与松潘-甘孜复理石中的碎屑锆石的一致，而与东西羌塘晚古生代（石炭纪至二叠纪）沉积岩以及中羌塘变质带附近三叠纪变质砂岩中的明显不同（图 8-4）。最为明显的是，后者在年龄谱中缺乏 200～500 Ma 的峰值年龄。另外，羌塘晚古生代沉积岩以及中羌塘变质带附近三叠纪变质砂岩的 Nd 同位素组成明显不同于唐古拉花岗岩和代表着源区部分熔融残余的变质沉积岩捕虏体的［图 7-1（d）］。

8.3　唐古拉花岗岩岩浆演化

岩相学和地球化学研究表明，结晶分异作用是控制唐古拉花岗岩岩浆演化的重要过程。如上文所言，唐古拉花岗岩具有极为相似的矿物组合。Clynne（1990）认为，来源于同一个花岗岩岩体中的岩石具有相似矿物组合时，往往指示其形成于一个相对封闭的岩浆系统，在该系统中岩浆演化主要受控于结晶分异过程。在地球化学方面，随着 SiO_2 含量的增加，花岗岩样品中的化学组成呈连续变化的趋势（图 5-2，图 5-4）。le Bel 等（1985）认为，当一套岩浆岩组合由统一的母岩岩浆经过结晶分异作用形成时，其地球化学成分在协变图中往往呈连续的线状演化趋势，这与本研究在唐古拉花岗岩中所观察到的现象一致。另外，唐古拉花岗岩中的 Zr 和 Hf 含量随着 SiO_2 含量的增加而逐渐降低［图 5-4（d），图 5-4（f）］，而对应的 $\omega(Zr)/\omega(Hf)$ 则基本保持不变［图 5-4（j）］。Zr 和 Hf 含量的降低主要受控于锆石的结晶，因为这两种元素在锆石中具有较高的分配系数。另外，Zr 和 Hf 具有相似的地球化学性质，两者在锆石和熔体之间的分配系数近乎相等，因此，花岗岩样品中稳定的 $\omega(Zr)/\omega(Hf)$ 同样表明，结晶分异作用是控制唐古拉花岗岩岩浆演化的重要因素（Dostal et al.，2000）。

唐古拉花岗岩的其他有关主量和微量元素地球化学组成方面的特征同样可以用结晶分异作用加以解释。例如，花岗岩中 Al_2O_3、CaO、MgO、Fe_2O_3、TiO_2、Ba、Sr、Eu 的含量以及 Eu/Eu^* 随着 SiO_2 含量的增加而降低，指示岩浆演化过程中存在明显的碱性长石、斜长石和黑云母的结晶分异作用（图 5-2，图 5-4）。岩石中 Sr 和 Ba 元素的强烈亏损（图 5-3）以及 Ba-Sr 和 Rb-Sr 之间良好的协变关系同样表明岩浆演化过程中碱性长石和斜长石结晶分异作用的存在。在野外调查过程中,笔者发现在唐古拉花岗岩岩体中普遍存在许多长石斑晶,其中以碱性长石为主,其次为斜长石,这从宏观岩相学角度直观地说明了长石结晶分异作用的存在。Ba-Sr 和 Rb-Sr 结晶分异模拟的计算结果表明(图 8-5),所有花岗岩样品均呈现碱性长石、斜长石和黑云母的结晶分异趋势,其中碱性长石(钾长石)的分异尤为明显。除此之外,样品中 Zr、P_2O_5 及 TiO_2 的含量与 SiO_2 含量之间呈明显的负相关关系,表明岩浆演化过程中同时发生不同程度锆石和磷灰石的分异。

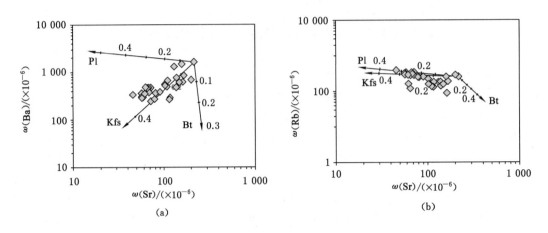

Pl—斜长石;Kfs—钾长石;Bt—黑云母。

图 8-5　唐古拉花岗岩基于 Ba-Sr 和 Rb-Sr 组成的结晶分异模拟结果

[微量元素 Rb、Ba 及 Sr 在矿物和熔体间的分配系数数据来源于 Rollinson(1993)]

唐古拉花岗岩中 Nb 和 Ta 的含量在 SiO_2 含量较低(小于 74%)时随着 SiO_2 含量的增加基本保持不变,然而在 SiO_2 含量较高(大于 74%),即岩浆高度演化时,Nb 和 Ta 的含量突然增加[图 5-4(g),图 5-4(h)]。与此对应,样品中的 $\omega(Nb)/\omega(Ta)$ 也基本保持恒定或轻微增加,而在高度演化的岩石中(SiO_2 含量大于74%)则明显降低[图 5-4(i)]。高度演化的岩石中 $\omega(Nb)/\omega(Ta)$ 的降低主要由于 Ta 含量的增加,这在一些高分异花岗岩中普遍存在(Dostal et al.,2000)。样品中的 $\omega(Nb)/\omega(Ta)$ 与 $\omega(Ba)$、Eu/Eu^*、$\omega(Zr)$、$\omega(Ti)$ 均呈正相关关系,从而表明 $\omega(Nb)/\omega(Ta)$ 的变化可能源于岩浆中主要矿物及附矿物的结晶分异作用。另外,样品中 $\omega(Nb)/\omega(Ta)$ 与 $\omega(K)/\omega(Rb)$ 之间具有明显的正相关性,而与 $\omega(Rb)$ 则呈明显的负相关关系,这说明高度演化的花岗岩样品中 Ta 含量的明显增加和 $\omega(Nb)/\omega(Ta)$ 的降低很可能是因为岩浆在分异作用的晚期受到流体的影响。这一解释已经普遍得到前人研究成果的支撑(Dostal et al.,2000;Stepanov et al.,2014;Ballouard et al.,2016)。

除了结晶分异作用之外,岩浆源区成分的不均一以及镁铁质熔体的混入是控制唐古拉花岗岩岩浆成分变化的次要因素。前文的讨论表明,松潘-甘孜三叠纪复理石沉积岩是唐古拉花岗岩的岩浆源岩。俯冲带位置的不同来源沉积物的机械混入导致这些复理石堆积明显不均匀(Cloos,1982),而这些不均匀沉积物的俯冲与熔融必然会导致花岗岩成分的不均一。反映在哈克图解中,唐古拉花岗岩的成分在整体连续演化的趋势中轻微离散。另外,前文的讨论表明,唐古拉花岗岩在岩浆形成过程中有幔源熔体的混入,从而使得唐古拉花岗岩具有高的岩浆初始温度,相对富集的镁-铁-钛组分以及一些高场强元素。Sr-Nd 同位素的模拟计算结果表明,幔源物质混入量大约为 10%～30%[图 7-1(c)]。然而,考虑花岗岩矿物组合的相似性、化学成分演化的连续性以及典型镁铁质微粒包体(MMEs)的缺失,本书认为幔源熔体的混入发生于岩浆上升侵位之前。幔源熔体的混入在羌塘地块晚三叠世的强过铝质S 型花岗岩中常见(Hu 等,2014;Tao 等,2014;Li 等,2015;Peng 等,2015)。

8.4　唐古拉花岗岩形成的动力学过程

通过对羌塘地块内部三叠纪岩浆活动的总结,划分出了三个岩浆岩带(图 8-6)。

(1)中羌塘双峰式岩浆岩带。该岩浆岩带以大量的长英质和镁铁质火山岩以及花岗岩为特征,其年龄范围为 230～200 Ma。

(2)唐古拉-昌都花岗岩带。该岩浆岩带由一系列年龄为 250～220 Ma 的花岗岩构成。其中,以小于 230 Ma 的花岗岩为主,规模相对较大;而 250～230 Ma 的花岗岩分布较少,规模相对较小。

(3)沱沱河-玉树火山岩带。该岩浆岩带在空间上位于羌塘地块北东缘,包括两组具有不同喷发时间和化学成分的火山岩。早期喷发的火山岩年龄为 242～219 Ma,由一系列基性-中性火山岩构成,并且在沱沱河和雁石坪地区含有典型的埃达克岩-高镁安山岩-富 Nb玄武岩组合(约 242～219 Ma)(Wang et al.,2008a;Chen et al.,2016),空间上与金沙江缝合带近似垂直(图 8-6)(Wang et al.,2008a)。晚期喷发火山岩的年龄约为 221～202 Ma(Yang et al.,2012;Zhao et al.,2015),主要由分布在治多和玉树地区的一系列钙碱性长英质火山岩构成,且整体平行于金沙江缝合带分布(图 8-6)。

Wang 等(2008a)指出,出露在羌塘地块沱沱河及雁石坪地区的早三叠世埃达克岩-高镁安山岩-富 Nb 玄武岩组合,形成于金沙江古特提斯大洋岩石圈向南俯冲至羌塘地块之下的过程,并且金沙江古特提斯大洋岩石圈的俯冲发生在羌塘地块的岩石圈地幔之下,这不同于 Kapp 等(2000,2003)的观点。埃达克岩的形成源于年轻古特提斯大洋岩石圈的俯冲和部分熔融,而板片熔体交代后的地幔楔熔融则形成了典型的高镁安山岩和富Nb 玄武岩。这一岩石组合非常类似于 Benoit 等(2002)在墨西哥下加利福尼亚(Baja California,Mexico)南部观察到的岩石组合,并且通常被认为是活动洋脊俯冲以及板片窗形成的重要标志(D'Orazio et al.,2001;Benoit et al.,2002;Thorkelsona et al.,2005)。由于埃达克岩-高镁安山岩-富 Nb 玄武岩的年龄为 242～219 Ma(Wang et al.,2008a;Chen et al.,2016),因此本书认为古特提斯板片窗的形成最晚开始于距今大约 242 Ma,而结束于大约220 Ma 之前(图 8-7)。活动洋脊的俯冲使得原来的大洋岩石圈由陡俯冲转变为平俯冲,从而使得该段时间内沿羌塘地块北东缘地区缺乏典型的火山弧岩浆活动。活动洋脊俯冲及板片窗结束之后,原有的古特提斯大洋岩石圈由平俯冲即刻转换为正常陡俯冲,从而在沱沱河-玉树地区形成年龄约为 221～202 Ma 的弧火山岩[图 8-6(b)](Yang et al.,2012;Zhao et al.,2015)。

越来越多的证据表明,双湖古特提斯洋在三叠纪的闭合是一个穿时过程,西部闭合的时间要整体早于东部大约 20 Ma(图 8-7)。沿双湖缝合带分布的三叠纪榴辉岩的时代和空间分布,是研究双湖古特提斯洋闭合时间的有效媒介(Zhang et al.,2009)。在中羌塘变质带中,榴辉岩内的变质锆石 U-Pb 年龄为 244～230 Ma[图 8-6(b)](Pullen et al.,2008;Zhai et al.,

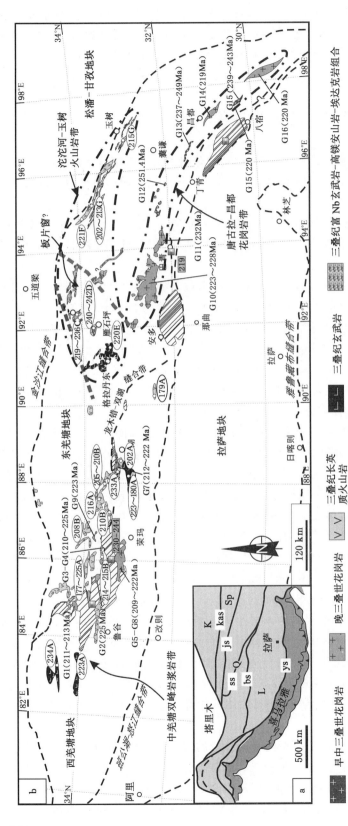

图8-6 羌塘地块三叠纪岩浆岩分布简明地质图

（a）青藏高原简明地质图。K—柴达木-昆仑地块；Sp—松潘-甘孜地块；Q—羌塘地块；L—拉萨地块；kas—阿尼玛卿-昆仑缝合带；Js—金沙江缝合带；ss—双湖缝合带；bs—班公湖-怒江缝合带；ys—雅鲁藏布江缝合带。（b）羌塘地块三叠纪岩浆岩分布简明地质图。图中同时标出了羌塘地块变质岩变质岩带的分布（据Zhang等，2009，2011）。

三叠岩浆岩数据来源：A，Zhang（2011）；B，Zhai等（2013a）；C，Wang等（2008a）；D，Chen（2016）；E，Fu等（2010）；F，Zhao（2015）；G，Yang（2012）；
G1，张修政等（2014b）；G6，Kapp等（2003）；G7，Li等（2015）；G8，李静超等（2015）；G9，Zhai等（2013a）；G10，本书；G2—G5，G11—G13，G15，Hu等（2014）及
其参考文献；G14，Tao等（2014）；G16，Peng等（2015）。榴辉岩数据来源于Pullen等（2008）和Zhang等（2018）。

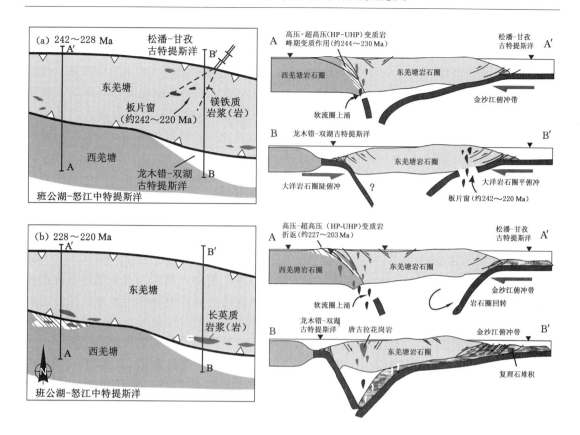

图 8-7　唐古拉花岗岩成因的构造模式图

2011a]，为榴辉岩相峰期变质作用的年龄，且大致代表了东西羌塘大陆地块的碰撞时间（Zhang et al.，2006a，2006b；Pullen et al.，2008）。榴辉岩中多硅白云母和钠质角闪石的Ar-Ar年龄为 227～203 Ma(Kapp et al.，2000，2003；李才等，2006；Pullen et al.，2008；翟庆国等，2009a；Zhai et al.，2011a；Liang et al.，2012；Tang et al.，2014)，代表榴辉岩的折返年龄。榴辉岩的折返时间大致与中羌塘双峰岩浆岩带的产出时间（230～200 Ma）相一致，并且羌塘地块中部同期发生晚三叠世沉积（Zhang et al.，2006c，2008b），说明该时期羌塘地块中部的岩浆活动和沉积作用统一受控于榴辉岩的构造折返作用。相反，在双湖缝合带的东段巴青地区，Zhang 等（2018）发现了一处洋壳成因榴辉岩的出露[图 8-6(b)]，其变质锆石SHRIMP 的 U-Pb 年龄约为 219 Ma，这晚于羌塘中部榴辉岩中最早的峰期变质年龄（约244 Ma）约20 Ma，有力证明了双湖古特提斯洋闭合具有穿时特征。

　　由于金沙江和双湖两条缝合带之间相距较近（小于 300 km）（图 8-6)，即便将后期地壳的构造缩短后考虑在内，其距离也非常有限，因此，晚三叠世南北两侧相向俯冲的大洋岩石圈在深处势必会发生相互作用。由于双湖古特提斯洋的闭合时间在东西方向上不同，因此俯冲的金沙江和双湖古特提斯大洋岩石圈在深处的相互作用方式也有所差异（图 8-7)。在双湖古特提斯洋缝合带的西段，即大致相当于中羌塘变质带的位置，当向南俯冲的金沙江古特提斯大洋岩石圈靠近南侧北向俯冲的双湖古特提斯大洋岩石圈时，由于相互之间的力学作用，后者将会从大陆岩石圈断离。俯冲大洋岩石圈的断离不仅能够为下伏软流圈物质的上涌提供通道,也导致了中羌塘高压-超高压变质岩的折返以及造山带的构造垮塌与伸展。中羌塘广泛分布的大致同期的双峰式岩浆作用表明构造折返、造山带垮塌-伸展以及深部软流圈物质上涌的存在(Fu et al.,2010;Zhang et al.,2011)。根据双峰式岩浆岩带中最早产生的碱性玄武岩的年龄可知,深部俯冲大洋岩石圈断离及随后的构造折返作用在双湖缝合带最西端靠近金沙江缝合带的位置大约开始于距今 234 Ma 时,而在双湖镇附近大约开始于 233 Ma[图 8-6(b)]。与此同时,深部软流圈热物质的上涌将会削弱金沙江古特提斯俯冲大洋岩石圈的强度,从而导致其向后回转。

与西段不同,在双湖古特提斯洋缝合带的东段,金沙江古特提斯大洋岩石圈和双湖古特提斯大洋岩石圈相向俯冲至岩石圈地幔深度之后,在两者之间形成一个相对封闭的空间。已有研究表明,拉丁尼期(Ladinian)至诺力期(Norian)(年龄约 230～203 Ma),金沙江俯冲带以北的松潘-甘孜地块中堆积大量的复理石浊流沉积物,并构成全球最大的复理石层序,其厚度可达 10～15 km(Enkelmann et al.,2007;Zhang et al.,2012b)。Kapp 等(2000,2003)和 Pullen 等(2008)认为,因金沙江古特提斯大洋岩石圈的俯冲而携带的大量复理石沉积物向下俯冲至羌塘地块之下(图 8-7)。大量复理石沉积物通过板片俯冲作用被带到深处之后聚集并熔融,从而形成大规模的唐古拉花岗岩。金沙江和双湖古特提斯大洋岩石圈相向俯冲将使得深部软流圈发生对流及上涌,从而导致幔源物质的混入及高温岩浆的形成。由于唐古拉-昌都花岗岩带中其他的一些晚三叠世花岗岩与唐古拉花岗岩具有相似的 Sr-Nd-Hf 同位素及微量元素组成[图 8-1(a),图 8-1(b),图 8-1(c)],因此俯冲复理石的熔融可能同时导致了这些花岗岩的形成,如吉塘花岗岩(Tao et al.,2014)和东达山花岗岩(Peng et al.,2015)等。

第9章　木乃紫苏花岗岩和龙亚拉花岗岩成因分析及构造意义

考虑木乃紫苏花岗岩和龙亚拉花岗岩形成的时间一致,在空间分布上又相互邻近,并且具有成因联系,因此本章将两个岩体综合进行讨论,以揭示羌塘地块晚白垩世或中生代末期的构造演化特征。需要说明的是,本章所指百分含量均为质量分数,%。

9.1　木乃紫苏花岗岩成因分析

9.1.1　岩浆温压条件估算

温压条件的估算是约束岩浆源区属性及岩浆侵位-结晶过程的关键。木乃紫苏花岗岩岩体内含有镁铁质捕房体,该捕房体主要由单斜辉石和斜方辉石构成,且具有典型粒状变晶结构,周围被不规则形态的角闪石和(或)黑云母包围,从而构成典型的反应边结构。另外,捕房体内辉石矿物的 $Mg^{\#}$ 和 TiO_2 含量(质量分数,%)类似于羌塘地块内部发现的大陆下地壳镁铁质捕房体内的辉石成分,但明显不同于来自青藏高原内部及邻区的地幔捕房体内的辉石成分(图9-1)。这些特征指示,木乃紫苏花岗岩内的捕房体要么来自岩浆源区,即下地壳部分熔融后的残余;要么便是岩浆在上升侵位过程中从岩浆通道周围捕获的大陆下地壳围岩。无论何种成因,均能利用其中的辉石矿物进行岩浆源区温压条件的估算。

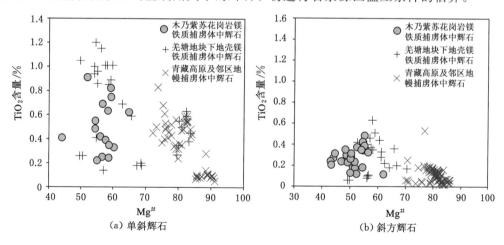

图 9-1　木乃紫苏花岗岩中镁铁质捕房体内辉石矿物的化学成分特征

单斜辉石和斜方辉石间的化学平衡是温压计算的前提。基于 Fe-Mg 交换系数,参照 Putirka(2008)提出的判别指标,本书对捕房体内部的单斜辉石和斜方辉石进行了化学平衡检测,结果表明,单斜辉石和斜方辉石在亚固相条件下可达到化学平衡(表9-1)。考虑 Fe、Mg、Ca

表 9-1 基于镁铁质捕虏体内辉石矿物系统的木乃紫花岗岩岩浆源区的压力条件估算

二辉石矿物对	1		2		3		4		5		6		平均
	Cpx	Opx	Cpx	Opx	Cpx	Opx	Cpx	Opx	Cpx	Opx	Cpx	Opx	
	M-5-1-cpx1	M-5-1-opx2	M-5-1-cpx3	M-5-1-opx2	M-5-3-cpx1	M-5-3-opx1	M-13-3-4-cpx1	M-13-3-4-opx1	M-13-3-5-cpx1	M-13-3-5-opx1	M-4-2-cpx2	M-4-2-opx2	
化学成分(质量分数,%)													
SiO_2	53.36	53.47	53.18	53.47	52.84	53.43	53.20	53.59	52.80	53.29	52.69	52.93	—
TiO_2	0.15	0.21	0.22	0.21	0.15	0.22	0.26	0.31	0.37	0.36	0.16	0.31	—
Al_2O_3	0.62	0.66	0.70	0.66	0.58	0.72	0.82	0.61	1.10	0.67	0.69	1.01	—
FeO	10.95	22.38	10.09	22.38	10.48	21.02	9.85	20.96	9.16	20.98	9.89	21.10	—
MnO	0.58	0.62	0.41	0.62	0.51	0.61	0.37	0.70	0.37	0.72	0.44	0.68	—
MgO	12.87	21.21	13.42	21.21	13.46	22.17	14.44	22.81	14.00	22.01	13.72	22.81	—
CaO	20.40	1.22	20.50	1.22	20.56	1.34	21.10	1.26	20.43	1.59	21.02	1.24	—
Na_2O	0.37	0.04	0.35	0.04	0.33	0.05	0.42	0.05	0.57	0.06	0.34	0.04	—
K_2O	0.02	0.01	0.01	0.01	0.02	0	0.01	0.03	0.02	0	0	0	—
Cr_2O_3	0	0.01	0.01	0.01	0	0.03	0.01	0.02	0.02	0.02	0.02	0.05	—
NiO	0.01	0.02	0.02	0.02	0	0.04	0	0.01	0	0.03	0	0.04	—
KD(Fe-Mg)(亚固相系统平衡时 KD=0.7±0.2)	0.81		0.71		0.82		0.74		0.69		0.78		—
压力估算结果(kbar) 二辉石压力计 Putirka(2008)(±3.7)	14.7		14.6		11.8		11.2		10.5		11.8		12.4
二辉石压力计 Mercier等(1984)	18.7		17.8		14.3		14.9		11.2		13.3		15.0
单斜辉石压力计 Nimis(1999)(±2.0)	10.2		11.1		10.5		10.2		13.0		9.9		10.8

元素在辉石内部的扩散速度较慢,且木乃紫苏花岗岩岩浆上升侵位的速度较快(将在后文作讨论),辉石间的化学平衡很难受到后期再平衡的干扰,因此该二辉石系统可准确约束深部岩浆的温压条件。

基于上述前提,本书采用 Mercier 等(1984)构建的二辉石矿物压力计,获得的压力估算值为 11.2~18.7 kbar(平均 15.0 kbar);采用 Putirka(2008)构建的二辉石压力计,获得的压力估算值为 10.5~14.7 kbar(平均 12.4 kbar);采用 Nimis(1999)构建的单斜辉石压力计,获得的压力估算值为 9.9~13.0 kbar(平均 10.8 kbar)(表 9-1)。针对岩浆的温度特征,本书采用 Putirka(2008)构建的二辉石温度计,在 10 kbar 和 15 kbar 条件下分别获得 850~880 ℃ 和 852~882 ℃ 的估算结果;采用 Brey 等(1990)构建的二辉石温度计,在 10 kbar 和 15 kbar 条件下分别获得 862~890 ℃ 和 877~905 ℃ 的估算结果;采用 Taylor(1998)构建的二辉石温度计,在 10 kbar 和 15 kbar 条件下分别获得 954~984 ℃ 和 970~1 001 ℃ 的估算结果(表 9-2)。不同压力条件下获得的温度估算结果十分相近,并且与其他二辉石温度计和单辉石温度计的估算结果(Wells,1977;徐义刚,1993)(表 9-2)相近,指示估算结果的可靠性较好。

Watson 等(1983)构建的锆石饱和温度计也是估算岩浆温度的简单有效的方法。基于这一方法,本书获得了 763~845 ℃(平均 792 ℃)的估算结果(表 5-1)。考虑木乃紫苏花岗岩中并不包含古老继承锆石,这一温度估算值仅能代表岩浆结晶晚期的最低温度(Miller et al.,2003),而早期岩浆的温度应高于这一估算结果。除此之外,通过磷灰石饱和温度计(Harrison et al.,1984)和铁钛氧化物饱和温度计(Green et al.,1986)[图 5-7(g)和图 5-7(h)],可获得 800~900 ℃ 的温度估算结果。

综合上述温压条件的估算结果可知,木乃紫苏花岗岩岩浆源区具有较高的温压条件,大致为 11~15 kbar 和 850~1 000 ℃(图 9-2)。木乃紫苏花岗岩的岩浆具有相对较高的温度(800~900 ℃),与岩体周围存在接触热变质晕这一特征相吻合。除此之外,这一认识也与前人提出的镁质紫苏花岗岩形成于高温条件的结论相一致(Frost et al.,2008)。

关于岩浆结晶的温压条件,岩浆岩中的角闪石矿物常用于解决这一问题。然而,木乃紫苏花岗岩中的角闪石并非由岩浆结晶而成的原生角闪石,而是经后期热液蚀变和交代作用形成的次生矿物阳起石,因此无法用于岩浆结晶温压条件的估算。值得注意的是,通过对高差近 400 m 的垂向剖面的低温热年代学进行研究,前人从木乃紫苏花岗岩中获得 67~56 Ma 的磷灰石裂变径迹年龄(段志明等,2009),该年龄与锆石 U-Pb 年龄大体一致。这一特征表明,木乃紫苏花岗岩应侵位于较浅的深度,位于磷灰石裂变径迹部分退火带之上。假设地温梯度是 25 ℃/km,并且磷灰石裂变径迹部分退火带温度为 120~90 ℃(Reiners,2005),那么岩浆侵位深度应浅于 3.6~4.8 km。这与木乃紫苏花岗岩具有细粒和似斑状的结构特征相吻合。

9.1.2　岩浆演化

木乃紫苏花岗岩样品具有均一的微量元素和同位素组成(图 5-6,图 7-2),这表明它们具有统一的岩浆来源,经历统一的岩浆演化,并且在上升侵位过程中没有明显受到大陆上地壳同化混染作用的影响。这一认识可进一步由以下两方面的证据加以佐证。其一,基于 Sr-Nd 同位素组成的岩浆混合端元模拟结果表明,木乃紫苏花岗岩的主体由母岩浆形成,仅仅有不到10%的大陆上地壳物质参与其中[图7-2(b)]。其二,Sr-Nd同位素组成与Mg#和

表9-2 基于镁铁质捕房体内辉石矿物系统的木乃紫苏花岗岩岩浆源区的温度条件估算

温度估算结果/℃	二辉石矿物对	1		2		3		4		5		6		平均
		Cpx	Opx	Cpx	Opx	Cpx	Opx	Cpx	Opx	Cpx	Opx	Cpx	Opx	
		M-5-1-cpx1	M-5-1-opx2	M-5-1-cpx3	M-5-1-opx2	M-5-3-cpx1	M-5-3-opx1	M-13-3-4-cpx1	M-13-3-4-opx1	M-13-3-5-cpx1	M-13-3-5-opx1	M-4-2-cpx2	M-4-2-opx2	
不受压力控制的二辉石温度计	Wells(1977)(±70)	932		951		937		940		950		919		938
	Wood 等(1973)(±60)	895		907		906		911		914		897		905
	Lindsley 等(1976)(±100)	845		879		862		886		887		839		866
	压力/GPa	1.0	1.5	1.0	1.5	1.0	1.5	1.0	1.5	1.0	1.5	1.0	1.5	
受压力控制的二辉石温度计	Putirka(2008)(±60)	864	866	867	869	866	868	880	882	876	877	850	852	868
	Taylor(1998)	984	1 001	983	1 000	979	996	958	974	974	990	954	970	980
	Brey 等(1990)(±15)	883	899	877	892	890	905	872	886	880	894	862	877	885
单辉石温度计	徐义刚(1993)	1 033		1 026		1 020		993		1 008		980		1 010

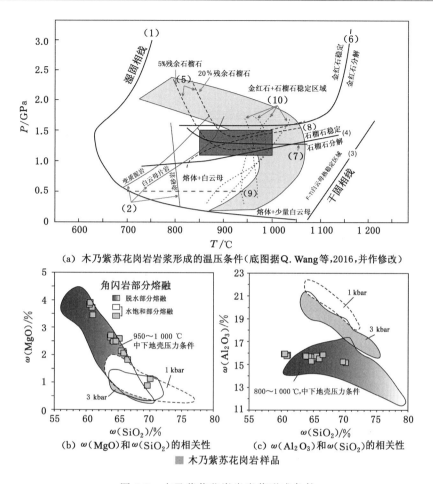

图 9-2　木乃紫苏花岗岩岩浆形成条件

[图(a)中,深灰色矩形区域代表估算的木乃紫苏花岗岩岩浆形成的温压范围(本书);

浅灰色阴影区代表角闪石开始分解的温压范围(据 Qian 等,2013)。

其他各曲线代指意义:(1)地壳岩石饱和水或湿体系固相线;(2)地壳岩石脱水熔融固相线;

(3)干固相线;(4)变质玄武岩脱水熔融过程中石榴石稳定/分解温压界限;

(5)变质玄武岩熔融过程中残余石榴石含量等值线(5%和 20%);

(6)金红石稳定/分解温压界限;(7)脱水熔融过程中斜长石稳定(线下)/分解(线上)温压界限;

(8)脱水熔融过程中斜方辉石稳定(线下)/分解(线上)温压界限;

(9)变质沉积岩脱水熔融过程中含石榴石(线上)和富堇青石(线下)熔体温压界限]

SiO_2 含量之间不存在明显的协变关系。通常,由大陆上地壳熔融形成的长英质岩浆具有相对较低的 $Mg^\#$、$\varepsilon_{Nd}(t)$ 和相对较高的 SiO_2 含量、$[\omega(^{87}Sr)/\omega(^{86}Sr)]_i$。如果岩浆在上升过程中受到大陆上地壳物质的混染,则势必会表现出 $[\omega(^{87}Sr)/\omega(^{88}Sr)]_i$、$SiO_2$ 含量的升高以及 $\varepsilon_{Nd}(t)$、$Mg^\#$ 的降低,进而造成 Sr-Nd 同位素组成与 $Mg^\#$、SiO_2 含量之间关系的协变。然而,地球化学研究表明,这一特征并不存在于木乃紫苏花岗岩中。相反,随着 SiO_2 含量和 $Mg^\#$ 的变化,木乃紫苏花岗岩中的 $[\omega(^{87}Sr)/\omega(^{86}Sr)]_i$ 和 $\varepsilon_{Nd}(t)$ 基本保持稳定(图 9-3)。除此之外,木乃紫苏花岗岩中 $\omega(^{167}Lu)/\omega(^{177}Hf)$ 和 $\varepsilon_{Hf}(t)$ 之间的协变关系不明显,这进一步表明,岩浆在上升侵位过程中并未明显受到上地壳物质混染的影响(Li et al.,2013)。

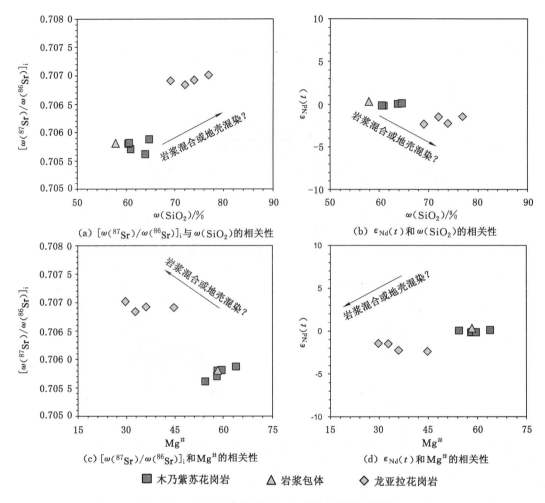

(a) $[\omega(^{87}Sr)/\omega(^{86}Sr)]_i$ 与 $\omega(SiO_2)$ 的相关性

(b) $\varepsilon_{Nd}(t)$ 和 $\omega(SiO_2)$ 的相关性

(c) $[\omega(^{87}Sr)/\omega(^{86}Sr)]_i$ 和 $Mg^\#$ 的相关性

(d) $\varepsilon_{Nd}(t)$ 和 $Mg^\#$ 的相关性

■ 木乃紫苏花岗岩　△ 岩浆包体　◇ 龙亚拉花岗岩

图 9-3　木乃紫苏花岗岩上地壳岩浆混染判别图

　　木乃紫苏花岗岩岩浆在演化过程中,受结晶分异的影响相对较弱。这一认识可从以下两方面加以论证。其一,无论是对实验岩石学还是对天然岩浆系统的研究,均表明斜方辉石只能在低水含量(小于 3%,0.2 GPa)和低水活度(小于 0.3,0.2 GPa)条件下结晶和稳定(Frost et al.,2008;Harlov et al.,2013;Scaillet et al.,2016)。木乃紫苏花岗岩中的斜方辉石作为重要的结晶矿物,有效排除了结晶分异的强烈影响,因为强烈结晶分异势必导致岩浆体系中水含量的明显升高,从而使得斜方辉石在岩浆系统中难以稳定。其二,木乃紫苏花岗岩的岩相学特征说明岩浆经历了快速侵位结晶过程,排除了强烈结晶分异的影响。如上文所述,木乃紫苏花岗岩中含有来自深处的由辉石组成的镁铁质捕虏体以及大量结晶的辉石矿物。这些具有较高密度的镁铁质捕虏体能够被裹挟并携带至浅部,说明岩浆上升侵位的速度较快。快速上升侵位的岩浆与围岩通过热传导方式散温的程度较为有限,使得侵位岩浆具有较高温度。另外,木乃紫苏花岗岩中富含的磷灰石,常表现为六方柱状或似针状-针状。六方柱形态的磷灰石一般形成于近乎平衡态的稳定缓慢的结晶过程,而沿结晶"c"轴呈一向延长的针状磷灰石则被认为形成于远离平衡态的快速侵位结晶过程(Webster et al.,2015)。木乃紫苏花岗岩中针状磷灰石的存在表明岩浆经历过快速侵位结晶过程,这很可能与高温熔体快速侵入低温围岩时的"淬火"有关。再者,木乃紫苏花岗岩磷灰石的裂变径迹年龄约为 67 Ma(段志明等,2009),近似于锆石 U-Pb 年龄(约 68 Ma),从定量角度证明了岩浆侵入浅层围岩时,在 68～67 Ma 期间快速地从 900～1 000 ℃降到 90～120 ℃以下。

数值模拟结果进一步表明(图 5-7),形成木乃紫苏花岗岩 30%～50%的岩浆曾经历结晶分异过程,主要涉及长石、辉石和磷灰石。然而,样品中 Al_2O_3 和 SiO_2 含量之间的负相关关系并不明显[图 5-7(a)],排除以碱性长石和斜长石为代表的富铝硅酸盐矿物的强烈分异,因为这些矿物的大量结晶分异势必可造成岩浆中的 Al_2O_3 随 SiO_2 含量的升高而显著减少。K_2O、Na_2O、Al_2O_3 含量之间的相关性不显著[图 9-4 中的(e)至(g)图],说明碱性长石的结晶分异较弱。Eu 异常(Eu/Eu* 的平均值为 0.75)不明显[图 5-6(a)],意味着岩浆演化过程中仅存在轻微的斜长石结晶分异。另外,CaO 与 Na_2O 含量之间、CaO 与 Al_2O_3 含量之间、Na_2O 与 Al_2O_3 含量之间、CaO 与 Sr 含量之间以及 Eu/Eu* 与 Sr 含量之间[图 9-4(g)至图 9-4(k)]缺乏负相关性,这进一步证明斜长石的结晶分异在木乃紫苏花岗岩的岩浆演化过程中较为微弱。

木乃紫苏花岗岩中 MgO、Fe_2O_3、CaO 均与 SiO_2 含量之间呈负相关性[图 5-7(b)至图 5-7(d)],表明辉石结晶分异的存在。TiO_2 与 SiO_2 含量之间、P_2O_5 与 SiO_2 含量之间的负相关性指示铁钛氧化物和磷灰石结晶分异的存在[图 5-7(g)至图 5-7(h)]。除此之外,辉石和铁钛氧化物的分异结晶还分别得到 MgO、Fe_2O_3、CaO 含量之间[图 5-7(l)至图 5-7(n)]以及 TiO_2 和 Fe_2O_3 含量之间[图 5-7(o)]正相关性的佐证。然而,考虑上述元素含量在样品中的变化程度较低,结合结晶分异数值模拟结果(图 5-7),我们认为辉石、铁钛氧化物、磷灰石的结晶分异相对有限。

另外,尽管作为木乃紫苏花岗岩的次要矿物之一,角闪石的结晶分异同样较为微弱,甚至没有。最明显的证据是,在样品稀土元素配分图中,未能见到中稀土组分的亏损,因为中稀土元素在角闪石中的分配系数要明显高于重稀土元素(Macpherson et al.,2006)。除此之外,木乃紫苏花岗岩样品的 $\omega(Dy)/\omega(Yb)$ 与 SiO_2 含量之间缺乏明显的负相关关系,随着 SiO_2 含量的升高,$\omega(Dy)/\omega(Y)$ 基本保持稳定[图 9-4(b)]。Y 与 SiO_2 和 CaO 含量之间也缺乏明显的协变关系[图 9-4(c)至图 9-4(d)]。这些特征均可排除岩浆演化过程中角闪石结晶分异的存在(Davidson et al.,2007)。

综上所述,木乃紫苏花岗岩成分单一,岩浆形成之后在侵位过程中没有发生明显的结晶分异作用。这就意味着木乃紫苏花岗岩的化学成分可近似反映深处原始岩浆的成分特征。

9.1.3　岩浆来源:加厚下地壳拆沉-部分熔融?

如上文所述,木乃紫苏花岗岩表现出准铝质地球化学特征,同时具有相对较低的初始同位素比值[$\omega(^{87}Sr)/\omega(^{86}Sr)$]i(0.705 616～0.705 877)与相对较高的 $\varepsilon_{Nd}(t)$(−0.92～−0.66)和 $\varepsilon_{Hf}(t)$(0.3～4.5)。另外,岩石中无老的继承锆石,但富含辉石,含有角闪石。CIPW 标准矿物计算结果表明其中不含刚玉标准矿物分子。这些特征表明,木乃紫苏花岗岩属于典型 I 型而非 S 型系列花岗岩,其岩浆源岩为变质岩浆岩而非变质沉积岩。因此,关于它的成因,有 3 种可能的解释:(1) 俯冲大洋地壳的部分熔融;(2) 岩石圈地幔的部分熔融;(3) 拆沉镁铁质加厚大陆下地壳的部分熔融。基于地球化学成分和岩相学的分析,结合晚白垩世羌塘地块所处的整体构造背景,本书认为拆沉镁铁质加厚大陆下地壳的部分熔融是木乃紫苏花岗岩成因最可能的解释。

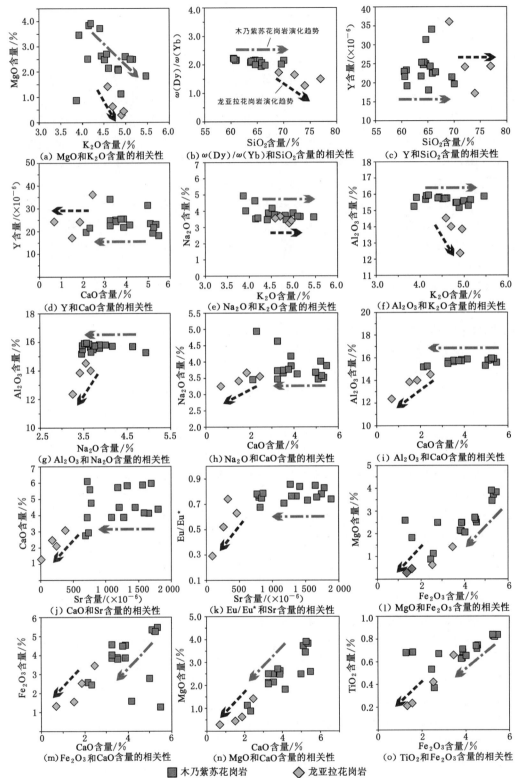

图 9-4　木乃紫苏花岗岩和龙亚拉花岗岩地球化学组成的相关性特征

（图中的含量为质量分数）

木乃紫苏花岗岩不可能由俯冲大洋地壳的部分熔融形成,对此有 3 点原因。其一,晚白垩世羌塘地块的构造背景排除了俯冲大洋地壳部分熔融成因模式的可能性。前人研究表明,羌塘地块自白垩纪中期以来已经处于内陆构造背景,南缘最年轻的班公湖-怒江中特提斯洋大约在 120～90 Ma 期间就已完成闭合(Zhang et al.,2012a;Li et al.,2013)。此时,南侧的新特提斯洋依然存在,并沿着拉萨地块南缘向北俯冲。然而,从现今的空间分布来看,代表新特提斯洋的雅鲁藏布江缝合带距离木乃紫苏花岗岩出露的羌塘地块超过 500 km,如果将新生代地壳构造缩短考虑在内(约 370 km)(Kapp et al.,2007),晚白垩世期间两者之间的距离可能大于 870 km(Yin et al.,2000)。因此,新特提斯洋壳的俯冲不太可能与东羌塘地块内部的木乃紫苏花岗岩的形成有关。其二,在元素地球化学方面,直接由俯冲大洋地壳部分熔融形成的岩浆熔体一般具富钠特征,其中 Na_2O 的含量大于 4%(Xiong et al.,2006)。实验岩石学的研究表明,在压力为 1～2 GPa、温度小于 1 100 ℃ 的情况下,由低钾洋中脊玄武岩(MORB)的部分熔融产生的岩浆具有高的 Na_2O 含量和 $\omega(Na_2O)/\omega(K_2O)$、低含量的大离子亲石元素(如 Rb、Ba、K)的特征(Sen et al.,1994;Rapp et al.,1995)。与之相比,木乃紫苏花岗岩具有明显的富钾特征,K_2O 的含量较高(2.37%～5.46%,多数大于 4%),并且 $\omega(K_2O)/\omega(Na_2O)$ 多数大于 1[图 5-5(d)]。这与上述俯冲大洋板片部分熔融产生的岩浆熔体富钠成分明显不同。Sisson 等(2005)的研究表明,饱和水玄武岩发生部分熔融同样可以形成富钾熔体。然而,通过与变质玄武岩脱水或饱和水部分熔融形成的熔体进行对比(Beard et al.,1991;Rajesh,2007),木乃紫苏花岗岩岩浆更可能为下地壳物质脱水部分熔融的产物[图 9-2(b)至图 9-2(c)]。另外,花岗岩中富含斜方辉石结晶矿物,有效证明了熔体具有低水含量的特征,不可能形成于变质玄武岩的饱和水熔融(Frost et al.,2008;Harlov et al.,2013;Scaillet et al.,2016)。其三,Sr-Nd 同位素组成同样不支持俯冲大洋板片熔融的模式[图 7-2(a)]。木乃紫苏花岗岩的 Sr-Nd 同位素组成明显不同于大洋中脊玄武岩的,其 $\varepsilon_{Nd}(t)$ 值相比典型的洋中脊玄武岩的[$\varepsilon_{Nd}(t) \approx 10$;Defant et al.,1990]明显低。以分布在班公湖-怒江缝合带的具有 MORB 属性的蛇绿岩残片代表中特提斯洋洋壳(K.J.Zhang et al.,2014;Q. T. Huang et al.,2015),并将其与木乃紫苏花岗岩进行对比,发现木乃紫苏花岗岩的 Sr-Nd 同位素组成明显不同于蛇绿岩的[图 7-2(a)]。

最近,K. J. Zhang 等(2014)在西藏中部识别出中特提斯洋洋底高原型蛇绿岩系列残片。随着羌塘地块和拉萨地块的碰撞,分布于中特提斯洋中的洋底高原构造拼贴至大陆边缘,并在构造挤压力的作用下仰冲至大陆之上,与此同时,部分岩石可能因发生俯冲而构成木乃紫苏花岗岩的岩浆源岩。然而,地球化学证据表明这一假设的可能性不大。从已有研究成果来看,现今存在于地球上的洋底高原的主要组成为拉斑玄武质岩石,其中 K_2O 的含量很低(小于 0.3%),具明显的低钾富钠特征[$\omega(K_2O)/\omega(Na_2O)<0.2$](Kerr et al.,2000,2014)。处于研究区范围的中特提斯洋洋底高原玄武岩同样具有低 K_2O 含量(平均0.82%)和低 $\omega(K_2O)/\omega(Na_2O)$(平均 0.30)特征(K. J. Zhang et al.,2014)。因此,类似于正常大洋板片,洋底高原的熔融很难产生富钾的岩浆熔体。另外,中特提斯洋洋底高原玄武岩的 Sr-Nd 同位素明显不同于木乃紫苏花岗岩的(K. J. Zhang et al.,2014),证明其作为原岩的可能性不大。

青藏高原及邻区广布新生代钾质-超钾质火山岩,此为青藏高原新生代岩浆作用的重要特征。尽管存在争议(Ding et al.,2007;Q.Wang et al.,2016),但多数研究者认为这些钾质-

超钾质火山岩可能直接来源于大陆之下富集岩石圈地幔的部分熔融（Turner et al.，1996；Miller et al.，1999；Ding et al.，2003；Guo et al.，2006）。木乃紫苏花岗岩具有富钾地球化学特征，因此此处需要思考的是木乃紫苏花岗岩是否与富集岩石圈地幔来源的钾质-超钾质岩浆有成因联系。通过一系列地球化学分析，本书认为木乃紫苏花岗岩并非由富集岩石圈地幔的部分熔融形成，证据包括以下几个方面。

第一，直接来源于岩石圈地幔物质部分熔融的岩浆熔体一般具有硅不饱和的基性岩浆组成特征。部分熔融实验表明，地幔岩石圈二辉橄榄岩在低度部分熔融的条件下产生的熔体具有很低的硅质组分，SiO_2 含量小于 55%（Wyllie，1977）。木乃紫苏花岗岩中 SiO_2 含量为 60.67%～70.03%，比实验熔体高得多，因此很难直接通过岩石圈地幔的部分熔融形成。岩浆的后期演化（同化混染和结晶分异）可使原始岩浆的硅质组分含量升高。然而，前文的论证已经表明，木乃紫苏花岗岩的原始岩浆未曾经历明显的同化混染和结晶分异作用。近年来的研究表明，岩石圈地幔辉石岩的部分熔融可直接产生相当于中性岩浆岩系列的高 SiO_2 熔体（Sobolev et al.，2007；Straub et al.，2011）。然而，这些熔体一般具有较高的 $\omega(Fe)/\omega(Mn)$（大于 80）和 $\omega(Ni)/\omega(MgO)$（大于 0.3）（F.Huang et al.，2015）。与地幔辉石岩熔体相比，木乃紫苏花岗岩中的 $\omega(Fe)/\omega(Mn)$ 和 $\omega(Ni)/\omega(MgO)$ 明显较低，前者主体小于 70（均值为 65.05），而后者小于 0.15（均值为 0.12），与地幔辉石岩熔体的组分明显不同。

第二，与青藏高原及邻区新生代钾质-超钾质火山岩不同，木乃紫苏花岗岩并不属于钾质-超钾质岩浆。Foley 等（1987）对钾质-超钾质系列岩石的地球化学特征、分类及成因机制进行了系统总结，认为钾质系列岩石应该具有 $\omega(K_2O)>2\%$、$\omega(K_2O)/\omega(Na_2O)>2$、$\omega(MgO)>4\%$、$\omega(SiO_2)<55\%$ 的特征，而超钾质系列岩石应该具有 $\omega(K_2O)>3\%$、$\omega(K_2O)/\omega(Na_2O)>3$、$\omega(MgO)>4\%$、$\omega(SiO_2)<55\%$ 的特征。尽管木乃紫苏花岗岩含有较高的 K_2O，并且 $\omega(K_2O)/\omega(Na_2O)$ 多数介于 1～2 之间，但其 SiO_2 含量较高，且 MgO 含量整体相对较低，绝大多数小于 3%，因此，木乃紫苏花岗岩并不属于典型的钾质系列岩石。另外，与青藏高原及邻区代表性岩石圈地幔来源的钾质-超钾质火山岩相比（Turner et al.，1996；Miller et al.，1999；Guo et al.，2006；F.Huang et al.，2015），木乃紫苏花岗岩含有相对较低的相容元素（V、Cr 及 Ni）以及 MgO 和 TiO_2 含量，岩石中也无代表性幔源镁铁质岩浆中的常见矿物，如橄榄石和尖晶石等。

幔源镁铁质钾质-超钾质原始岩浆的分异可使岩浆组分中的 SiO_2 含量升高、MgO 和相容元素含量降低，从而解决上述矛盾。然而，如前所述，岩相学和地球化学特征指示木乃紫苏花岗岩来源于统一的岩浆源区，并且岩浆形成之后在上升侵位过程中并没有发生明显的同化混染作用和结晶分异作用。另外，即便木乃紫苏花岗岩由幔源镁铁质钾质-超钾质原始岩浆通过分异作用而成，作为晚期高分异的产物，木乃紫苏花岗岩的轻稀土及大离子亲石元素的相对含量应该高于钾质-超钾质岩浆。然而，相对羌塘地块新生代具代表性的幔源镁铁质钾质-超钾质原始岩浆而言，木乃紫苏花岗岩的轻稀土及大离子亲石元素的含量相对较低，并且后者的轻稀土分异程度明显低于前者。这与一般岩浆演化的规律相悖。

木乃紫苏花岗岩的岩浆主体来源为羌塘地块镁铁质大陆下地壳。这主要有以下几方面证据。其一，木乃紫苏花岗岩的微量元素组成类似于典型大陆地壳（Rudnick et al.，2014），表现出明显的轻稀土元素、大离子亲石元素、Pb 的富集以及重稀土元素、高场强元素（如Nb、Ta）、P、Ti 的亏损。其二，全岩稀土元素和微量元素标准化配分模式与羌塘新生代火山岩中的镁铁质捕房体非常一致(Lai et al.,2011)(图 5-6),而这些捕房体则是来自约 30～50 km 深处的羌塘大陆下地壳,可代表羌塘地块大陆下地壳的基本组成(Hacker,2000)。其三,木乃紫苏花岗岩的 $\omega(Nb)/\omega(U)$、$\omega(Ce)/\omega(Pb)$、$\omega(Th)/\omega(U)$、$\omega(Nb)/\omega(Ta)$、$\omega(Zr)/\omega(Sm)$ 接近大陆下地壳来源的熔体的,而不同于深部地幔熔体的(Foley et al.,2002;Chen et al.,2012;Rudnick et al.,2014)[图 9-5(b) 至图 9-5(d)]。其四,木乃紫苏花岗岩的主微量元素组成类似于羌塘地块晚白垩世至新生代的富钾埃达克岩(图 5-5、图 5-7、图 9-5),而这些埃达克岩多被认为是加厚大陆下地壳部分熔融的产物(Wang et al.,2008a;Long et al.,2015;H. R. Zhang et al.,2015)。其五,变质镁铁质岩部分熔融产生的熔体一般以低 Al_2O_3 含量和高 CaO 含量为特点,而来源于变质泥质岩的熔体则以高 Al_2O_3 含量和低 CaO 含量为特点(Sylvester,1998;Patiño Douce,1999;Alther et al.,2000)。木乃紫苏花岗岩富 CaO 贫 Al_2O_3,$\omega(CaO)/\omega(Al_2O_3)$ 较高(0.14～0.40),A/CNK 整体小于 1.0,与典型镁铁质岩浆岩的熔体相似,而不同于变质砂岩及变质泥岩的熔体(Sylvester,1998;Altherr et al.,2000)。另外,木乃紫苏花岗岩具有非常低的 $\omega(Rb)/\omega(Ba)$ 和 $\omega(Rb)/\omega(Sr)$,接近变质玄武

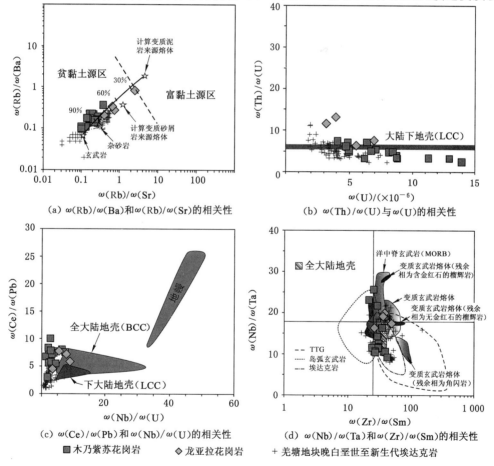

图 9-5 木乃紫苏花岗岩和龙亚拉花岗岩地球化学组成及其与其他组分的对比

[其中,(a)的底图据 Sylvester,1998;(b)中的大陆下地壳平均 $\omega(T)/\omega(U)$ 据 Rudnick 等(2014);
(d)的底图据 Foley 等,2002;地幔、全大陆地壳、大陆下地壳数据来源于 Rudnick 等(2014)、Sun 等(1989);
羌塘地块晚白垩世至新生代埃达克岩数据来源于 Wang 等(2008a)、Long 等(2015)和 H.R.Zhang 等(2015)]

岩的熔体成分特征[图 9-5(a)](Sylvester,1998)。与实验岩石学中不同物质脱水后部分熔融形成的熔体相比(图 9-6)(Patiño Douce,1999;Rajesh,2004),木乃紫苏花岗岩的化学成分与角闪岩熔体的相似,整体富含 CaO、FeO、MgO 及 TiO₂ 组分,而角闪岩通常被认为是以玄武岩为代表的镁铁质岩浆岩经过角闪岩相变质作用的产物,因此可大致代表一般变质镁铁质岩浆岩的化学成分。

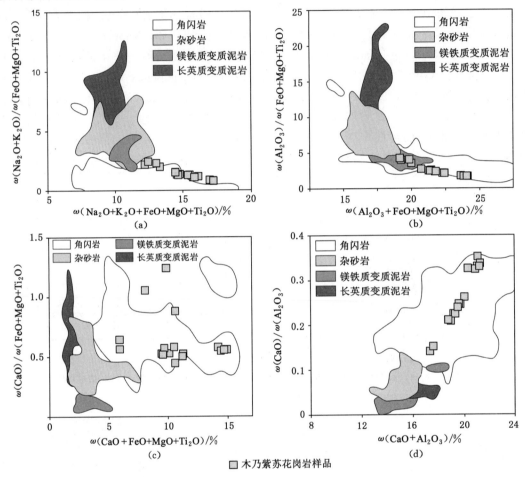

图 9-6　木乃紫苏花岗岩岩浆源岩判别图

(底图据 Patiño Douce,1999;Rajesh,2004)

　　木乃紫苏花岗岩轻微富集的 Nd 同位素组成和亏损的 Hf 同位素组成表明其源区大陆下地壳镁铁质岩属于相对新生的组分,而明显的弧岩浆属性(譬如 LILE、Th、U、Pb 的富集和 HFSE、Nb、Ta、Ti 的亏损)则进一步指示这种新生组分很可能是由特提斯洋俯冲过程中岛弧玄武岩的底侵形成的。底侵玄武岩具有何种特征,究竟又产出于何种环境,可从以下两方面加以约束。一方面,由于木乃紫苏花岗岩具有富钾特征,其源岩很可能是中钾-高钾镁铁质岩。前人的部分熔融实验表明,在众多类型的镁铁质岩中,仅有中钾-高钾镁铁质岩的部分熔融方能形成富钾熔体(Xiong et al.,2011)[图 5-5(c)]。当然,熔体富钾也可能是上地壳沉积物混染的结果。然而,前文的论证已排除岩浆侵位过程中强烈同化混染的存在,并且木乃紫苏花岗岩中的 K_2O 含量远高于上地壳和表层沉积岩的,因此钾的富集不可能由上地壳和表层沉积岩的混染造成(Jahn et al.,2001;Rudnick et al.,2014)。另一方面,木乃紫苏花岗岩具有高 $\omega(LREEs)/\omega(HREEs)$ 和高 $\omega(HREEs)$ 的特征,说明其源岩应该同时具有较高的稀土元素含量。高稀土和高 K_2O 的同时存在,指示源岩很可能为受俯冲板片和/或沉积物熔体交代的地幔楔部分熔融形成。羌塘地块内部晚白垩世至新生代大陆下地壳来源的岩浆岩(包括埃达克岩)普遍具有富钾和富稀土的特征,表明羌塘大陆下地壳自晚白垩世以来便具有中钾-高钾的地球化学属性(Wang et al.,2008a,2014;Li et al.,2013;Long et al.,2015;H. R. Zhang et al.,2015)。

木乃紫苏花岗岩较高的 $\omega(Sr)/\omega(Y)$ (大于 40)和 $\omega(La)/\omega(Yb)$ (大于 20)(表 5-3)指示其明显具有埃达克岩的化学属性(Defant et al.,1990;Condie,2005;Martin et al.,2005)。然而,值得注意的是,与典型埃达克岩不同,木乃紫苏花岗岩样品整体的 Y 和 Yb 含量相对较高(表 5-3)。如此特殊的地球化学特征很大程度上归因于源区部分熔融时特殊的温压条件。已有的实验岩石学研究表明,在变质玄武岩部分熔融过程中,石榴石将在大于 10 kbar 条件下得以稳定(Nair et al.,2008)。然而,要想使产生的熔体具有与埃达克岩相当的低 HREEs 含量特征,则起码需要大于 15 kbar 的压力条件,从而使得源岩中稳定残余的石榴石的含量达到 20%(Moyen et al.,2006;Nair et al.,2008)。很显然,上文估算的木乃紫苏花岗岩岩浆形成的压力条件并未达到这一标准。参考不同温压条件下的下地壳变质玄武岩部分熔融相平衡和矿物组合特征,木乃紫苏花岗岩岩浆形成的温压条件(即 850～1 000 ℃,11～15 kbar)大致对应"角闪石-金红石-斜长石分解"而"石榴石稳定"的范围(Qian et al.,2013)[图 9-2(a)]。在这一温压条件下,源区斜长石强烈分解,使得对应熔体中的 Sr 元素较为富含。与此同时,源区残余石榴石却非常有限,无法有效保留 HREEs 和 Y,这使得对应熔体不具备埃达克岩的低 HREEs 和 Y 特征。

在木乃紫苏花岗岩形成过程中,地幔物质的混入非常有限。一方面,木乃紫苏花岗岩中的 MgO 含量(0.88%～3.96%,平均 2.61%)、Cr 含量(3.06×10⁻⁵～9.91×10⁻⁵,平均 4.82×10⁻⁵),Ni 含量(1.30×10⁻⁵～6.69×10⁻⁵,平均 3.20×10⁻⁵)类似于甚至低于大陆上地壳的对应值(MgO 为 2.48%,Cr 为 9.2×10⁻⁵;Ni 为 4.7×10⁻⁵)(Rudnick et al.,2014),从而可有效排除地幔岩浆组分的混入。另一方面,野外岩相学观察表明,木乃紫苏花岗岩未含大量岩浆混合成因的岩浆包体。目前仅发现少量的岩浆包体,其中矿物组合与寄主紫苏花岗岩相似,仅含更多的辉石矿物。这些岩浆包体的微量元素和 Sr-Nd 同位素组成与寄主紫苏花岗岩相似[图 5-6,图 7-2(a),图 7-2(b)],从而表明其很可能是岩浆演化过程中在同一岩浆系统内部形成的,而不是真正意义上的由岩浆混合形成的岩浆包体(Dodge et al.,1990)。

9.2 龙亚拉花岗岩成因分析

9.2.1 岩浆温压条件估算

与木乃紫苏花岗岩不同,龙亚拉花岗岩中缺乏镁铁质源岩的捕虏体,因此无法据此估算岩浆岩区的温压条件。样品中富含角闪石结晶矿物,并且多数未曾经历后期热液蚀变或交代作用的改造[Ti(p. u. f.)的数量大于 0.1],可用于岩浆侵位结晶温压条件的估算。首先,利用 Otten(1984)和 Ridolfi 等(2010)的角闪石 Ti 温度计,分别获得了 915～923 ℃(平均 920 ℃)和 882～903 ℃(平均 891 ℃)的温度估算结果(表 9-3)。然后,利用一系列角闪石全铝压力计进行结晶压力的估算(表 9-3)。龙亚拉花岗岩中原生结晶角闪石中的 Al(p. u. f.)的数量相对较低,整体小于 1.2。考虑原生结晶角闪石中的 Al(p. u. f.)含量与结晶压力之间呈线性关系(Schmidt,1992;Anderson et al.,1995),因此角闪石中低的 Al(p. u. f.)数量表明,龙亚拉花岗岩的结晶压力较小,对应的岩浆侵位结晶深度较浅。采用 Mutch 等(2016)的模型,得到的压力范围为 2.1～2.4 kbar(平均 2.3 kbar);采用 Johnson 等(1989)的模型,得到的压力范围为 1.2～1.8 kbar(平均 1.5 kbar);采用 Schmidt(1992)的模型,得到的压力范围为 2.2～2.9 kbar(平均 2.6 kbar);采用 Hollister 等(1987)的模型,得到的压力范围为 1.4～2.2 kbar(平均 1.8 kbar);采用 Hammarstrøm 等(1986)的模型,得到的压力范围为 1.6～2.3 kbar(平均 2.0 kbar)。

除此之外,利用 Watson 等(1983,2005)的全岩锆石饱和温度计计算得出 759～829 ℃(均值为 795 ℃,见表 5-3)的温度范围;利用 Ferry 等(2007)的锆石 Ti 含量温度计获得 662～809 ℃[均值为 720 ℃,多数小于 750 ℃;由于龙亚拉花岗岩样品中常见榍石和 Fe-Ti 氧化物类副矿物,因此该温度计中用于计算的 TiO_2 活度(αTiO_2)和 SiO_2 活度(αSiO_2)分别设定为 0.7 和 1,见表 6-2]的温度范围。由于样品中不存在老的继承锆石,因此该温度范围应反映相对晚期的岩浆温度,并不能代表原始岩浆的温度特征(Miller et al.,2003),而真正原始岩浆的温度应该更高。采用 Harrison 等(1984)的磷灰石饱和温度计与 Green 等(1986)的 Fe-Ti 氧化物饱和温度计,获得了 800～900 ℃的温度范围[图 5-7(g)至图 5-7(h)]。

结合上述计算结果认为,与木乃紫苏花岗岩相同,龙亚拉花岗岩同样具有较高的岩浆温度。龙亚拉花岗岩的岩浆结晶压力大致为 1.5～2.5 kbar。以大陆地壳的平均密度 2.8×10^3 kg/m³ 为标准进行计算,该压力值对应的岩浆侵位深度大致为 5～9 km,稍微大于木乃紫苏花岗岩的侵位深度。

表 9-3　基于结晶角闪石矿物成分的岩浆侵位温压条件估算

分析点		LY1-3-wz3-1	LY1-7-amp1-1	LY1-7-amp2-1	LY1-7-amp3-1	LY-6-11	均值
化学成分(质量分数,%)	SiO_2	45.89	47.00	45.80	46.13	47.11	—
	TiO_2	1.24	1.48	1.49	1.41	1.33	—
	Al_2O_3	6.15	6.72	6.97	6.62	6.77	—
	FeO	15.09	16.03	16.29	16.22	14.18	—
	MnO	0.54	0.75	0.76	0.72	0.62	—
	MgO	12.61	12.18	11.60	12.01	12.87	—
	CaO	11.22	11.17	11.05	11.03	11.47	—
	Na_2O	1.47	1.85	1.95	1.91	1.53	—
	K_2O	0.78	0.75	0.83	0.79	0.82	—
	NiO	0	0.01	0	0.03	0	—
	Cr_2O_3	0	0	0	0	0.01	—

表 9-3(续)

分析点		LY1-3-wz3-1	LY1-7-amp1-1	LY1-7-amp2-1	LY1-7-amp3-1	LY-6-11	均值
分子结构中的离子数(23 个氧原子)	Si	6.967	6.958	6.899	6.921	7.009	—
	Ti	0.141	0.164	0.169	0.159	0.149	—
	Al	1.100	1.173	1.236	1.171	1.187	—
	Fe^{2+}	1.565	1.743	1.832	1.745	1.608	—
	Fe^{3+}	0.351	0.241	0.219	0.290	0.157	—
	Mn	0.070	0.094	0.096	0.091	0.079	—
	Mg	2.854	2.689	2.604	2.686	2.855	—
	Ca	1.825	1.771	1.783	1.773	1.829	—
	Na	0.433	0.530	0.570	0.554	0.440	—
	K	0.150	0.142	0.159	0.152	0.156	—
	Cr	0	0	0	0	0.001	—
	总量	15.458	15.506	15.569	15.542	15.468	—
	X(A K)	0.150	0.142	0.159	0.152	0.156	—
	X(A □)	0.542	0.494	0.431	0.458	0.533	—
	X(A Na)	0.307	0.365	0.409	0.391	0.312	—
	X(M4 Na)	0.063	0.083	0.080	0.082	0.064	—
	X(M4 Ca)	0.913	0.886	0.891	0.887	0.915	—
	X(T1 Al)	0.258	0.260	0.275	0.270	0.248	—
	X(T1 Si)	0.742	0.740	0.725	0.730	0.752	—
	X(M2 Al)	0.034	0.066	0.068	0.046	0.098	—
	X(A Na+K)	0.458	0.506	0.569	0.542	0.467	—
	X(B Ca+Na)	0.976	0.969	0.972	0.968	0.979	—
压力估算结果 /kbar	据 Johnson 等(1989) (±0.5 kbar)	1.2	1.5	1.8	1.5	1.6	1.5
	据 Schmidt(1992) (±0.6 kbar)	2.2	2.6	2.9	2.6	2.6	2.6
	据 Hollister 等(1987) (±1.0 kbar)	1.4	1.9	2.2	1.8	1.9	1.8
	据 Hammarstrøm 等(1986) (±3.0 kbar)	1.6	2.0	2.3	2.0	2.1	2.0
	据 Mutch 等(2016) (±0.5 kbar)	2.1	2.3	2.4	2.3	2.3	2.3

9.2.2 岩浆来源:木乃紫苏花岗岩同源岩浆演化产物

本研究认为龙亚拉花岗岩应该属于 I 型花岗岩,这基于以下理由。首先,龙亚拉花岗岩的 A/CNK 为 0.95~1.04,属于准铝质至轻微过铝质系列,低于 I 型和 S 型花岗岩的分类标准(A/CNK=1.1)(Chappell et al.,2001;Sylvester,1998;Clemens,2003)。其次,龙亚拉花岗岩中未见白云母及其他典型的富铝矿物,如堇青石、夕线石、石榴石及 Al_2SiO_5 的类质同象矿物等。从标准矿物计算结果来看,其中也不含标准堇青石矿物。这些特征表明龙亚拉花岗岩中铝含量有限,类似于 I 型花岗岩。再者,与以一般变质沉积岩为源岩的 S 型花岗岩不同,龙亚拉花岗岩中不含继承锆石,且锆石 $\varepsilon_{Hf}(t)$ 值介于 -0.8~4.2 之间,多数超过 2,平均值为 2.3(图 7-2),如此亏损的 Hf 同位素组成表明,龙亚拉花岗岩的岩浆不应该是古老大陆长英质沉积物的熔融产物(Chappell et al.,2001)。

龙亚拉花岗岩与木乃紫苏花岗岩在空间分布上相互靠近,岩浆结晶年龄在误差范围内相一致,且两者具有相似的稀土元素和微量元素配分模式及锆石 Hf 同位素组成,从而表明两个岩体可能为同源岩浆演化的产物,同样为加厚大陆下地壳部分熔融的产物。另外,表现在哈克图解上(图 5-7),两个岩体的化学成分呈明显的线性演化关系,这进一步证明两者具有相同的岩浆来源和演化过程。值得注意的是,相对木乃紫苏花岗岩,龙亚拉花岗岩具有稍微较高的 $[\omega(^{87}Sr)/\omega(^{86}Sr)]_i$ 和较低的 $\varepsilon_{Nd}(t)$,这很可能为在岩浆侵位过程中大陆上地壳发生混染的结果(图 7-2)。Sr-Nd 同位素的二端元岩浆混合模拟结果表明,大约有 10% 的大陆上地壳物质参与龙亚拉花岗岩的形成[图 7-2(b)]。

相比木乃紫苏花岗岩,龙亚拉花岗岩具有稍微较高的 A/CNK,从而向过铝质成分过渡[图 5-5(f)]。另外,相对而言,龙亚拉花岗岩具有明显较高的 SiO_2 含量和较低的 Al_2O_3、CaO、Fe_2O_3、MgO、P_2O_5、TiO_2、Sr、Ba、Eu、V、Cr、Ni 含量(图 5-7)。这些特征一致表明,龙亚拉花岗岩经历过明显的以结晶分异为主的岩浆演化(约 50%~70%)(图 5-7)。结晶分异作用涉及的矿物主要包括斜长石、钾长石、镁铁质矿物,其证据包括以下几个方面:① Al_2O_3、CaO、MgO、Fe_2O_3、TiO_2、Ba、Sr、Eu 含量随 SiO_2 含量的增加而降低(图 5-7);② 在稀土元素和微量元素配分图中,Eu 和 Sr 明显亏损(图 5-6);③ 结晶分异的地球化学模拟提供了定量约束(图 5-7)。

龙亚拉花岗岩的 $\omega(Sr)/\omega(Y)$ 明显低于木乃紫苏花岗岩的,而 $\omega(La)/\omega(Yb)$ 与木乃紫苏花岗岩相当,变化不大。由于两个岩体中 Y 的含量相当,因此 $\omega(Sr)/\omega(Y)$ 的明显降低是由于岩石中 Sr 的相对亏损。这一特征可归因于龙亚拉花岗岩岩浆演化过程中的斜长石和钾长石发生显著的结晶分异。

9.3 构造意义:羌塘地块晚白垩世地壳加厚

上文分析结果表明,白垩纪末期木乃紫苏花岗岩和龙亚拉花岗岩形成于大陆下地壳的部分熔融,其岩浆源区温度为 850~1 000 ℃,压力为 11~15 kbar。如以大陆地壳平均密度 2.8×10^3 kg/m^3 为标准进行计算,该压力值对应的岩浆起源深度为 40~50 km。这些结果明确指示,在印度-欧亚大陆碰撞之前,羌塘地块于晚白垩世时期(约 68 Ma 之前)已发生明显的地壳加厚和地表隆升。近期的低温热年代学研究结果揭示,藏中地区在晚白垩世时期经历显著的降温事件,这进一步可证明上述地壳加厚和地表隆升事件的存在。

羌塘地块的地壳加厚可能与拉萨-羌塘地块的碰撞有关。基于班公湖-怒江缝合带白垩纪中期含放射虫蛇绿岩和海相沉积的存在(Zhang et al.,2012a;K.J.Zhang et al.,2014;Zhang et al.,2017a)以及羌塘地块南缘持续至约95 Ma的弧岩浆活动(Zhang et al.,2012a),一些学者提出拉萨-羌塘地块碰撞发生于白垩纪中期(Zhang et al.,2012a;K.J.Zhang et al.,2014;Li et al.,2013),并由此造成藏中地区的地壳显著加厚和地表隆升。除此之外,班公湖-怒江中特提斯洋洋底高原的构造就位,也对藏中地区的地壳加厚和地表隆升作出一定程度的贡献(Zhang et al.,2012a;K.J.Zhang et al.,2014)。

藏中地区晚白垩世富钾埃达克岩的存在有力支持了晚白垩世时期藏中地区初始地壳加厚和地表隆升的观点。例如,Zhang等(2015a)在木乃紫苏花岗岩以东约250 km的昂赛地区发现约64 Ma的埃达克岩侵入体,成因于羌塘地块镁铁质大陆下地壳的部分熔融。Q. Wang等(2014)在尼玛地区发现一约90 Ma的具有埃达克岩属性的富镁火山岩,并认为其形成于拆沉镁铁质大陆下地壳的部分熔融。余红霞等(2011)在尼玛地区巴拉扎位置发现一约88 Ma加厚下地壳部分熔融成因的埃达克岩。Zhao等(2008)在缝合带西侧日土地区发现的一约80 Ma埃达克质花岗岩,具有明显大陆下地壳来源岩浆岩的地球化学特征。除此之外,Li等(2013)和Chen等(2017)分别在羌塘地块的果根错和安多一带发现一套80～76 Ma的富钾安山岩、粗面安山岩,而Ding等(2003)在那定错一带发现一套晚白垩世OIB型碱性玄武岩,同样指示羌塘地块晚白垩世加厚岩石圈拆沉的构造背景。

羌塘地块晚白垩世埃达克岩、富钾安山岩、粗面安山岩、碱性玄武岩,连同本书所研究的木乃紫苏花岗岩和龙亚拉花岗岩,一起构成了一条大致东西向延展的、平行于班公湖-怒江缝合带的、距今90～65 Ma的岩浆带(图9-7),受控于统一的构造动力学过程(图9-8)。具体简述如下。

(1)羌塘地块和拉萨地块在距今100～90 Ma时发生碰撞,导致藏中地区岩石圈发生强烈的缩短和加厚。强烈加厚的岩石圈地幔相比下部软流圈具有相对较低的温度以及较高的密度和强度(Kay et al.,1993),进而使其底部产生负浮力效应。另外,随着岩石圈的缩短和加厚,大陆下地壳镁铁质岩将由麻粒岩相转变为具有更大密度的榴辉岩相,从而进一步加剧岩石圈底部的负浮力效应。

(2)负浮力效应使岩石圈地幔以及可能的榴辉岩化大陆下地壳发生重力失稳,进而拆沉进入下部的软流圈。在此情况下,软流圈热熔体上涌,促使前期经历过俯冲交代和富集的大陆下部岩石圈地幔发生部分熔融,从而形成大量富集MgO、LILE(如K、Rb、Sr、Ba)、LREE、Th、U的钾质火山岩(如粗面安山岩)(Li et al.,2013;Chen et al.,2017)。部分熔体喷出地表,则形成OIB型碱性玄武岩(Ding et al.,2003)。除此之外,在上涌地幔熔体的热扰动下,大陆下地壳也发生部分熔融,形成富钾埃达克岩、木乃紫苏花岗岩及龙亚拉花岗岩。

(3)由于羌塘地块内部与加厚岩石圈拆沉相关的岩浆岩带具有西早东晚的特征,因此拆沉作用的发生很可能是一个穿时的过程,西部拆沉时间整体早于东部。

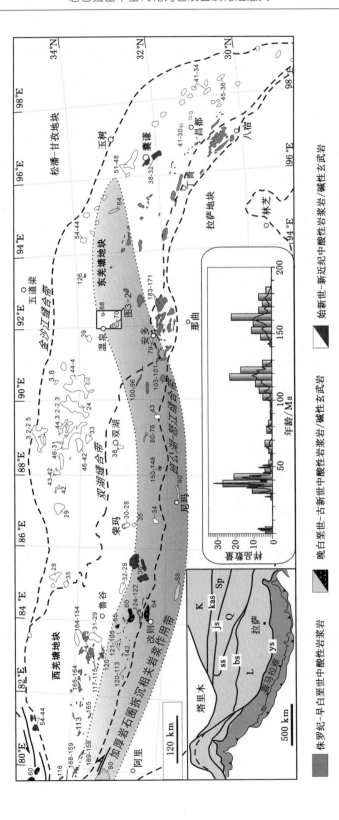

图9-7 羌塘地块侏罗纪至第三纪岩浆岩的分布特征

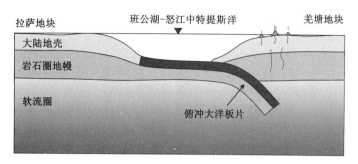

（a）约大于100 Ma

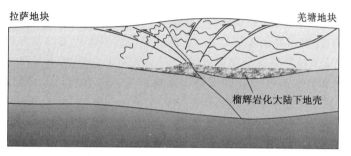

（b）100～90 Ma

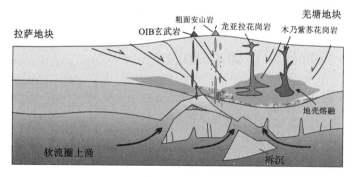

（c）90～65 Ma

图 9-8　木乃紫苏花岗岩与龙亚拉花岗岩成因构造模式

第 10 章　东羌塘中生代构造演化

中生代是青藏高原演化的关键时期,在此期间青藏高原的主体组成部分由北向南依次与北侧欧亚大陆碰撞拼贴,最终形成青藏高原的整体构造格架。作为青藏高原的重要组成部分,同时由于具特殊的大地构造位置,羌塘地块在中生代见证了一系列有关青藏高原形成的重要地质事件,这些地质事件主要包括特提斯洋(北侧金沙江古特提斯洋、中部双湖古特提斯洋以及南侧班公湖-怒江中特提斯洋)的俯冲-闭合以及高原的初始隆升。

岩浆作用是构造-热事件的重要产物,也是研究构造演化历史的主要媒介。羌塘地块中生代岩浆岩分布广泛,并且与各个构造事件之间的关系非常明晰。本章以晚三叠世唐古拉花岗岩与晚白垩世木乃紫苏花岗岩和龙亚拉花岗岩为基础,结合前人对中生代其他岩浆岩的研究,系统梳理东羌塘地块中生代的构造演化历史。与此同时,关键性沉积和变质岩也作为证据被纳入本章进行讨论。整体而言,东羌塘地块在三叠纪主要经历了北侧金沙江古特提斯洋和其南侧双湖古特提斯洋的俯冲-闭合及陆陆碰撞事件,晚三叠世之后则与西羌塘地块合为一体,共同见证了班公湖-怒江中特提斯洋的俯冲-闭合,拉萨和羌塘地块之间的碰撞汇聚以及由此引发的初始地壳加厚和地表隆升。

10.1　金沙江古特提斯洋俯冲-闭合

前人对于羌塘地块东北侧金沙江古特提斯洋演化的主要过程已取得了较为一致的认识,普遍认为其裂解于泥盆纪,并于晚三叠世至早侏罗世闭合。沿金沙江缝合带分布的系列蛇绿岩从早石炭世到晚三叠世均有分布(354～232 Ma)(李勇等,2003;朱迎堂等,2004;Jian et al.,2008,2009a,2009b;段其发等,2009;张能等,2012;王冬兵等,2012;Zi et al.,2012),这证明金沙江古特提斯洋为一跨越晚古生代至早中生代的古洋盆。关于该洋盆俯冲的开始时间,目前尚存争议。Jian 等(2008)在金沙江缝合带中发现与蛇绿岩伴生的奥长花岗岩(约285 Ma)和埃达克质花岗闪长岩(约 263 Ma),并认为金沙江古特提斯洋于二叠纪开始发生洋内俯冲。该洋盆的俯冲消减一直持续到晚三叠世至早侏罗世(Dewey et al.,1988;Yin et al.,2000;Yang et al.,2012),这在地质记录上表现为松潘-甘孜及羌塘地区晚三叠世至早侏罗世非海相沉积的出现(Roger et al.,2010)以及同期松潘-甘孜复理石建造的变形和低级变质作用的发生(Bruguier et al.,1997)。

金沙江古特提斯洋的俯冲特征可通过羌塘地块内部岩浆岩的分布加以反映。尽管分布规模相对有限,但东羌塘地块内部直接与金沙江古特提斯洋俯冲相关的岩浆作用的特征明显,且主要分布在格拉丹东-雁石坪-沱沱河-治多-玉树-杂多一带。根据其地球化学组成、形成时代及空间分布特征,与三叠纪金沙江古特提斯洋俯冲相关的岩浆岩大体可划分为早晚两期岩浆岩组合。早期基性-中性火山岩组合分布在格拉丹东-雁石坪-沱沱河一带,大体垂直于金沙江缝合带展布,年龄为 242～219 Ma,以一套埃达克岩-高镁安山岩-富 Nb 玄武岩为代表(Wang et al.,2008a;Chen et al.,2016)。这一岩石组合非常类似于 Benoit 等(2002)在墨西哥下加利福尼亚南部(southern Baja California,Mexico)观察到的岩石组合,而这种岩石组合通常被认为是活动洋脊俯冲以及板片窗形成的重要标志(D'Orazio et al.,2001;Benoit et al.,2002;Thorkelson et al.,2005)。晚期钙碱性长英质火山岩分布于治多-玉树一带,大体平行于金沙江缝合带展布,年龄为 221~202 Ma,具有明显的弧岩浆特征(Yang et al.,2012;Zhao et al.,2015)。

由于埃达克岩-高镁安山岩-富 Nb 玄武岩的存在,因此本研究认为羌塘地块北缘242~219 Ma 期间存在活动洋脊的俯冲。活动洋脊的俯冲使得原本正常的大洋岩石圈由陡俯冲转变为平俯冲,从而使得该段时间内羌塘地块东北缘地区缺乏典型的火山弧岩浆活动。活动洋脊俯冲及板片窗结束之后,原有的古特提斯大洋岩石圈平俯冲即恢复为正常的陡俯冲,从而在沱沱河-玉树地区形成年龄约为 221~202 Ma 的弧火山岩(Yang et al.,2012;Zhao et al.,2015)。另外,值得注意的是,在东羌塘地块东北缘杂多-治多-玉树一带出露一套二叠纪至早三叠世初期的超基性-酸性岩浆岩组合(275~248 Ma),该组合以火山岩为主,具体岩石类型包括辉石橄榄岩、辉长岩、辉绿岩、玄武岩、安山岩、英安岩、流纹岩以及花岗岩,且具有明显的弧岩浆作用的特征(王毅智等,2007;Yang et al.,2011;周会武,2013;B.Liu et al.,2016)。该套弧岩浆岩代表了 240~220 Ma 时洋脊俯冲之前金沙江古特提斯洋的南向俯冲。鉴于其空间分布上靠近并大体平行于金沙江缝合带,因此它反映了一种正常的俯冲作用特征。综上所述,羌塘地块北东缘存在的二叠纪至三叠纪的弧岩浆岩完整记录了金沙江古特提斯洋自二叠纪至三叠纪的俯冲过程。

本书通过元素地球化学、同位素地球化学以及锆石年龄分布等手段,证明唐古拉花岗岩的岩浆源岩为北侧金沙江古特提斯洋三叠纪复理石沉积,从而认为金沙江古特提斯大洋岩石圈的南向俯冲是实现复理石沉积物向深处运移并发生部分熔融的重要动力学机制。由于唐古拉-昌都花岗岩带中其他的一些晚三叠世花岗岩与唐古拉花岗岩具有相似的 Sr-Nd-Hf 同位素及微量元素组成,因此俯冲复理石的熔融可能同时导致了这些花岗岩的形成,如吉塘花岗岩(Tao et al.,2014)和东达山花岗岩(Peng et al.,2015)。沉积物的俯冲作用在现今太平洋周缘俯冲带常见(Yamamoto et al.,2009),从而为金沙江三叠纪复理石沉积物发生俯冲-熔融并形成唐古拉花岗岩的合理性提供了动力学支撑。

10.2　双湖古特提斯洋闭合

对双湖古特提洋演化进行研究,目前主要依靠沿缝合带分布的蛇绿岩、岩浆岩及变质岩。沿缝合带出露的蛇绿岩碎片的结晶年龄为 50~251 Ma(Zhang et al.,2016;Zhai et al.,2010,2013b,2016;吴彦旺等,2010,2014;王立全等,2008;张天羽等,2014;李才等,2008a),几乎跨越整个古生代。尽管早古生代蛇绿岩作为双湖古特提洋存在的证据尚存争议(Metcalfe,2013;Zhang et al.,2016;X. Z. Zhang et al.,2014;Zhai et al.,2016),但约 251 Ma 蛇绿岩的存在毫无疑问指示了双湖古特提斯洋盆的存在持续到二叠纪和三叠纪之交。由此可见,双湖古特提斯洋的闭合很可能在中三叠世。然而,Zhai 等(2013a)对此提出了不同的观点,认为双湖古特提斯洋在中三叠世仍应处于大洋俯冲的构造背景,其主要论据包括:① 中羌塘地区沿缝合带分布的晚三叠世(223~210 Ma)岩浆岩具有岛弧岩浆作用的地球化学特征,如富集 LREEs 而亏损 Nb 和 Ti,并且在 Pearce 等(1984)的构造环境判别图中投点于岛弧岩浆岩区域;② 一些岩石具有埃达克岩特征,并且地球化学组成指示其来自俯冲洋壳的部分熔融。本书认为用这些论据证明古特提斯洋在中三叠世仍处于大洋岩石圈俯冲阶段并不合理。首先,富集 LREEs 而亏损 Nb 和 Ti 是大陆中酸性岩浆作用的普遍特征,且在不同构造背景下均有显示,并非俯冲背景岩浆岩的特有属性。其次,中酸性岩浆岩具有相对复杂的形成过程,岩浆演化过程中的结晶分异与同化混染作用会造成地球化学组成的变化,故在此情况下使用 Pearce 等(1984)的构造环境判别图来判断其形成的构造背景往往存在多解性,且具有误判的可能。再者,埃达克岩具有不同的成因机制,而洋壳熔融成因的埃达克岩也并非一定形成于俯冲阶段,在后碰撞阶段由于早期俯冲洋壳的拆离与熔融同样能够形成埃达克岩。

羌塘中部沿缝合带分布的变质岩同样支持双湖古特提斯洋闭合于中三叠世的观点。已有年代学研究认为,羌塘中部高压-超高压变质带中变质岩的榴辉岩相峰期变质作用的时间大致为 244～230 Ma(Pullen et al.,2008;Zhai et al.,2011a),而退变质作用则大体发生在227～203 Ma(Kapp et al.,2000,2003;李才等,2006;Pullen et al.,2008;翟庆国等,2009a;Zhai et al.,2011a;Liang et al.,2012;Tang et al.,2014)。一般认为,造山带内高压-超高压榴辉岩相变质岩是大陆深俯冲和折返过程的典型产物,其中榴辉岩相进变质作用阶段代表大陆深俯冲过程,而退变质作用阶段则反映了深俯冲之后的折返过程。Zhang 等(2006a,2006b)、Tang 等(2012,2014)通过对中羌塘变质带中变质岩的物质组成进行分析,认为中羌塘变质带为大陆物质俯冲变质的产物,其证据包括:① 榴辉岩和蓝片岩的镁铁质原岩具有板内成因属性,成分上类似于峨眉山玄武岩和分布在西羌塘地块中的陆内成因镁铁质岩;② 与之伴随的变质硅质碎屑岩具有明显的被动大陆边缘沉积属性。

然而,与上述 Zhang 等(2006a,2006b)、Tang 等(2012,2014)及张修政等(2014a)的观点不同,Zhai 等(2011a,2011b)认为中羌塘变质带内中三叠世榴辉岩的原岩为二叠纪洋岛/海山(OIB)物质,榴辉岩应该是大洋岩石圈俯冲期的产物,进而提出中三叠世双湖古特提斯洋仍处于大洋岩石圈俯冲阶段的观点。本书认为 Zhai 等(2011a,2011b)的观点值得商榷。作者在原文中判定榴辉岩的原岩为洋岛/海山物质的主要论据是榴辉岩具有轻稀土富集和高钛特征,然而这种玄武岩也很有可能为被动大陆边缘或大陆内部伸展背景下形成的碱性玄武岩。事实上,在早二叠世,西羌塘地块内部的确存在大量地幔柱成因且具有 OIB 或碱性玄武岩属性的镁铁质岩脉和玄武熔岩(翟庆国等,2009b;Zhai et al.,2013c;M.Wang et al.,2014;Xu et al.,2016;Zhang et al.,2017a)。这些镁铁质岩脉和玄武熔岩在俯冲带位置很可能会伴随大陆边缘沉积物一起实现深俯冲和构造折返。

中羌塘内部双湖缝合带沿线很少出露早-中三叠世岩浆岩,这与大陆俯冲过程中岩浆作用通常比较微弱的特征相吻合(Ernst et al.,1995;Liou et al.,1997;Zheng et al.,2003,2009)。与早-中三叠世不同,晚三叠世在中羌塘存在一套 230～200 Ma 的双峰式岩浆岩带,整体分布于双湖缝合带南北两侧,西自拉雄错地区,东至双湖地区,呈北西-南东向展布。岩石组合由大量长英质和基性火山岩以及花岗岩构成,其中少量岩石具有埃达克岩的地球化学特征(Zhai et al.,2013a;H.Liu et al.,2016)。双峰式岩浆组合特征表明其形成于后碰撞伸展构造背景,其形成时间与上述变质带中变质岩的退变质作用时间相吻合,这指示两者受统一构造动力学过程的控制,且共同反映了双湖古特提斯洋闭合后俯冲大陆的构造折返

(Zhang et al.,2011)。

通过蛇绿岩、变质岩和岩浆岩的限定,本书认为双湖古特提斯洋的闭合时间应为中三叠世,随之发生西羌塘被动大陆边缘深俯冲,并于晚三叠世由于前缘俯冲洋壳的拆离而发生构造折返。根据已有研究成果,榴辉岩化俯冲大陆地壳折返一般发生在俯冲之后 5 Ma 左右,并且在 25 Ma 内完成(Andrews et al.,2009;Gerya et al.,2004)。上文讨论认为中羌塘变质带 227~203 Ma 退变质作用和 230~200 Ma 双峰式岩浆作用代表了俯冲大陆地壳的构造折返。如果我们以约 230 Ma 代表构造折返开始的时间,并以此为节点向前推 5 Ma,则得到可代表大陆地壳俯冲开始的时间为 235 Ma。这一年龄与中羌塘变质带中变质岩的榴辉岩相峰期变质年龄(244~230 Ma)大致相当,从而表明双湖古特提斯洋于中三叠世发生闭合。

Zhang 等(2018)在东羌塘地块南缘巴青地区发现一俯冲洋壳成因的镁铁质榴辉岩,变质锆石 SHRIMP U-Pb 同位素定年结果指示其榴辉岩相峰期变质的年龄约为 219 Ma。结合羌塘地块中部榴辉岩 244~230 Ma 的峰期变质年龄(Pullen et al.,2008;Zhai et al.,2011a),巴青地区约 219 Ma 俯冲洋壳成因的榴辉岩的发现说明双湖古特提斯洋的闭合类似于很多造山带,为一穿时过程,且东部闭合的时间整体比西部晚约 20 Ma。这与 Zhang 等(2009)、Tang 等(2014)提出的关于双湖古特提斯洋闭合过程的大地构造模式相一致。

由于金沙江和双湖两条缝合带之间相对较近(小于 300 km),因此晚三叠世南北两侧相向俯冲的大洋岩石圈在深处势必会发生相互作用。由于双湖古特提斯洋的闭合时间在东西方向上不同,因此俯冲的金沙江和双湖古特提斯大洋岩石圈在深处的相互作用方式也同样有所差异(图 8-7)。在双湖古特提斯洋缝合带的西段,大致相当于中羌塘变质带的位置,当向南俯冲的金沙江古特提斯大洋岩石圈靠近南侧北向俯冲的双湖古特提斯大洋岩石圈时,由于相互之间的力学作用,后者将会从大陆岩石圈断离。大洋岩石圈的断离不仅能够为下伏软流圈物质的上涌提供通道,促使双峰式岩浆岩的产生,同时导致中羌塘高压-超高压变质岩的折返以及造山带的构造垮塌。与此同时,深部软流圈热物质的上涌削弱金沙江古特提斯俯冲大洋岩石圈的力学强度,从而导致其向后回转。该过程同样会促使双峰式岩浆岩的产生。与双湖古特提斯洋缝合带西段不同,在缝合带的东段,金沙江古特提斯大洋岩石圈和双湖古特提斯大洋岩石圈相向俯冲,至岩石圈地幔深度之后,两者之间并未发生明显的力学相互作用,仅仅在两者之间形成相对封闭的空间,并在此空间内不断积累来自北侧松潘-甘孜大洋的复理石沉积物。另外,金沙江古特提斯大洋岩石圈和双湖古特提斯大洋岩石圈相向俯冲使得深部软流圈发生对流及上涌,从而导致幔源物质混入唐古拉花岗岩熔体之中。

10.3 班公湖-怒江中特提斯洋俯冲

自中三叠世双湖古特提斯洋闭合之后,东西羌塘成为一个整体,经历统一的构造演化过程。侏罗纪至早白垩世羌塘地块主要经历的构造过程为南部班公湖-怒江中特提斯大洋岩石圈的俯冲。尽管目前关于班公湖-怒江中特提斯洋开启的时间尚未达成统一认识,但根据缝合带沿线分布的 193~103 Ma 的蛇绿岩(Zhang et al.,2012a;K.J.Zhang et al.,2014;B.D. Wang et al.,2016;Zhu et al.,2016),可判定班公湖-怒江中特提斯成熟洋盆在早侏罗世晚期便已存在,因此其开启时间应该在早侏罗世之前。班公湖-怒江中特提斯大洋岩石圈的北向俯冲开始于中侏罗世。前人在班公湖-怒江缝合带沿线达如错和日土地区发现一些可代表洋内初始俯冲的岩石组合,如蛇绿混杂岩中的玻安岩(史仁灯等,2004)和高镁安山岩(李小波等,2015;Zeng et al.,2016),并获得 167～162 Ma 的同位素年龄,从而指示中特提斯洋在中侏罗世发生洋内初始俯冲。大洋岩石圈俯冲在羌塘地块南缘产生一系列弧岩浆岩,自西向东依次分布于材玛、青草山、利群山、多不杂、康穷、安多、丁青、八宿一带(Guynn et al.,2006;Zhu et al.,2016;Zhang et al.,2017b)。这些弧岩浆岩以中酸性侵入岩为主,年龄分布为 185～95 Ma,其间存在 140～130 Ma 的岩浆间歇期。这一岩浆间歇期很可能与洋底高原俯冲造成的中特提斯大洋岩石圈平俯冲有关(Zhang et al.,2017b;陆鹿等,2016)。

10.4 拉萨-羌塘地块碰撞及初始地壳加厚

尽管传统观点认为班公湖-怒江中特提斯洋闭合于晚侏罗世至早白垩世(Yin et al.,2000;Kapp et al.,2007;Raterman et al.,2014;Zhu et al.,2016),但其真正闭合的时间可能为早白垩世末至晚白垩世初(Zhang et al.,2012a)。班公湖-怒江缝合带沿线分布的蛇绿岩年龄为 193～103 Ma(Zhang et al.,2012a;K.J.Zhang et al.,2014;B.D.Wang et al.,2016;Zhu et al.,2016),并且在洞错地区存在 131～124 Ma 放射虫化石(Baxter et al.,2009),从而说明在晚白垩世之前班公湖-怒江中特提斯洋盆依然存在。羌塘地块南缘 185～95 Ma 弧岩浆岩指示班公湖-怒江中特提斯洋闭合时间应该大约在 90 Ma。班公湖-怒江中特提斯洋的闭合造成羌塘南侧大陆弧型岩浆作用和西藏中部海相沉积作用的终止(Zhang et al.,2012a)。整个闭合过程为一穿时事件,东部闭合的时间可能要早于西部(Zhang et al.,2002,2008a;Kapp et al.,2007;Metcalfe,2013;Zhu et al.,2013)。

在晚白垩世,由于班公湖-怒江中特提斯洋的闭合,缝合带及南北两侧经历了强烈的缩短变形作用(Kapp et al.,2003,2005;Volkmer et al.,2007),在沉积方面表现为拉萨北缘 100～93 Ma 竟柱山组陆相磨拉石堆积不整合覆盖于下伏海相沉积地层之上(Kapp et al.,2005,2007;潘桂堂等,2005;Zhang et al.,2002,2012a)。这一沉积现象同样在羌塘地块中可见,表现为羌塘地块南缘晚白垩世阿布山组陆相磨拉石堆积不整合覆盖于侏罗纪和早白垩世海相地层之上(Zhang et al.,2002,2012a;潘桂堂等,2005;Kapp et al.,2005)。

木乃紫苏花岗岩和龙亚拉花岗岩为拆沉背景下镁铁质加厚大陆下地壳部分熔融的产物。除了木乃紫苏花岗岩和龙亚拉花岗岩,区域内还出露其他同时代加厚地壳成因的富钾岩浆岩。H.R.Zhang 等(2015)在羌塘地块内部木乃紫苏花岗岩北东方向发现一约 64 Ma 的埃达克岩侵入体,认为其形成于羌塘地块镁铁质加厚下地壳的部分熔融。Li 等(2013)在果根错附近发现一套 80～76 Ma 的富钾中性安山岩、粗面安山岩,并同样认为其形成于羌塘地块镁铁质加厚下地壳的部分熔融,并且可能与拆沉作用有关。在对木乃紫苏花岗岩和龙亚拉花岗岩研究的基础上,结合区域内其他同时代岩浆岩的特征,本书认为羌塘地块在晚白垩世已经发生明显的地壳加厚,与此同时藏中地区发生明显地表隆升。地壳加厚起因于班公湖-怒江中特提斯洋在早白垩世末至晚白垩世初期的闭合以及随后羌塘-拉萨地块的碰撞汇聚(Murphy et al.,1997;Kapp et al.,2005;Volkmer et al.,2007)。有些研究者认为这一事件甚至可能导致藏中地区抬升约 3～4 km(Murphy et al.,1997)。另外,K.J.Zhang 等(2014)认为西藏中部中特提斯洋洋底高原与羌塘地块的碰撞拼贴作用很可能也对藏中地区的地壳加厚和初始隆升起重要作用,然而其具体的构造机制仍有待进一步研究。

羌塘地块及邻区区域地质特征有力支持了上述羌塘地块或整个藏中地区于晚白垩世发生地壳初始加厚和地表隆升的观点。Q.Wang 等(2014)在尼玛地区发现一约 90 Ma 的具有埃达克岩属性的富镁火山岩,其形成于拆沉镁铁质大陆下地壳的部分熔融,从而指示当时碰撞带位置已经发生明显的地壳加厚。余红霞等(2011)在尼玛地区巴拉扎位置发现一约88 Ma加厚下地壳部分熔融成因的埃达克岩,从而进一步证实这一观点。另外,Zhao 等(2008)在缝合带西侧日土地区也发现一约 80 Ma 埃达克质花岗岩,且具有明显下地壳来源岩浆岩的地球化学特征。上述拉萨-羌塘碰撞带一系列晚白垩世埃达克岩的发现,结合羌塘地块内部加厚下地壳来源富钾火山岩与埃达克岩的出现表明,晚白垩世时期的地壳加厚并不是局部现象,而是在包括拉萨地块北缘至羌塘地块内部均有发生的现象,因此它是一个区域性构造事件。低温热年代学研究成果表明,青藏高原中部地壳物质在晚白垩世至始新世经历了明显的快速冷却和剥蚀事件(Rohrmann et al.,2012;Dai et al.,2013),这证实了晚白垩世地壳缩短和隆升过程的存在。根据对木乃紫苏花岗岩岩浆源区压力条件的估计,结合区域内同期加厚下地壳来源埃达克岩的存在,本书认为东羌塘地块在晚白垩世的地壳已加厚 40～50 km,与此同时,西藏中部地区发生明显的地表隆升。

第11章 主要结论与认识

通过对青藏公路以东唐古拉山中生代的代表性花岗岩体进行研究,结合对羌塘地块乃至整个青藏高原构造演化历史及时空格局的总结,探讨了东羌塘地块中生代的构造演化历史。所研究的岩浆岩体包括晚三叠世唐古拉花岗岩、晚白垩世木乃紫苏花岗岩和龙亚拉花岗岩。主要获得以下几点认识。

(1)唐古拉花岗岩主要由二长花岗岩、正长花岗岩及富斜长石花岗岩组成,其中广泛分布一些变质沉积岩捕虏体。花岗岩矿物组合包括碱性长石、斜长石、石英及黑云母,白云母很少见,未见角闪石。锆石 U-Pb 加权平均年龄为 223~228 Ma,说明唐古拉花岗岩为晚三叠世岩浆作用的产物。在地球化学方面,唐古拉花岗岩为高钾钙碱性、富镁、富钾、强过铝质花岗岩;轻稀土元素和大离子亲石元素富集,Ba、Sr、Nb、Ti 和 P 明显亏损,Rb、Th、U 和 Pb 富集,多数样品具有中等到明显的 Eu 负异常;全岩 Sr-Nd 同位素和锆石 Hf 同位素组成明显富集,$[\omega(^{87}Sr)/\omega(^{86}Sr)]_i=0.716\,849\sim0.730\,577$,$\varepsilon_{Nd}(t)=-10.95\sim-9.60$,$\varepsilon_{Hf}(t)=-16\sim-5.1$。

唐古拉花岗岩岩浆源岩主要为变质杂砂岩,其次为少量的变质泥岩,因此唐古拉花岗岩属于典型的 S 型花岗岩。岩浆中存在明显的幔源物质的混入现象,从而使得唐古拉花岗岩具有较高的岩浆初始温度,并且相对富集镁-铁-钛以及一些高场强元素。通过对唐古拉花岗岩、变质沉积岩捕虏体、羌塘地块沉积岩以及松潘-甘孜三叠纪复理石进行系统对比,认为松潘-甘孜三叠纪复理石沉积最可能为唐古拉花岗岩的岩浆源岩。晚三叠世南向俯冲的金沙江古特提斯大洋岩石圈携带大量松潘-甘孜三叠纪复理石沉积,并在深处发生熔融,从而形成唐古拉花岗岩。伴随着唐古拉花岗岩的形成,南北相向俯冲的双湖古特提斯大洋岩石圈和金沙江古特提斯大洋岩石圈之间在东西方向上发生不同深部的相互作用。

(2)木乃紫苏花岗岩形成于(68.1 ± 1.1)Ma,为晚白垩世岩浆作用的产物。其主要矿物包括斜长石、碱性长石和石英,次要矿物包括紫苏辉石、单斜辉石、黑云母及角闪石。在化学成分上,木乃紫苏花岗岩属于一套准铝质、镁质、富钾花岗岩。岩石具有相对均一的微量元素组成,轻稀土元素和大离子亲石元素相对富集,并且具有明显的 Nb、Ta、P、Ti 的负异常以及 Th、U、Pb 的正异常,而 Eu 负异常不明显。木乃紫苏花岗岩中 Sr 和 Ba 的含量较高,并且具有高 $\omega(Sr)/\omega(Y)$ 和 $\omega(La)/\omega(Yb)$ 特征,类似于埃达克岩的地球化学属性。然而,相比典型的埃达克岩,木乃紫苏花岗岩具有较高的 Y 和 Yb 含量。在同位素地球化学方面,木乃紫苏花岗岩具有相对均一的 Sr-Nd-Hf 同位素组成,$[\omega(^{87}Sr)/\omega(^{86}Sr)]_i=0.705\,616\sim0.705\,877$,$\varepsilon_{Nd}(t)=-0.92\sim-0.66$,$\varepsilon_{Hf}(t)=0.3\sim4.5$。

木乃紫苏花岗岩的岩浆来源主体为羌塘地块镁铁质加厚大陆下地壳的部分熔融,仅有少量的上地壳物质的混染。岩浆源区温度为 850~1 100 ℃,压力为 11~15 kbar,对应岩浆起源深度为 40~50 km。参考不同温压条件下下地壳变质玄武岩部分熔融相平衡和矿物组合特征,木乃紫苏花岗岩岩浆形成的温压条件(即 850~1 000 ℃,11~15 kbar)大致对应"角闪石-金红石-斜长石分解"而"石榴石稳定"的范围。在这一温压条件下,源区斜长石将强烈分解,这使得对应熔体中的 Sr、Ba 元素较为富含,而非常有限的石榴石残余无法有效保留 HREEs 和 Y,从而使得对应熔体不具备埃达克岩低的 HREEs 和 Y 含量特征。

木乃紫苏花岗岩的产出表明,晚白垩世羌塘地块已经发生明显的地壳加厚,其厚度可达 40～50 km,与此同时,西藏中部地区发生明显的地表隆升现象。由于拉萨和羌塘地块的碰撞汇聚,晚白垩世羌塘地块已发生明显的地壳加厚现象,并且岩石圈底部由于重力失稳而拆沉。伴随拆沉作用的发生,幔源热物质上涌促使镁铁质加厚下地壳部分熔融,从而形成木乃紫苏花岗岩以及经明显后期演化的龙亚拉花岗岩。根据对木乃紫苏花岗岩岩浆源区压力条件的估计,结合区域内一系列与大陆岩石圈加厚相关的晚白垩世富钾埃达克岩、粗面安山岩、碱性玄武岩的出现,认为东羌塘地块在晚白垩世的地壳加厚量已达 40～50 km,并且西藏中部在此期间发生了地表隆升现象。

(3) 龙亚拉花岗岩形成于(69.8±1.3) Ma,在误差范围内与木乃紫苏花岗岩的形成年龄一致,同样为晚白垩世岩浆产物。矿物组合包括碱性长石、斜长石、石英、黑云母及角闪石,为准铝质至轻微过铝质、相对富镁和富钾的花岗岩。球粒陨石标准化稀土配分模式和原始地幔标准化微量元素配分模式整体表现为相似的右倾趋势,Sr、Ba、Eu、P 及高场强元素(如 Nb、Ta 和 Ti)明显呈负异常特征,而 Th、U 及 Pb 明显呈正异常特征。另外,Sr-Nd-Hf 同位素组成相对均一,$[\omega(^{87}Sr)/\omega(^{86}Sr)]_i=0.706\,838\sim0.707\,013$,$\varepsilon_{Nd}(t)=-2.37\sim-1.45$,$\varepsilon_{Hf}(t)=-0.8\sim4.2$(多数大于 2)。与木乃紫苏花岗岩相比,两者具有相似的微量元素和锆石 Hf 同位素组成特征,其主量元素和微量元素的含量与 SiO_2 含量之间呈现线性连续演化的特征,因此两者为同源岩浆演化的产物。相比木乃紫苏花岗岩,龙亚拉花岗岩经历了以结晶分异作用为主的强烈后期岩浆演化过程,并且存在稍微更多的上地壳物质的混染。

(4) 在构造演化方面,东羌塘地块在三叠纪主要经历了北侧金沙江古特提斯洋和南侧双湖古特提斯洋的俯冲-闭合及陆陆碰撞事件,之后则整体与西羌塘地块合为一体,共同见证了班公湖-怒江中特提斯洋的俯冲-闭合、拉萨和羌塘地块之间的碰撞以及由此引发的初始地壳加厚和地表隆升。金沙江古特提斯洋于二叠纪开始俯冲,洋盆的俯冲消减一直持续到晚三叠世至早侏罗世,并在羌塘地块北缘及北东缘产生一系列与俯冲相关的岩浆岩记录。在此期间,羌塘地块北缘于 242～219 Ma 期间存在活动洋脊俯冲以及由此产生的板片窗事件。活动洋脊的俯冲使原本正常的大洋岩石圈由陡俯冲转变为平俯冲,从而使得该段时间内羌塘地块北缘及东北缘地区缺乏典型的弧岩浆活动。活动洋脊俯冲及板片窗事件结束之后,原有的古特提斯大洋岩石圈平俯冲即恢复为正常陡俯冲,从而在治多-玉树地区形成年龄约为 221～202 Ma 的弧火山岩。南向俯冲的金沙江古特提斯大洋岩石圈携带大量三叠纪松潘-甘孜复理石向南搬运,并在深处堆积熔融,从而形成唐古拉花岗岩。双湖古特提斯洋的闭合时间应为中三叠世,闭合之后西羌塘大陆地块边缘发生深俯冲,并于晚三叠世因前缘俯冲洋壳的拆离而发生构造折返,从而导致中羌塘 230～200 Ma 双峰式岩浆作用的发生以及晚三叠世沉积物堆积的出现。自中三叠世双湖古特提斯洋闭合之后,东羌塘与西羌塘成为一个整体,经历统一的构造演化过程。侏罗纪至早白垩世羌塘地块主要经历的构造过程为南侧班公湖-怒江中特提斯大洋岩石圈的俯冲,该过程于羌塘地块南部产生年龄分布为 185～95 Ma 的岩浆弧。班公湖-怒江中特提斯洋闭合于早白垩世末至晚白垩世初,该大洋的闭合以及随后羌塘和拉萨地块之间的碰撞汇聚导致羌塘地块在晚白垩世发生明显的地壳加厚现象,地壳加厚量已达 40～50 km。

参 考 文 献

白云山,段其发,牛志军,等,2006.羌塘东部治多县啊聂托确黑云母二长花岗斑岩体特征及其构造意义[J].华南地质与矿产,22(3):19-23.

白志达,徐德斌,张绪教,等,2004.中华人民共和国区域地质调查报告:布若错幅(比例尺1:250 000)[R].北京:中国地质调查局.

陈寿铭,程立人,张以春,2006.西藏羌塘北部地区晚二叠世地层再研究[J].吉林大学学报(地球科学版),36(增刊):1-4.

邓万明,尹集祥,吕中平,1996.羌塘茶布-双湖地区基性超基性岩和火山岩研究[J].中国科学(D辑),26(4):296-301.

邓万明,孙宏娟,张玉泉,1999.青海囊谦盆地新生代火山岩的 K-Ar 年龄[J].科学通报,44(23):2554-2558.

邓万明,孙宏娟,张玉泉,2001.囊谦盆地新生代钾质火山岩成因岩石学研究[J].地质科学,36(3):304-318.

董春艳,李才,万渝生,等,2011.西藏羌塘龙木错-双湖缝合带南侧奥陶纪温泉石英岩碎屑锆石年龄分布模式:构造归属及物源区制约[J].中国科学:地球科学,41(3):299-308.

董彦辉,王强,许继峰,等,2008.羌塘地块北部东月湖始新世高 Mg# 埃达克质火山岩的成因以及构造意义[J].岩石学报,24(2):291-302.

杜德道,曲晓明,王根厚,等,2011.西藏班公湖-怒江缝合带西段中特提斯洋盆的双向俯冲:来自岛弧型花岗岩锆石 U-Pb 年龄和元素地球化学的证据[J].岩石学报,27(7):1993-2002.

段其发,王建雄,白云山,等,2009.青海南部蛇绿岩中辉长岩锆石 SHRIMP U-Pb 定年和岩石地球化学特征[J].中国地质,36(2):291-299.

段志明,李勇,张毅,等,2005a.藏北唐古拉山木乃中生代末花岗岩地球化学特征及其构造环境意义[J].矿物岩石,25(1):52-57.

段志明,李勇,张毅,等,2005b.青藏高原唐古拉山中新生代花岗岩锆石 U-Pb 年龄、地球化学特征及其大陆动力学意义[J].地质学报,79(1):88-97.

段志明,李勇,祝向平,等,2009.藏北唐古拉山木乃花岗岩地壳隆升的裂变径迹证据[J].矿物岩石,29(2):61-65.

范景年,1988.西藏石炭系[M].重庆:重庆出版社.

高剑峰,陆建军,赖鸣远,等,2003.岩石样品中微量元素的高分辨率等离子质谱分析[J].南京大学学报(自然科学版),39(6):844-850.

关俊雷,耿全如,彭智敏,等,2016.西藏唐古拉岩浆岩带夏玛日花岗岩体的岩石学、岩石地球化学、锆石 U-Pb 测年及 Hf 同位素组成[J].地质学报,90(2):304-333.

何世平,李荣社,王超,等,2011.青藏高原北羌塘昌都地块发现~4.0 Ga 碎屑锆石[J].科学通报,56(8):573-585.

侯可军,李延河,邹天人,等,2007.LA-MC-ICP-MS 锆石 Hf 同位素的分析方法及地质应用 [J].岩石学报,23(10):2595-2604.

胡培远,李才,苏犁,等,2010.青藏高原羌塘中部蜈蚣山花岗片麻岩锆石 U-Pb 定年:泛非与 印支事件的年代学记录[J].中国地质,37(4):1050-1061.

胡培远,李才,解超明,等,2013.藏北羌塘中部桃形湖蛇绿岩中钠长花岗岩:古特提斯洋壳消 减的证据[J].岩石学报,29(12):4404-4414.

胡培远,李才,吴彦旺,等,2016.青藏高原古特提斯洋早石炭世弧后拉张:来自 A 型花岗岩 的证据[J].岩石学报,32(4):1219-1231.

黄继钧,2001.羌塘盆地基底构造特征[J].地质学报,75(3):333-337.

李才,翟庆国,陈文,等,2006.青藏高原羌塘中部榴辉岩 Ar-Ar 定年[J].岩石学报,22(12): 2843-2849.

李才,董永胜,翟庆国,等,2008a.青藏高原羌塘早古生代蛇绿岩:堆晶辉长岩的锆石 SHRIMP 定年及其意义[J].岩石学报,24(1):31-36.

李才,谢尧武,沙绍礼,等,2008b.藏东八宿地区泛非期花岗岩锆石 SHRIMP U-Pb 定年[J]. 地质通报,27(1):64-68.

李静超,赵中宝,郑艺龙,等,2015.古特提斯洋俯冲碰撞在南羌塘的岩浆岩证据:西藏荣玛乡 冈塘错花岗岩[J].岩石学报,31(7):2078-2088.

李日俊,吴浩若,李红生,等,1997.藏北阿木岗群、查桑群和鲁谷组放射虫的发现及有关问题 讨论[J].地质论评,43(3):250-256.

李小波,王保弟,刘函,等,2015.西藏达如错地区晚侏罗世高镁安山岩:班公湖-怒江洋壳俯 冲消减的证据[J].地质通报,34(2/3):251-261.

李星学,姚兆奇,邓龙华,1982.西藏昌都妥坝晚二叠世植物群[M]//中国科学院青藏高原综 合考察队.西藏古生物:第五分册.北京:科学出版社:17-44.

李勇,王成善,伊海生,2003.西藏金沙江缝合带西段晚三叠世碰撞作用与沉积响应[J].沉积 学报,21(2):191-197.

李勇,李亚林,段志明,等,2004.中华人民共和国区域地质调查报告:温泉兵站幅(比例尺 1:250 000)[M].北京:中国地质大学出版社.

刘函,王保弟,陈莉,等,2015.龙木错-双湖古特提斯洋俯冲记录:羌塘中部日湾茶卡早石炭 世岛弧火山岩[J].地质通报,34(2/3):274-282.

陆鹿,严立龙,李秋环,等,2016.洋底高原及其对地球系统意义研究综述[J].岩石学报, 32(6):1851-1876.

马昌前,杨坤光,唐仲华,等,1994.花岗岩类岩浆动力学:理论方法及鄂东花岗岩类例 析[M].武汉:中国地质大学出版社.

潘桂堂,丁俊,姚东生,等,2005.青藏高原及邻区 1:150 万地质图及说明书[M].成都:成都 地图出版社.

彭智敏,耿全如,王立全,等,2014.青藏高原羌塘中部本松错花岗质片麻岩锆石 U-Pb 年龄、 Hf 同位素特征及地质意义[J].科学通报,59(26):2621-2630.

濮巍,高剑峰,赵葵东,等,2005.利用 DCTA 和 HIBA 快速有效分离 Rb-Sr、Sm-Nd 的方法

[J].南京大学学报(自然科学版),41(4):445-450.

施建荣,董永胜,王生云,2009.藏北羌塘中部果干加年山斜长花岗岩定年及其构造意义[J].地质通报,28(9):1236-1243.

史仁灯,杨经绥,许志琴,等,2004.西藏班公湖蛇绿混杂岩中玻安岩系火山岩的发现及构造意义[J].科学通报,49(12):1179-1184.

苏本勋,陈岳龙,刘飞,等,2006.松潘-甘孜地块三叠系砂岩的地球化学特征及其意义[J].岩石学报,22(4):961-970.

王成善,伊海生,李勇,等,2001.西藏羌塘盆地地质演化与油气远景评价[M].北京:地质出版社.

王冬兵,王立全,尹福光,等,2012.滇西北金沙江古特提斯洋早期演化时限及其性质:东竹林层状辉长岩锆石 U-Pb 年龄及 Hf 同位素约束[J].岩石学报,28(5):1542-1550.

王根厚,韩芳林,杨运军,等,2009.藏北羌塘中部晚古生代增生杂岩的发现及其地质意义[J].地质通报,28(9):1181-1187.

王根厚,张维杰,贾建称,等,2013.中华人民共和国区域地质调查报告:仓来拉幅(比例尺1:250 000)[M].武汉:中国地质大学出版社.

王国芝,王成善,2001.西藏羌塘基底变质岩系的解体和时代厘定[J].中国科学(D辑:地球科学),31(增刊):77-82.

王立全,潘桂棠,李才,等,2008.藏北羌塘中部果干加年山早古生代堆晶辉长岩的锆石 SHRIMP U-Pb 年龄:兼论原-古特提斯洋的演化[J].地质通报,27(12):2045-2056.

王明,李才,解超明,等,2012.聂荣微陆块花岗片麻岩锆石 LA-ICP-MS U-Pb 定年:新元古代基底岩石的发现及其意义[J].岩石学报,28(12):4101-4108.

王毅智,祁生胜,安守文,等,2007.青海南部杂多地区超镁铁质—镁铁质岩石的特征及 Ar-Ar 定年[J].地质通报,26(6):668-674.

吴彦旺,李才,解超明,等,2010.青藏高原羌塘中部果干加年山二叠纪蛇绿岩岩石学和同位素定年[J].地质通报,29(12):1773-1780.

吴彦旺,李才,徐梦婧,等,2014.藏北羌塘中部果干加年山石炭纪蛇绿岩地球化学特征及 LA-ICP-MS 锆石 U-Pb 年龄[J].地质通报,33(11):1682-1689.

西藏自治区地质矿产局,1993.西藏自治区区域地质志[M].北京:地质出版社.

解超明,李才,苏黎,等,2010.藏北安多地区花岗片麻岩锆石 LA-ICP-MSU-Pb 定年[J].地质通报,29(12):1737-1744.

谢锦程,李炜恺,董国臣,等,2013.西藏八宿花岗岩岩石学、地球化学特征及其构造意义[J].岩石学报,29(11):3779-3791.

谢尧武,李林庆,强巴扎西,等,2009.藏东八宿地区朱村组火山岩地球化学、同位素年代学及其构造意义[J].地质通报,28(9):1244-1252.

徐义刚,1993.适用于幔源包体的地质温度计[J].岩石学报,9(2):167-180.

许志琴,杨经绥,梁凤华,等,2005.喜马拉雅地体的泛非-早古生代造山事件年龄记录[J].岩石学报,21(1):1-12.

余红霞,陈建林,许继峰,等,2011.拉萨地块中北部晚白垩世(约 90 Ma)拔拉扎含矿斑岩地球化学特征及其成因[J].岩石学报,27(7):2011-2022.

翟庆国,李才,2007.藏北羌塘菊花山那底岗日组火山岩锆石 SHRIMP 定年及其意义[J].地质学报,81(6):795-800.

翟庆国,李才,王军,等,2009a.藏北羌塘中部绒玛地区蓝片岩岩石学、矿物学和 ^{40} Ar/^{39} Ar年代学[J].岩石学报,25(9):2281-2288.

翟庆国,李才,王军,等,2009b.藏北羌塘地区基性岩墙群锆石 SHRIMP 定年及 Hf 同位素特征[J].科学通报,54(21):3331-3337.

张乐,董永胜,张修政,等,2014.藏北羌塘中西部红脊山地区早二叠世埃达克质岩石的发现及其地质意义[J].地质通报,33(11):1728-1739.

张能,李剑波,杨云松,等,2012.金沙江缝合带弯岛湖蛇绿混杂岩带的岩石地球化学特征及其构造背景[J].岩石学报,28(4):1291-1304.

张天羽,李才,苏犁,等,2014.藏北羌塘中部日湾茶卡地区堆晶岩 LA-ICP-MS 锆石 U-Pb 年龄、地球化学特征及其构造意义[J].地质通报,33(11):1662-1672.

张修政,董永胜,李才,等,2014a.从洋壳俯冲到陆壳俯冲和碰撞:来自羌塘中西部地区榴辉岩和蓝片岩地球化学的证据[J].岩石学报,30(10):2821-2834.

张修政,董永胜,李才,等,2014b.羌塘中部晚三叠世岩浆活动的构造背景及成因机制:以红脊山地区香桃湖花岗岩为例[J].岩石学报,30(2):547-564.

赵政璋,李永铁,叶和飞,等,2001.青藏高原地层[M].北京:科学出版社:244-245.

郑艺龙,王根厚,郭志文,等,2015.藏北羌塘泛非和印支事件的记录:来自俄久卖变质杂岩地球化学与锆石 U-Pb 年代学的证据[J].岩石学报,31(4):1137-1152.

周会武,2013.昌都地块小苏莽一带二叠纪变玄武岩地球化学特征及其构造环境[J].地球化学,42(2):153-165.

朱同兴,张启跃,董瀚,等,2006.藏北双湖地区才多茶卡一带构造混杂岩中发现晚泥盆世和晚二叠世放射虫硅质岩[J].地质通报,25(12):1413-1418.

朱迎堂,伊海生,杨延兴,等,2004.青海西金乌兰湖地区移山湖晚泥盆世辉绿岩墙群:西金乌兰洋初始裂解的重要证据[J].沉积与特提斯地质,24(3):38-42.

ALTHERR R, HOLL A, HEGNER E, et al, 2000. High-potassium, calc-alkaline I-type plutonism in the European Variscides: northern Vosges (France) and northern Schwarzwald (Germany)[J]. Lithos,50(1/2/3):51-73.

ANDERSEN T,2002. Correction of common lead in U-Pb analyses that do not report ^{204} Pb[J]. Chemical geology,192(1/2):59-79.

ANDERSON J L, BENDER E E,1989. Nature and origin of Proterozoic A-type granitic magmatism in the southwestern United States of America[J]. Lithos,23(1/2):19-52.

ANDERSON J L, SMITH D R,1995. The effects of temperature and fo2 on the Al-in-hornblende barometer[J]. American mineralogist,80(5/6):549-559.

ANDREWS E R, BILLEN M I, 2009. Rheologic controls on the dynamics of slab detachment[J]. Tectonophysics,464(1/2/3/4):60-69.

AYRES M, HARRIS N, 1997. REE fractionation and Nd-isotope disequilibrium during crustal anatexis: constraints from Himalayan leucogranites[J]. Chemical geology,139(1/2/3/4):249-269.

BALLOUARD C, POUJOL M, BOULVAIS P, et al, 2016. Nb-Ta fractionation in peraluminous granites: a marker of the magmatic-hydrothermal transition [J]. Geology, 44(3):231-234.

BARTH M G, MCDONOUGH W F, RUDNICK R L, 2000. Tracking the budget of Nb and Ta in the continental crust[J]. Chemical geology, 165(3/4):197-213.

BAXTER A T, AITCHISON J C, ZYABREV S V, 2009. Radiolarian age constraints on Mesotethyan ocean evolution, and their implications for development of the Bangong-Nujiang suture, Tibet[J]. Journal of the geological society, 166(4):689-694.

BEARD J S, LOFGREN G E, 1991. Dehydration melting and water-saturated melting of basaltic and andesitic greenstones and amphibolites at 1,3,and 6.9 kb[J]. Journal of petrology, 32(2):365-401.

BECKER A, HOLTZ F, JOHANNES W, 1998. Liquidus temperatures and phase compositions in the system Qz-Ab-Or at 5 kbar and very low water activities[J]. Contributions to mineralogy and petrology, 130(3/4):213-224.

BENOIT M, AGUILLÓN-ROBLES A, CALMUS T, et al, 2002. Geochemical diversity of late Miocene volcanism in southern Baja California, Mexico: implication of mantle and crustal sources during the opening of an asthenospheric window[J]. The journal of geology, 110(6):627-648.

BERGEMANN C, JUNG S, BERNDT J, et al, 2014. Generation of magnesian, high-K alkali-calcic granites and granodiorites from amphibolitic continental crust in the Damara orogen, Namibia[J]. Lithos, 198/199:217-233.

BLICHERT-TOFT J, ALBARÈDE F, 1997. The Lu-Hf isotope geochemistry of chondrites and the evolution of the mantle-crust system[J]. Earth and planetary science letters, 148(1/2):243-258.

BORA S, KUMAR S, 2015. Geochemistry of biotites and host granitoid plutons from the Proterozoic Mahakoshal Belt, central India tectonic zone: implication for nature and tectonic setting of magmatism[J]. International geology review, 57(11/12):1686-1706.

BREY G P, KÖHLER T, 1990. Geothermobarometry in four-phase lherzolites II: new thermobarometers, and practical assessment of existing thermobarometers[J]. Journal of petrology, 31(6):1353-1378.

BRUGUIER O, LANCELOT J R, MALAVIEILLE J, 1997. U-Pb dating on single detrital zircon grains from the Triassic Songpan-Ganze flysch (central China): provenance and tectonic correlations[J]. Earth and planetary science letters, 152(1/2/3/4):217-231.

CAWOOD P A, JOHNSON M R W, NEMCHIN A A, 2007. Early Palaeozoic orogenesis along the Indian margin of Gondwana: tectonic response to Gondwana assembly[J]. Earth and planetary science letters, 255(1/2):70-84.

CHAPPELL B W, 1984. Source rocks of I- and S-type granites in the Lachlan Fold Belt, southeastern Australia [J]. Philosophical Transactions of the Royal Society of London: series A: mathematical physical and physical sciences, 310(1514):693-707.

CHAPPELL B W,WHITE A J R,2001. Two contrasting granite types:25 years later[J]. Australian journal of earth sciences,48(4):489-499.

CHEN J L, XU J F, WANG B D,et al,2012. Cenozoic Mg-rich potassic rocks in the Tibetan Plateau: geochemical variations, heterogeneity of subcontinental lithospheric mantle and tectonic implications[J]. Journal of Asian earth sciences,53:115-130.

CHEN S S,SHI R D,YI G D,et al,2016. Middle Triassic volcanic rocks in the northern Qiangtang (central Tibet):geochronology,petrogenesis,and tectonic implications[J]. Tectonophysics,666:90-102.

CHEN S S, FAN W M, SHI R D, et al, 2017. Removal of deep lithosphere in ancient continental collisional orogens: a case study from central Tibet, China[J]. Geochemistry,geophysics,geosystems,18(3):1225-1243.

CHEN Y L,LI D P,ZHOU J,et al,2009. U-Pb dating,geochemistry,and tectonic implications of the Songpan-Ganzi block and the Longmen Shan,China[J]. Geochemical journal,43(2): 77-99.

CHUNG S L,LO C H,LEE T Y,et al,1998. Diachronous uplift of the Tibetan Plateau starting 40? Myr ago[J]. Nature,394(6695):769-773.

CLEMENS J D,2003. S-type granitic magmas:petrogenetic issues,models and evidence [J]. Earth-science reviews,61(1/2):1-18.

CLOOS M,1982. Flow melanges:numerical modeling and geologic constraints on their origin in the Franciscan subduction complex,California[J]. Geological Society of America Bulletin,93(4):330-345.

CLYNNE M A,1990. Stratigraphic,lithologic,and major element geochemical constraints on magmatic evolution at Lassen Volcanic Center,California[J]. Journal of geophysical research:solid earth,95(B12):19651-19669.

CONDIE K C,2005. TTGs and adakites:are they both slab melts?[J]. Lithos,80(1/2/3/ 4):33-44.

CORFU F, HANCHAR J M, HOSKIN P W, et al, 2003. Atlas of zircon textures[J]. Reviews in mineralogy and geochemistry,53(1):469-500.

DAI J G,WANG C S,HOURIGAN J,et al,2013. Insights into the early Tibetan Plateau from (U-Th)/He thermochronology[J]. Journal of the geological society,170(6):917- 927.

DAVIDSON J,TURNER S,HANDLEY H,et al,2007. Amphibole 'sponge' in arc crust? [J]. Geology,35:787-790.

DEER W A, HOWIE R A, ZUSSMAN J, 1992. An introduction to the rock-forming minerals[M]. 2nd ed. Harlow:Longman Group,UK.

DEFANT M J, DRUMMOND M S, 1990. Derivation of some modern arc magmas by melting of young subducted lithosphere[J]. Nature,347(6294):662-665.

DEWEY J F, SHACKLETON R M, CHANG C F,et al,1988. The tectonic evolution of the Tibetan Plateau[J]. Philosophical Transactions of the Royal Society of London:

series A:mathematical and physical sciences,327(1594):379-413.

DING H X,ZHANG Z M,DONG X,et al,2015. Cambrian ultrapotassic rhyolites from the Lhasa terrane,south Tibet:evidence for Andean-type magmatism along the northern active margin of Gondwana[J]. Gondwana research,27(4):1616-1629.

DING L,KAPP P,ZHONG D L,et al,2003. Cenozoic volcanism in Tibet:evidence for a transition from oceanic to continental subduction[J]. Journal of petrology,44(10):1833-1865.

DING L,KAPP P,YUE Y H,et al,2007. Postcollisional calc-alkaline lavas and xenoliths from the southern Qiangtang terrane,central Tibet[J]. Earth and planetary science letters,254(1/2):28-38.

DING L,YANG D,CAI F L,et al,2013. Provenance analysis of the Mesozoic Hoh-Xil-Songpan-Ganzi turbidites in northern Tibet:implications for the tectonic evolution of the eastern Paleo-Tethys Ocean[J]. Tectonics,32(1):34-48.

DODGE F C W,KISTLER R W,1990. Some additional observations on inclusions in the granitic rocks of the Sierra Nevada[J]. Journal of geophysical research:solid earth,95(B11):17841-17848.

D'ORAZIO M,AGOSTINI S,INNOCENTI F,et al,2001. Slab window-related magmatism from southernmost south America:the Late Miocene mafic volcanics from the Estancia Glencross Area (~52°S,Argentina-Chile)[J]. Lithos,57(2/3):67-89.

DOSTAL J,CHATTERJEE A K,2000. Contrasting behaviour of Nb/Ta and Zr/Hf ratios in a peraluminous granitic pluton (Nova Scotia, Canada)[J]. Chemical geology,163(1/2/3/4):207-218.

DRUMMOND M S,DEFANT M J,1990. A model for trondhjemite-tonalitedacite genesis and crustal growth via slab melting:archaean to modern comparisons[J]. Journal of geophysical research,95:21503-21521.

ENKELMANN E,WEISLOGEL A,RATSCHBACHER L,et al,2007. How was the Triassic Songpan-Ganzi basin filled? a provenance study[J]. Tectonics,26(4):TC4007.

ERNST W G,LIOU J G,1995. Contrasting plate-tectonic styles of the Qinling-Dabie-Sulu and Franciscan metamorphic belts[J]. Geology,23:353-356.

FAN J J,LI C,XIE C M,et al,2015. Petrology and U-Pb zircon geochronology of bimodal volcanic rocks from the Maierze Group,northern Tibet:constraints on the timing of closure of the Banggong-Nujiang Ocean[J]. Lithos,227:148-160.

FAN J J,LI C,WU H,et al,2016. Late Jurassic adakitic granodiorite in the Dong Co area,northern Tibet:implications for subduction of the Bangong-Nujiang oceanic lithosphere and related accretion of the southern Qiangtang terrane[J]. Tectonophysics,691:345-361.

FERRY J M,WATSON E B,2007. New thermodynamic models and revised calibrations for the Ti-in-zircon and Zr-in-rutile thermometers[J]. Contributions to mineralogy and petrology,154(4):429-437.

FOLEY S F,VENTURELLI G,GREEN D H,et al,1987. The ultrapotassic rocks:

characteristics, classification, and constraints for petrogenetic models[J]. Earth-science reviews, 24(2):81-134.

FOLEY S, TIEPOLO M, VANNUCCI R, 2002. Growth of early continental crust controlled by melting of amphibolite in subduction zones[J]. Nature, 417(6891): 837-840.

FOSTER M D, 1960. Interpretation of the composition of trioctahedral micas[J]. USGS professional paper, 354(B):1-49.

FROST B R, BARNES C G, COLLINS W J, et al, 2001. A geochemical classification for granitic rocks[J]. Journal of petrology, 42(11):2033-2048.

FROST B R, FROST C D, 2008. A geochemical classification for feldspathic igneous rocks [J]. Journal of petrology, 49(11):1955-1969.

FU X G, WANG J, TAN F W, et al, 2010. The Late Triassic rift-related volcanic rocks from eastern Qiangtang, northern Tibet (China): age and tectonic implications[J]. Gondwana research, 17(1):135-144.

GEHRELS G, KAPP P, DECELLES P, et al, 2011. Detrital zircon geochronology of pre-Tertiary strata in the Tibetan-Himalayan orogen[J]. Tectonics, 30(5):1-27.

GERYA T V, YUEN D A, MARESCH W V, 2004. Thermomechanical modelling of slab detachment[J]. Earth and planetary science letters, 226(1/2):101-116.

GOLDSTEIN S L, O'NIONS R K, HAMILTON P J, 1984. A Sm-Nd isotopic study of atmospheric dusts and particulates from major river systems[J]. Earth and planetary science letters, 70(2):221-236.

GREEN T H, PEARSON N J, 1986. Ti-rich accessory phase saturation in hydrous mafic-felsic compositions at high P, T[J]. Chemical geology, 54(3/4):185-201.

GRIFFIN W L, PEARSON N J, BELOUSOVA E, et al, 2000. The Hf isotope composition of cratonic mantle: LAM-MC-ICPMS analysis of zircon megacrysts in kimberlites[J]. Geochimica et cosmochimica acta, 64(1):133-147.

GUO Z F, WILSON M, LIU J Q, et al, 2006. Post-collisional, potassic and ultrapotassic magmatism of the northern Tibetan Plateau: constraints on characteristics of the mantle source, geodynamic setting and uplift mechanisms[J]. Journal of petrology, 47(6):1177-1220.

GUYNN J H, KAPP P, PULLEN A, et al, 2006. Tibetan basement rocks near Amdo reveal "missing" Mesozoic tectonism along the Bangong suture, central Tibet[J]. Geology, 34(6):505-508.

GUYNN J, KAPP P, GEHRELS G E, et al, 2012. U-Pb geochronology of basement rocks in central Tibet and paleogeographic implications[J]. Journal of Asian earth sciences, 43(1):23-50.

HACKER B R, 2000. Hot and dry deep crustal xenoliths from Tibet[J]. Science, 287(5462):2463-2466.

HAMMARSTRØM J M, ZEN E A, 1986. Aluminium in hornblende: an empirical igneous geobarometer[J]. American mineralogist,71:1297-1313.

HAO L L,WANG Q,WYMAN D A,et al,2016. Underplating of basaltic magmas and crustal growth in a continental arc:evidence from Late Mesozoic intermediate-felsic intrusive rocks in southern Qiangtang,central Tibet[J]. Lithos,245:223-242.

HARLOV D E, VAN DEN KERKHOF A, JOHANSSON L, 2013. The varberg-torpa charnockite-granite association,SW Sweden:mineralogy,petrology,and fluid inclusion chemistry[J]. Journal of petrology,54(1):3-40.

HARRIS N B W, XU R H, LEWIS C L,et al,1988. Isotope geochemistry of the 1985 Tibet geotraverse, Lhasa to Golmud [J]. Philosophical Transactions of the Royal Society of London:series A:mathematical and physical sciences,327(1594):263-285.

HARRISON T M,WATSON E B,1984. The behavior of apatite during crustal anatexis: equilibrium and kinetic considerations[J]. Geochimica et cosmochimica acta,48(7): 1467-1477.

HEALY B,COLLINS W J,RICHARDS S W,2004. A hybrid origin for Lachlan S-type granites:the Murrumbidgee Batholith example[J]. Lithos,78(1/2):197-216.

HOLLISTER L S, GRISSOM G C, PETERS E K, et al, 1987. Confirmation of the empirical correlation of Al in hornblende with pressure of solidification of calc-alkaline plutons[J]. American mineralogist,72:231-239.

HOSKIN P W O,SCHALTEGGER U,2003. The composition of zircon and igneous and metamorphic petrogenesis[J]. Reviews in mineralogy and geochemistry,53(1):27-62.

HU P Y,LI C,LI J,et al,2014. Zircon U-Pb-Hf isotopes and whole-rock geochemistry of gneissic granites from the Jitang complex in Leiwuqi area,eastern Tibet,China:record of the closure of the Paleo-Tethys Ocean[J]. Tectonophysics,623:83-99.

HU P Y,ZHAI Q G,JAHN B M,et al,2015. Early Ordovician granites from the south Qiangtang terrane, northern Tibet: implications for the Early Paleozoic tectonic evolution along the Gondwanan proto-Tethyan margin[J]. Lithos,220/221/222/223: 318-338.

HUANG F,CHEN J L,XU J F,et al,2015. Os-Nd-Sr isotopes in Miocene ultrapotassic rocks of southern Tibet:partial melting of a pyroxenite-bearing lithospheric mantle? [J]. Geochimica et cosmochimica acta,163:279-298.

HUANG Q T,LI J F,CAI Z R,et al,2015. Geochemistry,geochronology,Sr-Nd isotopic compositions of Jiang tso ophiolite in the middle segment of the Bangong-Nujiang suture zone and their geological significance[J]. Acta geologica sinica-english edition, 89(2):389-401.

HUANG Q T,CAI Z R,XIA B,et al,2016. Geochronology,geochemistry,and Sr-Nd-Pb isotopes of Cretaceous granitoids from western Tibet:petrogenesis and tectonic implications for the evolution of the Bangong Meso-Tethys[J]. International geology review,58(1):95-111.

HUW DAVIES J,VON BLANCKENBURG F,1995. Slab breakoff:a model of lithosphere detachment and its test in the magmatism and deformation of collisional orogens[J]. Earth and planetary science letters,129(1/2/3/4):85-102.

IIZUKA T, HIRATA T, 2005. Improvements of precision and accuracy in in situ Hf isotope microanalysis of zircon using the laser ablation-MC-ICPMS technique[J]. Chemical geology,220(1/2):121-137.

INGER S, HARRIS N,1993. Geochemical constraints on leucogranite magmatism in the Langtang valley,Nepal Himalaya[J]. Journal of petrology,34(2):345-368.

JACOBSEN S B,WASSERBURG G J,1980. Sm-Nd isotopic evolution of chondrites[J]. Earth and planetary science letters,50(1):139-155.

JAHN B M,GALLET S,HAN J M,2001. Geochemistry of the Xining,Xifeng and Jixian sections,Loess Plateau of China:eolian dust provenance and paleosol evolution during the last 140 ka[J]. Chemical geology,178(1/2/3/4):71-94.

JIAN P, LIU D Y, SUN X M, 2008. SHRIMP dating of the Permo-Carboniferous Jinshajiang ophiolite, southwestern China: geochronological constraints for the evolution of Paleo-Tethys[J]. Journal of Asian earth sciences,32(5/6):371-384.

JIAN P,LIU D Y,KRÖNER A,et al,2009a. Devonian to Permian plate tectonic cycle of the Paleo-Tethys Orogen in southwest China (I):geochemistry of ophiolites, arc/ back-arc assemblages and within-plate igneous rocks[J]. Lithos,113(3/4):748-766.

JIAN P,LIU D Y,KRÖNER A,et al,2009b. Devonian to Permian plate tectonic cycle of the Paleo-Tethys Orogen in southwest China (II): insights from zircon ages of ophiolites,arc/back-arc assemblages and within-plate igneous rocks and generation of the Emeishan CFB province[J]. Lithos,113(3/4):767-784.

JIANG Q Y,LI C,SU L,et al,2015. Carboniferous arc magmatism in the Qiangtang area, northern Tibet:zircon U-Pb ages,geochemical and Lu-Hf isotopic characteristics,and tectonic implications[J]. Journal of Asian earth sciences,100:132-144.

JIANG Y H,LIU Z,JIA R Y,et al,2012. Miocene potassic granite-syenite association in western Tibetan Plateau:implications for shoshonitic and high Ba-Sr granite genesis [J]. Lithos,134/135:146-162.

JIANG Y H,JIA R Y,LIU Z,et al,2013. Origin of middle Triassic high-K calc-alkaline granitoids and their potassic microgranular enclaves from the western Kunlun orogen, northwest China:a record of the closure of Paleo-Tethys[J]. Lithos,156/157/158/ 159:13-30.

JIN X C,2002. Permo-Carboniferous sequences of Gondwana affinity in southwest China and their paleogeographic implications[J]. Journal of Asian earth sciences,20(6):633-646.

JOHNSON M C,RUTHERFORD M J,1989. Experimental calibration of the aluminum-in-hornblende geobarometer with application to Long Valley caldera (California) volcanic rocks[J]. Geology,17(9):837.

KAPP P, AN Y, MANNING C E, et al, 2000. Blueschist-bearing metamorphic core complexes in the Qiangtang block reveal deep crustal structure of northern Tibet[J]. Geology,28(1):19.

KAPP P,AN Y,HARRISON T M,et al,2002. Cretaceous-Tertiary deformation history of central Tibet[J]. Geological Society of America Abstracts with Programs,34:487.

KAPP P,YIN A,MANNING C E,et al,2003. Tectonic evolution of the early Mesozoic blueschist-bearing Qiangtang metamorphic belt, central Tibet [J]. Tectonics, 22(4):1043.

KAPP P,YIN A,HARRISON T M, et al,2005. Cretaceous-Tertiary shortening, basin development, and volcanism in central Tibet [J]. Geological Society of America Bulletin,117(7):865.

KAPP P,DECELLES P G,GEHRELS G E,et al,2007. Geological records of the Lhasa-Qiangtang and Indo-Asian collisions in the Nima area of central Tibet[J]. Geological Society of America Bulletin,119(7/8):917-933.

KAY R W,MAHLBURG KAY S,1993. Delamination and delamination magmatism[J]. Tectonophysics,219(1/2/3):177-189.

KERR A C,WHITE R V, SAUNDERS A D,2000. LIP reading: recognizing oceanic plateaux in the geological record[J]. Journal of petrology,41(7):1041-1056.

KERR A C,2014. Oceanic plateaus[M]//Treatise on geochemistry. 2nd ed. Amsterdam: Elsevier:631-667.

KUMAR S,PATHAK M,2010. Mineralogy and geochemistry of biotites from Proterozoic granitoids of western Arunachal Himalaya: evidence of bimodal granitogeny and tectonic affinity[J]. Journal of the Geological Society of India,75(5):715-730.

LAI S C,LIU C Y,YI H S,2003. Geochemistry and petrogenesis of Cenozoic andesite-dacite associations from the hoh xil region,Tibetan Plateau[J]. International geology review,45(11):998-1019.

LAI S C,QIN J F,LI Y F,2007. Partial melting of thickened Tibetan crust: geochemical evidence from Cenozoic adakitic volcanic rocks [J]. International geology review, 49(4):357-373.

LAI S C, QIN J F, GRAPES R,2011. Petrochemistry of granulite xenoliths from the Cenozoic Qiangtang volcanic field, northern Tibetan Plateau: implications for lower crust composition and genesis of the volcanism[J]. International geology review, 53(8):926-945.

LE BEL L,COCHERIE A,BAUBRON J C,et al,1985. A high-K,mantle derived plutonic suite from 'linga',near Arequipa (Peru)[J]. Journal of petrology,26(1):124-148.

LE MAITRE R W,1976. The chemical variability of some common igneous rocks[J]. Journal of petrology,17(4):589-598.

LEAKE B E,WOOLLEY A R,ARPS C E S, et al,1997. Nomenclature of amphiboles report of the subcommittee on amphiboles of the international mineralogical association commission on new minerals and mineral names[J]. European journal of mineralogy,9(3):623-651.

LEIER A L, KAPP P, GEHRELS G E, et al, 2007. Detrital zircon geochronology of Carboniferous-Cretaceous strata in the Lhasa terrane, southern Tibet[J]. Basin research,19(3):361-378.

LI C,ZHENG A Z,1993. Paleozoic stratigraphy in the Qiangtang region of Tibet:relations of the Gondwana and Yangtze continents and ocean closure near the end of the Carboniferous[J]. International geology review,35(9):797-804.

LI G M,LI J X,ZHAO J X, et al, 2015. Petrogenesis and tectonic setting of Triassic granitoids in the Qiangtang terrane, central Tibet: evidence from U-Pb ages, petrochemistry and Sr-Nd-Hf isotopes [J]. Journal of Asian earth sciences, 105: 443-455.

LI S M,ZHU D C,WANG Q,et al,2016. Slab-derived adakites and subslab asthenosphere-derived OIB-type rocks at (156 ± 2)Ma from the north of Gerze,central Tibet:records of the Bangong-Nujiang oceanic ridge subduction during the Late Jurassic[J]. Lithos, 262:456-469.

LI Y L,HE J,WANG C S,et al,2013. Late Cretaceous K-rich magmatism in central Tibet: evidence for early elevation of the Tibetan Plateau?[J]. Lithos,160/161:1-13.

LIANG X,WANG G H,YUAN G L,et al,2012. Structural sequence and geochronology of the qomo ri accretionary complex, central qiangtang, Tibet: implications for the late Triassic subduction of the paleo-Tethys ocean[J]. Gondwana research, 22 (2): 470-481.

LIEW T C,HOFMANN A W,1988. Precambrian crustal components,plutonic associations,plate environment of the Hercynian Fold belt of central Europe:indications from a Nd and Sr isotopic study[J]. Contributions to mineralogy and petrology,98(2):129-138.

LINDSLEY D H,1983. Pyroxene thermometry[J]. American mineralogist,68:477-493.

LINDSLEY D H,DIXON S A,1976. Diopside-enstatite equilibria at 850 to 1 400 ℃,5 to 35 kb[J]. American journal of science,276(10):1285-1301.

LIOU J G,ZHANG R Y,ERNST W G,1997. Lack of fluid during ultrahigh-P metamorphism in the Dabie-Sulu region,eastern China[J]. Proc inter geol congress,30(17):141-155.

LIU B,MA C Q,GUO P,et al,2016. Evaluation of late Permian mafic magmatism in the central Tibetan Plateau as a response to plume-subduction interaction[J]. Lithos,264: 1-16.

LIU D,ZHAO Z D,ZHU D C,et al,2014. Postcollisional potassic and ultrapotassic rocks in southern Tibet:mantle and crustal origins in response to India-Asia collision and convergence[J]. Geochimica et cosmochimica acta,143:207-231.

LIU H, WANG B D, MA L, et al, 2016. Late Triassic syn-exhumation magmatism in central Qiangtang, Tibet: evidence from the Sangehu adakitic rocks[J]. Journal of Asian earth sciences,132:9-24.

LIU S, HU R Z, FENG C X, et al, 2008. Cenozoic high Sr/Y volcanic rocks in the

Qiangtang terrane, northern Tibet: geochemical and isotopic evidence for the origin of delaminated lower continental melts[J]. Geological magazine, 145(4):463-474.

LIU Y, SANTOSH M, ZHAO Z B, et al, 2011. Evidence for palaeo-Tethyan oceanic subduction within central Qiangtang, northern Tibet[J]. Lithos, 127(1/2):39-53.

LIU Y M, LI C, XIE C M, et al, 2016. Cambrian granitic gneiss within the central Qiangtang terrane, Tibetan Plateau: implications for the early Palaeozoic tectonic evolution of the Gondwanan margin [J]. International geology review, 58 (9): 1043-1063.

LONG L E, SIAL A N, NEKVASIL H, et al, 1986. Origin of granite at Cabo de Santo Agostinho, northeast Brazil[J]. Contributions to mineralogy and petrology, 92(3): 341-350.

LONG X P, WILDE S A, WANG Q, et al, 2015. Partial melting of thickened continental crust in central Tibet: evidence from geochemistry and geochronology of Eocene adakitic rhyolites in the northern Qiangtang Terrane[J]. Earth and planetary science letters, 414:30-44.

LU L, ZHANG K J, YAN L L, et al, 2017. Was late Triassic Tanggula granitoid (central Tibet, western China) a product of melting of underthrust Songpan-Ganzi flysch sediments? [J]. Tectonics, 36(5):902-928.

LUDWIG K R, 2003. Using Isoplot/Ex, version 3.0: a geochronological toolkit for Microsoft Excel[M]. Berkeley: Berkeley Geochronological Center Special.

LUGMAIR G W, MARTI K, 1978. Lunar initial $^{143}Nd/^{144}Nd$: differential evolution of the lunar crust and mantle[J]. Earth and planetary science letters, 39(3):349-357.

MACPHERSON C G, DREHER S T, THIRLWALL M F, 2006. Adakites without slab melting: high pressure differentiation of island arc magma, Mindanao, the Philippines [J]. Earth and planetary science letters, 243(3/4):581-593.

MARTIN H, SMITHIES R H, RAPP R, et al, 2005. An overview of adakite, tonalite-trondhjemite-granodiorite (TTG), and sanukitoid: relationships and some implications for crustal evolution[J]. Lithos, 79(1/2):1-24.

MCLENNAN S M, TAYLOR S R, 1980. Th and U in sedimentary rocks: crustal evolution and sedimentary recycling[J]. Nature, 285(5767):621-624.

MERCIER J C C, BENOIT V, GIRARDEAU J, 1984. Equilibrium state of diopside-bearing harzburgites from ophiolites: geobarometric and geodynamic implications[J]. Contributions to mineralogy and petrology, 85(4):391-403.

METCALFE I, 2013. Gondwana dispersion and Asian accretion: tectonic and palaeogeographic evolution of eastern Tethys[J]. Journal of Asian earth sciences, 66:1-33.

MIDDLEMOST E A K, 1985. Magmas and magmatic rocks[M]. London: Longman.

MIDDLEMOST E A K, 1994. Naming materials in the magma/igneous rock system[J]. Earth-science reviews, 37(3/4):215-224.

MILLER C F, STODDARD E F, BRADFISH L J, et al, 1981. Composition of plutonic muscovite: genetic implications[J]. Canadian mineralogist,19:25-34.

MILLER C F,MCDOWELL S M,MAPES R W,2003. Hot and cold granites? Implications of zircon saturation temperatures and preservation of inheritance[J]. Geology,31:529-532.

MILLER C, SCHUSTER R, KLOTZLI U, et al, 1999. Post-collisional potassic and ultrapotassic magmatism in SW Tibet: geochemical and Sr-Nd-Pb-O isotopic constraints for mantle source characteristics and petrogenesis [J]. Journal of petrology,40(9):1399-1424.

MILORD I, SAWYER E W, 2003. Schlieren formation in diatexite migmatite: examples from the St Malo migmatite terrane, France[J]. Journal of metamorphic geology, 21(4):347-362.

MOYEN J F, STEVENS G, 2006. Experimental constraints on TTG petrogenesis: implications for Archean geodynamics[M]//BENN K,MARESCHAL J C,CONDIE K C. Archean geodynamics and environments. Washington,D. C. :American Geophysical Union:149-175.

MURPHY M A,YIN A,HARRISON T M,et al,1997. Did the Indo-Asian collision alone create the Tibetan Plateau? [J]. Geology,25(8):719-722.

MUTCH E J F,BLUNDY J D,TATTITCH B C,et al,2016. An experimental study of amphibole stability in low-pressure granitic magmas and a revised Al-in-hornblende geobarometer[J]. Contributions to mineralogy and petrology,171(10):1-27.

NAIR R,CHACKO T,2008. Role of oceanic plateaus in the initiation of subduction and origin of continental crust[J]. Geology,36(7):583.

NEBEL O,SCHERER E E,MEZGER K,2011. Evaluation of the ^{87}Rb decay constant by age comparison against the U-Pb system [J]. Earth and planetary science letters, 301(1/2):1-8.

NIMIS P, 1999. Clinopyroxene geobarometry of magmatic rocks: part 2: structural geobarometers for basic to acid,tholeiitic and mildly alkaline magmatic systems[J]. Contributions to mineralogy and petrology,135(1):62-74.

NORRISH K, HUTTON J T, 1969. An accurate X-ray spectrographic method for the analysis of a wide range of geological samples[J]. Geochimica et cosmochimica acta, 33(4):431-453.

OTTEN M T,1984. The origin of brown hornblende in the Artfjället gabbro and dolerites [J]. Contributions to mineralogy and petrology,86(2):189-199.

PATIÑO DOUCE A E,1999. What do experiments tell us about relative contributions of crust and mantle to the origin of granitic magmas? [M]//CASTRO A,FERNANDEZ C. Understanding granites:integrating new and classical techniques. [S. l. :s. n.].

PATIÑO DOUCE A E,HARRIS N,1998. Experimental constraints on Himalayan anatexis [J]. Journal of petrology,39(4):689-710.

PEARCE J A, HARRIS N B W, TINDLE A G, 1984. Trace element discrimination diagrams for the tectonic interpretation of granitic rocks[J]. Journal of petrology, 25(4):956-983.

PECCERILLO A, TAYLOR S R, 1976. Geochemistry of Eocene calc-alkaline volcanic rocks from the Kastamonu area, northern Turkey[J]. Contributions to mineralogy and petrology,58(1):63-81.

PENG T P,ZHAO G C,FAN W M,et al,2015. Late Triassic granitic magmatism in the eastern Qiangtang, eastern Tibetan Plateau: geochronology, petrogenesis and implications for the tectonic evolution of the Paleo-Tethys[J]. Gondwana research, 27(4):1494-1508.

PULLEN A, KAPP P, GEHRELS G E, et al, 2008. Triassic continental subduction in central Tibet and Mediterranean-style closure of the Paleo-Tethys Ocean[J]. Geology, 36(5):351.

PULLEN A,KAPP P,GEHRELS G E,et al,2011. Metamorphic rocks in central Tibet: lateral variations and implications for crustal structure[J]. Geological Society of America Bulletin, 123(3/4):585-600.

PUTIRKA K D,2008. Thermometers and barometers for volcanic systems: part 3[M]// PUTIRKA K D, TEPLEY F J. Minerals, inclusions and volcanic processes. Berlin, Boston:De Gruyter:61-120.

QIAN Q,HERMANN J,2013. Partial melting of lower crust at 10-15 kbar: constraints on adakite and TTG formation[J]. Contributions to mineralogy and petrology,165(6): 1195-1224.

RAJESH H M,2004. The igneous charnockite(high-K alkali-calcic I-type granite): incipient charnockite association in Trivandrum Block, southern India[J]. Contributions to mineralogy and petrology,147(3):346-362.

RAJESH H M, 2007. The petrogenetic characterization of intermediate and silicic charnockites in high-grade terrains: a case study from southern India[J]. Contributions to mineralogy and petrology,154(5):591-606.

RAPP R P, WATSON E B,1995. Dehydration melting of metabasalt at 8-32 kbar: implications for continental growth and crust-mantle recycling[J]. Journal of petrology,36(4):891-931.

RATERMAN N S,ROBINSON A C,COWGILL E S,2014. Structure and detrital zircon geochronology of the Domar fold-thrust belt: evidence of pre-Cenozoic crustal thickening of the western Tibetan Plateau[M]//Toward an improved understanding of uplift mechanisms and the elevation history of the Tibetan Plateau. [S. l.]: Geological Society of America.

REINERS P W, 2005. Zircon (U-Th)/He thermo chronometry[G]//REINERS P W, EHLERS T A. Low-temperature thermochronology: techniques, interpretations, applications. Mineralogical Society of America and Geochemical Society: reviews in mineralogy and geochemistry:151-179.

RENÉ M, MATĚJKA D, NOSEK T, 2003. Geochemical constraints on the origin of a distinct type of two-mica granites (Deštná-Lásenice type) in the Moldanubian batholith(Czech Republic)[J]. Acta montana,23(130):59-76.

RIDOLFI F, RENZULLI A, PUERINI M, 2010. Stability and chemical equilibrium of amphibole in calc-alkaline magmas:an overview,new thermobarometric formulations and application to subduction-related volcanoes[J]. Contributions to mineralogy and petrology,160(1):45-66.

ROGER F,TAPPONNIER P,ARNAUD N,et al,2000. An Eocene magmatic belt across central Tibet:mantle subduction triggered by the Indian collision?[J]. Terra nova, 12(3):102-108.

ROGER F,JOLIVET M,MALAVIEILLE J,2010. The tectonic evolution of the Songpan-Garzê (north Tibet) and adjacent areas from Proterozoic to Present:a synthesis[J]. Journal of Asian earth sciences,39(4):254-269.

ROHRMANN A, KAPP P, CARRAPA B, et al, 2012. Thermochronologic evidence for plateau formation in central Tibet by 45 Ma[J]. Geology,40(2):187-190.

ROLLINSON H R,1993. Using geochemical data:evaluation, presentation, interpretation [M]. London:Longman Scientific and Technical.

RUDNICK R L,GAO S,2014. Composition of the continental crust[M]//HOLLAND H D,TUREKIAN K K. Treatise on geochemistry. Amsterdam:Elsevier:1-51.

SCAILLET B, HOLTZ F, PICHAVANT M, 2016. Experimental constraints on the formation of silicic magmas[J]. Elements,12(2):109-114.

SCHMIDT M W,1992. Amphibole composition in tonalite as a function of pressure:an experimental calibration of the Al-in-hornblende barometer [J]. Contributions to mineralogy and petrology,110(2/3):304-310.

SEARLE M P,FRYER B J,1986. Garnet,tourmaline and muscovite-bearing leucogranites, gneisses and migmatites of the higher Himalayas from Zanskar, Kulu, Lahoul and Kashmir[J]. Geological Society,London,Special Publications,19(1):185-201.

SEN C,DUNN T,1994. Dehydration melting of a basaltic composition amphibolite at 1. 5 and 2. 0 GPa:implications for the origin of adakites[J]. Contributions to mineralogy and petrology,117(4):394-409.

SENGÖR A M C,1990. Plate tectonics and orogenic research after 25 years:a Tethyan perspective[J]. Earth-science reviews,27(1/2):1-201.

SHAU Y H,YANG H Y,PEACOR D R,1991. On oriented titanite and rutile inclusions in sagenitic biotite[J]. American mineralogist,76:1205-1217.

SHE Z B,MA C Q,MASON R,et al,2006. Provenance of the Triassic Songpan-Ganzi flysch,west China[J]. Chemical geology,231(1/2):159-175.

SISSON T W,RATAJESKI K,HANKINS W B,et al,2005. Voluminous granitic magmas from common basaltic sources[J]. Contributions to mineralogy and petrology,148(6): 635-661.

SOBOLEV A V, HOFMANN A W,KUZMIN D V,et al,2007. The amount of recycled crust in sources of mantle-derived melts[J]. Science,316(5823):412-417.

SÖDERLUND U, PATCHETT P J, VERVOORT J D, et al, 2004. The [176]Lu decay constant determined by Lu-Hf and U-Pb isotope systematics of Precambrian mafic intrusions[J]. Earth and planetary science letters,219(3/4):311-324.

SONG S G, JI J Q, WEI C J, et al, 2007. Early Paleozoic granite in Nujiang River of northwest Yunnan in southwestern China and its tectonic implications[J]. Chinese science bulletin,52(17):2402-2406.

SONG Y C, ZHANG C, TIAN S H, et al, 2016. Mineralization, geochronology, and Pb isotope studies of the shoshonitic lava-hosted Nariniya Pb deposit, central Tibet: linking ore formation to post-collisional potassic magmatism[J]. International geology review,58(4):424-440.

SPURLIN M S, YIN A, HORTON B K, et al, 2005. Structural evolution of the Yushu-Nangqian region and its relationship to syncollisional igneous activity, east-central Tibet[J]. Geological society of america bulletin,117(9):1293.

STEPANOV A, MAVROGENES J, MEFFRE S, et al, 2014. The key role of mica during igneous concentration of tantalum [J]. Contributions to mineralogy and petrology,167(6):1-8.

STRAUB S M, GOMEZ-TUENA A, STUART F M, et al, 2011. Formation of hybrid arc andesites beneath thick continental crust[J]. Earth and planetary science letters, 303(3/4):337-347.

SUI Q L, WANG Q, ZHU D C, et al, 2013. Compositional diversity of ca. 110 Ma magmatism in the northern Lhasa Terrane, Tibet: implications for the magmatic origin and crustal growth in a continent-continent collision zone [J]. Lithos, 168/169: 144-159.

SUN S S, MCDONOUGH W F, 1989. Chemical and isotopic systematics of oceanic basalts: implications for mantle composition and processes[J]. Geological Society, London, Special Publications,42(1):313-345.

SYLVESTER P J, 1998. Post-collisional strongly peraluminous granites [J]. Lithos, 45(1/2/3/4):29-44.

TANG X C, ZHANG K J, 2014. Lawsonite- and glaucophane-bearing blueschists from NW Qiangtang, northern Tibet, China: mineralogy, geochemistry, geochronology, and tectonic implications[J]. International geology review,56(2):150-166.

TANG Y, SANG L K, YUAN Y M, et al, 2012. Geochemistry of Late Triassic pelitic rocks in the NE part of Songpan-Ganzi Basin, western China: implications for source weathering, provenance and tectonic setting[J]. Geoscience frontiers,3(5):647-660.

TAO Y, BI X W, LI C S, et al, 2014. Geochronology, petrogenesis and tectonic significance of the Jitang granitic pluton in eastern Tibet, SW China[J]. Lithos,184/185/186/187: 314-323.

TAYLOR S R, MCLENNAN S M, 1985. The continental crust: its composition and evolution[M].[S. l.]:Oxford Press Blackwell.

TAYLOR W R, 1998. An experimental test of some geothermometer and geobaro-meter formulations for upper mantle peridotites with application to the ther-mobarometry of fertile lherzolite and garnet websterite[J]. Neues jahrbuch für mineralogy-abhandlungen,172(2/3): 381-408.

THORKELSON D J, BREITSPRECHER K, 2005. Partial melting of slab window margins:genesis of adakitic and non-adakitic magmas[J]. Lithos,79(1/2):25-41.

TURNER S, ARNAUD N, LIU J, et al, 1996. Post-collision, shoshonitic volcanism on the Tibetan Plateau:implications for convective thinning of the lithosphere and the source of ocean island basalts[J]. Journal of petrology,37(1):45-71.

VOLKMER J E, KAPP P, GUYNN J H, et al, 2007. Cretaceous-Tertiary structural evolution of the north central Lhasa terrane,Tibet[J]. Tectonics,26(6):TC6007.

WANG B D, WANG L Q, CHUNG S L, et al, 2016. Evolution of the Bangong-Nujiang Tethyan ocean: insights from the geochronology and geochemistry of mafic rocks within ophiolites[J]. Lithos,245:18-33.

WANG B D, WANG L Q, CHEN J L, et al, 2017. Petrogenesis of Late Devonian-Early Carboniferous volcanic rocks in northern Tibet: new constraints on the Paleozoic tectonic evolution of the Tethyan Ocean[J]. Gondwana research,41:142-156.

WANG M, LI C, WU Y W, et al, 2014. Geochronology, geochemistry, Hf isotopic compositions and formation mechanism of radial mafic dikes in northern Tibet[J]. International geology review,56(2):187-205.

WANG M,LI C,XIE C M,et al,2015a. U-Pb zircon age,geochemical and Lu-Hf isotopic constraints of the southern Gangma Co basalts in the central Qiangtang, northern Tibet[J]. Tectonophysics,657:219-229.

WANG M,LI C,FAN J J,2015b. Geochronology and geochemistry of the Dabure basalts, central Qiangtang, Tibet:evidence for ～550 Ma rifting of Gondwana[J]. International geology review,57(14):1791-1805.

WANG Q, WYMAN D A, XU J F, et al, 2008a. Triassic Nb-enriched basalts, magnesian andesites and adakites of the Qiangtang terrane (central Tibet):evidence for metasomatism by slab-derived melts in the mantle wedge[J]. Contributions to mineralogy and petrology, 155(4):473-490.

WANG Q,WYMAN D A,XU J F,et al,2008b. Eocene melting of subducting continental crust and early uplifting of central Tibet:evidence from central-western Qiangtang high-K calc-alkaline andesites, dacites and rhyolites[J]. Earth and planetary science letters,272(1/2):158-171.

WANG Q,LI X H,JIA X H,et al,2012. Late Early Cretaceous adakitic granitoids and associated magnesian and potassium-rich mafic enclaves and dikes in the Tunchang-Fengmu area, Hainan province (south China):partial melting of lower crust and mantle,and magma hybridization[J]. Chemical geology,328:222-243.

WANG Q, ZHU D C, ZHAO Z D, et al, 2014. Origin of the ca. 90 Ma magnesia-rich volcanic rocks in SE Nyima, central Tibet: products of lithospheric delamination beneath the Lhasa-Qiangtang collision zone[J]. Lithos, 198/199:24-37.

WANG Q, HAWKESWORTH C J, WYMAN D, et al, 2016. Pliocene-Quaternary crustal melting in central and northern Tibet and insights into crustal flow[J]. Nature communications, 7(1):1-11.

WANG Y J, FAN W M, SUN M, et al, 2007. Geochronological, geochemical and geothermal constraints on petrogenesis of the Indosinian peraluminous granites in the south China block: a case study in the Hunan province[J]. Lithos, 96(3/4):475-502.

WATSON E B, HARRISON T M, 1983. Zircon saturation revisited: temperature and composition effects in a variety of crustal magma types[J]. earth and planetary science letters, 64(2):295-304.

WATSON E B, HARRISON T M, 2005. Zircon thermometer reveals minimum melting conditions on earliest earth[J]. Science, 308(5723):841-844.

WEBSTER J D, PICCOLI P M, 2015. Magmatic apatite: a powerful, yet deceptive, mineral [J]. Elements, 11(3):177-182.

WEISLOGEL A L, GRAHAM S A, CHANG E Z, et al, 2006. Detrital zircon provenance of the Late Triassic Songpan-Ganzi complex: sedimentary record of collision of the north and south China blocks[J]. Geology, 34(2):97.

WELLS P R A, 1977. Pyroxene thermometry in simple and complex systems [J]. Contributions to mineralogy and petrology, 62(2):129-139.

WONES D R, EUGSTER H P, 1965. Stability of biotite: experiment, theory and application[J]. American mineralogist, 50:1228-1272.

WOOD B J, BANNO S, 1973. Garnet-orthopyroxene and orthopyroxene-clinopyroxene relationships in simple and complex systems [J]. Contributions to mineralogy and petrology, 42(2):109-124.

WYLLIE P J, 1977. Crustal anatexis: an experimental review[J]. Tectonophysics, 43(1/2): 41-71.

XIA B D, LI C, YE H F, 2001. Blueschist-bearing metamorphic core complexes in the Qiangtang block reveal deep crustal structure of northern Tibet: comment and reply [J]. Geology, 29(7):663.

XIONG X L, XIA B, XU J F, et al, 2006. Na depletion in modern adakites via melt/rock reaction within the sub-arc mantle[J]. Chemical geology, 229(4):273-292.

XIONG X L, LIU X C, ZHU Z M, et al, 2011. Adakitic rocks and destruction of the north China Craton: evidence from experimental petrology and geochemistry [J]. Science China earth sciences, 54(6):858-870.

XU W, DONG Y S, ZHANG X Z, et al, 2016. Petrogenesis of high-Ti mafic dykes from southern Qiangtang, Tibet: implications for a ca. 290 Ma large igneous province related to the early Permian rifting of Gondwana[J]. Gondwana research, 36:410-422.

XU W,LI C,WANG M,et al,2017. Subduction of a spreading ridge within the Bangong Co-Nujiang Tethys Ocean:evidence from early Cretaceous mafic dykes in the Duolong porphyry Cu-Au deposit,western Tibet[J]. Gondwana research,41:128-141.

YAMAMOTO S,SENSHU H,RINO S,et al,2009. Granite subduction:arc subduction,tectonic erosion and sediment subduction[J]. Gondwana research,15(3/4):443-453.

YAN H Y,LONG X P,WANG X C,et al,2016. Middle Jurassic MORB-type gabbro,high-Mg diorite,calc-alkaline diorite and granodiorite in the Ando area,central Tibet:evidence for a slab roll-back of the Bangong-Nujiang Ocean[J]. Lithos,264:315-328.

YANG Q Y,SANTOSH M,RAJESH H M,et al,2014. Late Paleoproterozoic charnockite suite within post-collisional setting from the north China Craton:petrology, geochemistry, zircon U-Pb geochronology and Lu-Hf isotopes[J]. Lithos,208/209: 34-52.

YANG R F,CAO J,HU G,et al,2017. Marine to brackish depositional environments of the Jurassic-cretaceous suowa formation,Qiangtang basin (Tibet),China[J]. Palaeogeography, palaeoclimatology,palaeoecology,473:41-56.

YANG T N,ZHANG H R,LIU Y X,et al,2011. Permo-Triassic arc magmatism in central Tibet:evidence from zircon U-Pb geochronology,Hf isotopes,rare earth elements and bulk geochemistry[J]. Chemical geology,284(3/4):270-282.

YANG T N,HOU Z Q,WANG Y,et al,2012. Late Paleozoic to early Mesozoic tectonic evolution of northeast Tibet:evidence from the Triassic composite western Jinsha-Garzê-Litang suture[J]. Tectonics,31(4): TC4004.

YIN A,HARRISON T M,2000. Geologic evolution of the Himalayan-Tibetan orogen[J]. Annual review of earth and planetary sciences,28(1):211-280.

YUAN H L,GAO S,LIU X M,et al,2004. Accurate U-Pb age and trace element determinations of zircon by laser ablation-inductively coupled plasma-mass spectrometry[J]. Geostandards and geoanalytical research,28(3):353-370.

YUAN H L,GAO S,DAI M N,et al,2008. Simultaneous determinations of U-Pb age,Hf isotopes and trace element compositions of zircon by excimer laser-ablation quadrupole and multiple-collector ICP-MS[J]. Chemical geology,247(1/2):100-118.

ZENG Y C,CHEN J L,XU J F,et al,2016. Sediment melting during subduction initiation: geochronological and geochemical evidence from the Darutso high-Mg andesites within ophiolite melange, central Tibet[J]. Geochemistry, geophysics, geosystems, 17(12): 4859-4877.

ZHAI Q G,WANG J,LI C,et al,2010. SHRIMP U-Pb dating and Hf isotopic analyses of middle Ordovician meta-cumulate gabbro in central Qiangtang, northern Tibetan Plateau[J]. Science China earth sciences,53(5):657-664.

ZHAI Q G, ZHANG R Y, JAHN B M, et al, 2011a. Triassic eclogites from central Qiangtang, northern Tibet, China: petrology, geochronology and metamorphic P-T path[J]. Lithos,125(1/2):173-189.

ZHAI Q G,JAHN B M,ZHANG R Y,et al,2011b. Triassic Subduction of the Paleo-Tethys in northern Tibet, China: evidence from the geochemical and isotopic characteristics of eclogites and blueschists of the Qiangtang block[J]. Journal of Asian earth sciences,42(6):1356-1370.

ZHAI Q G,JAHN B M,SU L,et al,2013a. Triassic arc magmatism in the Qiangtang area, northern Tibet: Zircon U-Pb ages,geochemical and Sr-Nd-Hf isotopic characteristics, and tectonic implications[J]. Journal of Asian earth sciences,63:162-178.

ZHAI Q G,JAHN B M,WANG J,et al,2013b. The Carboniferous ophiolite in the middle of the Qiangtang terrane,northern Tibet: SHRIMP U-Pb dating,geochemical and Sr-Nd-Hf isotopic characteristics[J]. Lithos,168/169:186-199.

ZHAI Q G, JAHN B M, SU L, et al, 2013c. SHRIMP Zircon U-Pb geochronology, geochemistry and Sr-Nd-Hf isotopic compositions of a mafic dyke swarm in the Qiangtang terrane, northern Tibet and geodynamic implications [J]. Lithos, 174: 28-43.

ZHAI Q G,JAHN B M,WANG J,et al,2016. Oldest paleo-Tethyan ophiolitic mélange in the Tibetan Plateau[J]. Geological Society of America Bulletin,128(3/4):355-373.

ZHANG H R, YANG T N, HOU Z Q, et al, 2015. Paleocene adakitic porphyry in the northern Qiangtang area,north-central Tibet: evidence for early uplift of the Tibetan Plateau[J]. Lithos,212/213/214/215:45-58.

ZHANG K J,ZHANG Y J,XIA B D,1998. Did the Indo-Asian collision alone create the Tibetan Plateau?:comment[J]. Geology,26(10):958.

ZHANG K J, 2000. Cretaceous palaeogeography of Tibet and adjacent areas (China): tectonic implications[J]. Cretaceous research,21(1):23-33.

ZHANG K J,2001. Blueschist-bearing metamorphic core complexes in the Qiangtang block reveal deep crustal structure of northern Tibet: comment and reply[J]. Geology, 29(1):90.

ZHANG K J,XIA B D,LIANG X W,2002. Mesozoic-Paleogene sedimentary facies and paleogeography of Tibet,western China: tectonic implications[J]. Geological journal, 37(3):217-246.

ZHANG K J, XIA B D, WANG G M, et al, 2004. Early Cretaceous stratigraphy, depositional environments, sandstone provenance, and tectonic setting of central Tibet,western China[J]. Geological Society of America Bulletin,116(9):1202.

ZHANG K J,2004. Secular geochemical variations of the lower Cretaceous siliciclastic rocks from central Tibet (China) indicate a tectonic transition from continental collision to back-arc rifting[J]. Earth and planetary science letters,229(1/2):73-89.

ZHANG K J, ZHANG Y X, LI B, et al, 2006a. The blueschist-bearing Qiangtang metamorphic belt (northern Tibet, China) as an in situ suture zone: evidence from geochemical comparison with the Jinsa suture[J]. Geology,34(6):493-496.

ZHANG K J,CAI J X,ZHANG Y X,et al,2006b. Eclogites from central Qiangtang, northern Tibet (China) and tectonic implications[J]. Earth and planetary science letters,245(3/4):722-729.

ZHANG K J, ZHANG Y X, XIA B D, et al, 2006c. Temporal variations of Mesozoic sandstone compositions in the Qiangtang block, northern Tibet (China):implications for provenance and tectonic setting[J]. Journal of sedimentary research, 76 (8): 1035-1048.

ZHANG K J,ZHANG Y X,LI B,et al,2007. Nd isotopes of siliciclastic rocks from Tibet, western China:constraints on provenance and pre-Cenozoic tectonic evolution[J]. Earth and planetary science letters,256(3/4):604-616.

ZHANG K J,ZHANG Y X,TANG X C,et al,2008a. First report of eclogites from central Tibet,China:evidence for ultradeep continental subduction prior to the Cenozoic India-Asian collision[J]. Terra nova,20(4):302-308.

ZHANG K J,LI B,WEI Q G,et al,2008b. Proximal provenance of the western Songpan-Ganzi turbidite complex (late Triassic,eastern Tibetan Plateau):implications for the tectonic amalgamation of China[J]. Sedimentary geology,208(1/2):36-44.

ZHANG K J,TANG X C,2009. Eclogites in the interior of the Tibetan Plateau and their geodynamic implications[J]. Science bulletin,54(15):2556-2567.

ZHANG K J,TANG X C,WANG Y,et al,2011. Geochronology, geochemistry, and Nd isotopes of early Mesozoic bimodal volcanism in northern Tibet, western China: constraints on the exhumation of the central Qiangtang metamorphic belt[J]. Lithos, 121(1/2/3/4):167-175.

ZHANG K J,ZHANG Y X,TANG X C,et al,2012a. Late Mesozoic tectonic evolution and growth of the Tibetan Plateau prior to the Indo-Asian collision[J]. Earth-science reviews,114(3/4):236-249.

ZHANG K J,LI B,WEI Q G,2012b. Geochemistry and Nd isotopes of the Songpan-Ganzi Triassic turbidites, central China:diversified provenances and tectonic implications [J]. Journal of geology,120:68-82.

ZHANG K J, XIA B, ZHANG Y X, et al, 2014. Central Tibetan Meso-Tethyan oceanic plateau[J]. Lithos,210/211:278-288.

ZHANG X Z,DONG Y S,LI C,et al,2014. Silurian high-pressure granulites from central Qiangtang, Tibet:constraints on early Paleozoic collision along the northeastern margin of Gondwana[J]. Earth and planetary science letters,405:39-51.

ZHANG X Z,DONG Y S,WANG Q,et al,2016. Carboniferous and Permian evolutionary records for the Paleo-Tethys Ocean constrained by newly discovered Xiangtaohu ophiolites from central Qiangtang,central Tibet[J]. Tectonics,35(7):1670-1686.

ZHANG Y X,TANG X C,ZHANG K J,et al,2014. U-Pb and Lu-Hf isotope systematics of detrital zircons from the Songpan-Ganzi Triassic flysch, NE Tibetan Plateau: implications for provenance and crustal growth[J]. International geology review, 56(1):29-56.

ZHANG Y X,ZENG L,LI Z W,et al,2015. Late Permian-Triassic siliciclastic provenance, palaeogeography,and crustal growth of the Songpan terrane,eastern Tibetan Plateau: evidence from U-Pb ages, trace elements, and Hf isotopes of detrital zircons[J]. International geology review,57(2):159-181.

ZHANG Y X, ZHANG K J, 2017a. Early Permian Qiangtang flood basalts, northern Tibet, China:a mantle plume that disintegrated northern Gondwana?[J]. Gondwana research,44: 96-108.

ZHANG Y X,LI Z W,YANG W G,et al,2017b. Late Jurassic-early Cretaceous episodic development of the Bangong Meso-Tethyan subduction:evidence from elemental and Sr-Nd isotopic geochemistry of arc magmatic rocks,Gaize region,central Tibet,China [J]. Journal of Asian earth sciences,135:212-242.

ZHANG Y X,JIN X,ZHANG K J,et al,2018. Newly discovered late Triassic Baqing eclogite in central Tibet indicates an anticlockwise west-east Qiangtang collision[J]. Scientific reports,8(1):1-12.

ZHAO S Q,TAN J,WEI J H,et al,2015. Late Triassic Batang Group arc volcanic rocks in the northeastern margin of Qiangtang terrane, northern Tibet:partial melting of juvenile crust and implications for Paleo-Tethys ocean subduction[J]. International journal of earth sciences,104(2):369-387.

ZHAO T P,ZHOU M F,ZHAO J H,et al,2008. Geochronology and geochemistry of the c. 80 Ma Rutog granitic pluton, northwestern Tibet:implications for the tectonic evolution of the Lhasa Terrane[J]. Geological magazine,145(6):845-857.

ZHAO Z B,BONS P D,WANG G H,et al,2014. Origin and pre-Cenozoic evolution of the south Qiangtang basement,central Tibet[J]. Tectonophysics,623:52-66.

ZHENG Y F, FU B, GONG B, et al, 2003. Stable isotope geochemistry of ultrahigh pressure metamorphic rocks from the Dabie-Sulu orogen in China:implications for geodynamics and fluid regime[J]. Earth-science reviews,62(1/2):105-161.

ZHENG Y F, CHEN R X, ZHAO Z F, 2009. Chemical geodynamics of continental subduction-zone metamorphism:insights from studies of the Chinese Continental Scientific Drilling (CCSD) core samples[J]. Tectonophysics,475(2):327-358.

ZHU D C, ZHAO Z D, NIU Y L, et al, 2011. The Lhasa Terrane:record of a microcontinent and its histories of drift and growth[J]. Earth and planetary science letters,301(1/2):241-255.

ZHU D C,ZHAO Z D,NIU Y L,et al,2012. Cambrian bimodal volcanism in the Lhasa Terrane,southern Tibet:record of an Early Paleozoic Andean-type magmatic arc in the Australian proto-Tethyan margin[J]. Chemical geology,328:290-308.

ZHU D C,ZHAO Z D,NIU Y L,et al,2013. The origin and pre-Cenozoic evolution of the Tibetan Plateau[J]. Gondwana research,23(4):1429-1454.

ZHU D C,LI S M,CAWOOD P A,et al,2016. Assembly of the Lhasa and Qiangtang terranes in central Tibet by divergent double subduction[J]. Lithos,245:7-17.

ZI J W, CAWOOD P A, FAN W M, et al, 2012. Contrasting rift and subduction-related plagiogranites in the Jinshajiang ophiolitic mélange, southwest China, and implications for the Paleo-Tethys[J]. Tectonics, 31(2): TC2012.

图　版

图版Ⅰ　唐古拉花岗岩宏观岩相学特征

图版 Ⅱ 唐古拉花岗岩显微岩相学特征

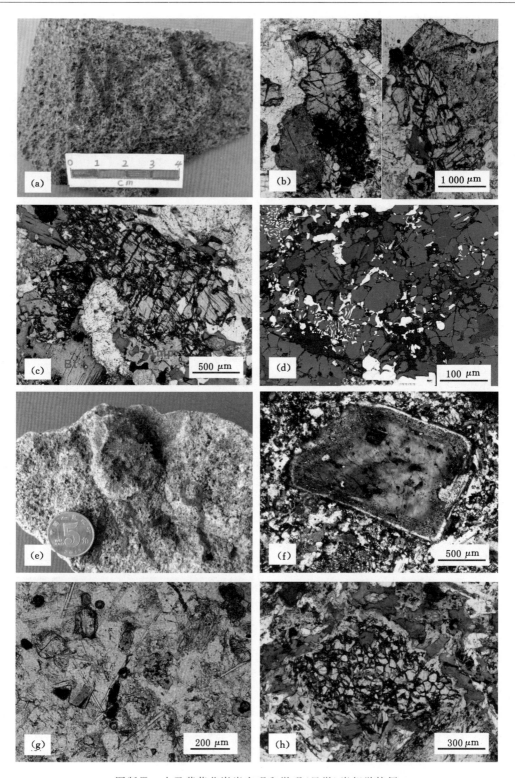

图版Ⅲ　木乃紫苏花岗岩宏观和微观（显微）岩相学特征

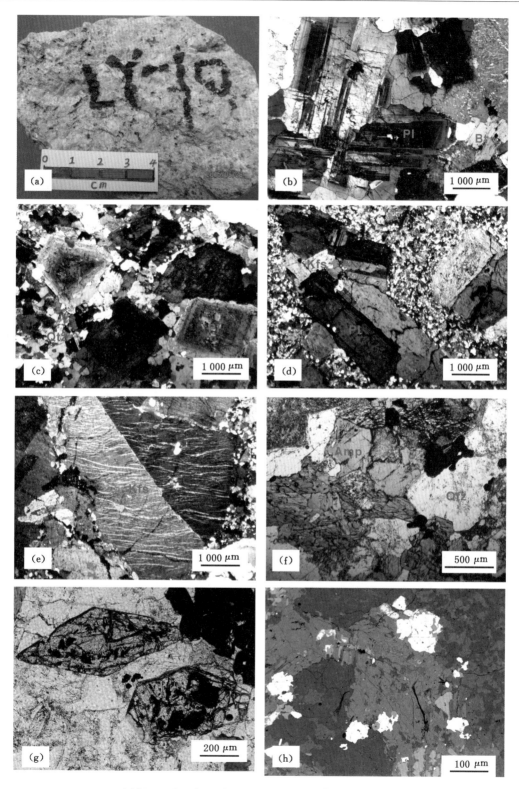

图版Ⅳ　龙亚拉花岗岩宏观和微光（显微）岩相学特征

图版Ⅰ说明：(a)唐古拉花岗岩野外露头，河谷东侧，上覆中新生代红色沉积。(b)唐古拉花岗岩野外露头，河谷西侧，上覆中新生代红色沉积。(c)唐古拉花岗岩整体具灰色调，块状构造。(d)唐古拉花岗岩中局部可见厘米级自形长石斑晶，整体呈定向排列。(e)唐古拉花岗岩岩体边缘岩石表现出典型的原生片麻理构造，其中黑云母呈定向排列。(f)至(h)唐古拉花岗岩中的灰黑色变质沉积岩捕房体，主要由黑云母和长石构成，截面具不同形态和大小特征。

图版Ⅱ说明：(a)发育于唐古拉花岗岩体边缘的具原生片麻理构造的花岗岩，其中可见黑云母矿物定向排列。正交偏光。(b)唐古拉花岗岩体边缘发育原生片麻理构造的花岗岩，其中黑云母发生扭折变形。正交偏光。(c)唐古拉花岗岩中少见半自形白云母，包裹于碱性长石之中。正交偏光。(d)唐古拉花岗岩中斜长石，内部具环带构造。正交偏光。(e)唐古拉花岗岩中偶尔可见具格子双晶的微斜长石，其中包含一些黑云母和石英。正交偏光。(f)唐古拉花岗岩中的碱性长石内部具有不规则形态的钠长石条纹，其中包含一些半自形-自形斜长石。正交偏光。(g)黑云母中两组针状金红石包裹体相交分布，夹角约为60°，构成网针状结构。单偏光。(h)唐古拉花岗岩中多数捕房体几乎仅由黑云母组成，少量样品含有不等量的长石矿物。正交偏光。kfs 为碱性长石；Pl 为斜长石；Mc 为微斜长石；Bt 为黑云母；Ms 为白云母；Qtz 为石英。

图版Ⅲ说明：(a)木乃紫苏花岗岩整体呈深灰色，块状构造，半自形粒状结构(花岗结构)，未见变形及变质现象。(b)木乃紫苏花岗岩中的辉石矿物。左侧：紫苏辉石和单斜辉石近独立存在；右侧：紫苏辉石和单斜辉石共生，以单斜辉石包裹紫苏辉石的形式存在。单偏光。(c)角闪石和/或黑云母包围辉石，形成典型的反应边结构。单偏光。(d)磁铁矿以蠕虫状出溶结构出现在紫苏辉石之中。背散射电子显微成像。(e)木乃紫苏花岗岩中的镁铁质微粒包体，截面呈近似圆形或椭圆形，与寄主岩石之间为突变接触关系。(f)镁铁质微粒包体中的斜长石发育环带构造和筛状构造。正交偏光。(g)镁铁质微粒包体中的磷灰石矿物呈细长针柱状。单偏光。(h)镁铁质麻粒岩捕房体，由紫苏辉石和单斜辉石构成。捕房体周围被不规则角闪石和黑云母环绕，形成反应边结构，单偏光。Cpx 为单斜辉石；Hy 为紫苏辉石；Amp 为角闪石；Bt 为黑云母；Pl 为斜长石；Ap 为磷灰石；Mag 为磁铁矿。

图版Ⅳ说明：(a)龙亚拉花岗岩整体呈浅灰色色调，块状构造，中粗粒半自形粒状结构(即花岗结构)。(b)龙亚拉花岗岩呈中粗粒半自形粒状结构(即花岗结构)。正交偏光。(c)(d)龙亚拉花岗岩部分样品呈斑状-似斑状结构。斜长石内部具环带结构。正交偏光。(e)龙亚拉花岗岩内一些碱性长石中含丰富的条纹状钠长石出溶片晶，后者发生明显的绢云母化。正交偏光。(f)龙亚拉花岗岩中的角闪石分两种类型，一种呈自形、褐色，为原生结晶角闪石，另一种呈他形、绿色，为次生绿泥石化所致。单偏光。(g)龙亚拉花岗岩的榍石副矿物。单偏光。(h)龙亚拉花岗岩的磁铁矿副矿物，与角闪石密切伴生。背散射电子显微成像。kfs 为碱性长石；Pl 为斜长石；Bt 为黑云母；Qtz 为石英；Amp 为角闪石；Mag 为磁铁矿；Ttn 为榍石。